Technikzukünfte, Wissenschaft und Gesellschaft / Futures of Technology, Science and Society

Diese interdisziplinäre Buchreihe ist Technikzukünften in ihren wissenschaftlichen und gesellschaftlichen Kontexten gewidmet. Der Plural „Zukünfte" ist dabei Programm. Denn erstens wird ein breites Spektrum wissenschaftlich-technischer Entwicklungen beleuchtet, und zweitens sind Debatten zu Technowissenschaften wie u. a. den Bio-, Informations-, Nano- und Neurotechnologien oder der Robotik durch eine Vielzahl von Perspektiven und Interessen bestimmt. Diese Zukünfte beeinflussen einerseits den Verlauf des Fortschritts, seine Ergebnisse und Folgen, z. B. durch Ausgestaltung der wissenschaftlichen Agenda. Andererseits sind wissenschaftlich-technische Neuerungen Anlass, neue Zukünfte mit anderen gesellschaftlichen Implikationen auszudenken. Diese Wechselseitigkeit reflektierend, befasst sich die Reihe vorrangig mit der sozialen und kulturellen Prägung von Naturwissenschaft und Technik, der verantwortlichen Gestaltung ihrer Ergebnisse in der Gesellschaft sowie mit den Auswirkungen auf unsere Bilder vom Menschen.

This interdisciplinary series of books is devoted to technology futures in their scientific and societal contexts. The use of the plural "futures" is by no means accidental: firstly, light is to be shed on a broad spectrum of developments in science and technology; secondly, debates on technoscientific fields such as biotechnology, information technology, nanotechnology, neurotechnology and robotics are influenced by a multitude of viewpoints and interests. On the one hand, these futures have an impact on the way advances are made, as well as on their results and consequences, for example by shaping the scientific agenda. On the other hand, scientific and technological innovations offer an opportunity to conceive of new futures with different implications for society. Reflecting this reciprocity, the series concentrates primarily on the way in which science and technology are influenced social and culturally, on how their results can be shaped in a responsible manner in society, and on the way they affect our images of humankind.

Vasilija Rolfes · Anna Scharf ·
Helene Gerhards · Laura Cerullo ·
Karsten Weber
(Hrsg.)

Reproduktionszukünfte

Ethische, rechtliche und soziale Perspektiven neuer Reproduktionstechniken

Hrsg.
Vasilija Rolfes
Heinrich-Heine-Universität Düsseldorf
Düsseldorf, Deutschland

Helene Gerhards
Duisburg, Deutschland

Karsten Weber
OTH Regensburg
Regensburg, Deutschland

Anna Scharf
Berlin, Bayern, Deutschland

Laura Cerullo
Regensburg, Deutschland

ISSN 2524-3764 ISSN 2524-3772 (electronic)
Technikzukünfte, Wissenschaft und Gesellschaft / Futures of Technology, Science and Society
ISBN 978-3-658-46299-4 ISBN 978-3-658-46300-7 (eBook)
https://doi.org/10.1007/978-3-658-46300-7

Die Deutsche Nationalbibliothek verzeichnet diese Publikation in der Deutschen Nationalbibliografie; detaillierte bibliografische Daten sind im Internet über https://portal.dnb.de abrufbar.

Planung/Lektorat: Frank Schindler
Springer VS ist ein Imprint der eingetragenen Gesellschaft Springer Fachmedien Wiesbaden GmbH und ist ein Teil von Springer Nature.
Die Anschrift der Gesellschaft ist: Abraham-Lincoln-Str. 46, 65189 Wiesbaden, Germany

Reproduktionszukünfte: Ethische, rechtliche und soziale Perspektiven neuer Reproduktionstechniken

Einleitung

Einen Meilenstein der assistierten Reproduktion bildet die Geburt des ersten Kindes, das mithilfe der In-vitro-Fertilisation (IVF) im Jahre 1978 geboren wurde (Steptoe und Edwards 1978). Der mit diesem Ereignis verbundene medizinische Fortschritt verursachte eine bis heute nicht endende gesellschaftliche und ethische Debatte um die Zulässigkeit dieser Maßnahme bei humaner Infertilität.[1] Nichtsdestotrotz gilt die IVF als revolutionär und wegweisend für viele Vorgehensweisen, die heute in der assistierten Reproduktion als Therapie von ungewollter Kinderlosigkeit angewendet werden:

„Es kann kein Zweifel daran bestehen, daß mit dieser Geburt ein medizinischer Durchbruch gelungen war, dessen Bedeutung sich nicht auf den *technischen* Erfolg beschränkte. Allein aufgrund seiner symbolischen Dimension – ein bisher

[1] Wie kontrovers die IVF im Speziellen und Reproduktion(stechnologien) im Allgemeinen sind, lässt sich schon daran erkennen, dass zum Zeitpunkt, als diese Einleitung geschrieben wurde (Februar 2024), im US-Bundesstaat Alabama der dortige Oberste Gerichtshof entschied, dass Embryos, die aus einer IVF hervorgehen, den Status von Kindern haben. Daraus ergeben sich zahlreiche Konsequenzen – eine davon ist, dass gleich nach Verkündung des Urteils Fertilitätskliniken in Alabama ankündigten, entweder zu schließen oder zumindest keine IVF mehr vorzunehmen, da die juristischen Implikationen des Urteils dazu führen könnten, dass sich das behandelnde Personal einer strafrechtlichen Verfolgung ausgesetzt sehen könnte. Erste Kommentare aus eher konservativen Medien, ebenso wie vom Obersten Richter in Alabama, hoben darauf ab, dass mit dem Urteil christliche Werte geschützt werden würden; Gegner des Urteils beklagten hingegen, dass die Autonomie und reproduktive Freiheit von Frauen massiv eingeschränkt werden würden. Fast ein halbes Jahrhundert nach der ersten erfolgreichen Anwendung der IVF ist diese also beileibe nicht unumstritten.

im Dunkel des Körpers sich vollziehender Prozeß war ans Licht des Laboratoriums gebracht und der technischen Kontrolle unterworfen – überragt die In-vitro-Befruchtung das Normalmaß technischer Innovation; zugleich bildet sie nur den Beginn einer Entwicklung, in der der gesamte menschliche Fortpflanzungsprozeß Schritt um Schritt technisch verfügbar wird." (Bayertz 1987, S. 9)

Bis 2018 wurden über zehn Millionen Kinder mithilfe assistierter Reproduktionsmedizin zur Welt gebracht (ESHRE 2023). Derzeit werden rund drei Millionen IVF-Zyklen pro Jahr gemeldet, wobei diese in den vergangenen Jahren auf nur 11 Länder entfielen (ICMART 2020). Während In-vitro-Fertilisation und Samenspende bereits weithin erprobt und, abhängig von den jeweiligen Gesetzgebungsrahmen, in vielen Ländern für Patient*innen angeboten werden, sind andere Methoden, z. B. Präimplantationsdiagnostik, Eizelltransfer, Kryokonservierung von Eizellen, Uterustransplantationen oder Leihgebären in unterschiedlichen europäischen Ländern zum Teil Praxis, aber methodisch weitaus komplexer und gesellschaftlich wie ethisch umstrittener. Gemeinsam ist ihnen, dass sie Lösungen gegen Infertilität darstellen.

Juristische und gesellschaftliche Rahmenbedingungen

Neben der Pluralität der juristischen Rahmenbedingungen in Europa (siehe bspw. die Beiträge in Griessler et al. 2022) bringt die Reproduktionsmedizin eine fast unerschöpfliche ethische Debatte mit sich. Um eine grobe Strukturierung der ethischen Debatte zu erreichen, können die von Kurt Bayertz (1991) vorgestellten drei Argumentationstypen, welche er im Kontext der Gentherapie einführt, bemüht werden: erstens einen medizinethisch-pragmatischen, zweitens einen gesellschaftspolitischen und drittens einen fundamentalethischen Argumentationstyp. Die beiden ersten Argumentationstypen haben zwar unterschiedliche Prämissen und Schlussfolgerungen, beide orientieren sich aber an den *Folgen* eines Einsatzes reproduktionsmedizinischer Maßnahmen. Sie entsprechen einem konsequenzialistischen Modell der Risiko-Nutzen-Abwägung entweder für eine Person, eine bestimmte Patient*innengruppe und/oder für die Gesellschaft und sehen von streng kategorischen Argumentationen ab. Der erste Argumentationsstrang geht von der Annahme aus, dass die Anwendung der Reproduktionsmedizin dazu dient, das Leid der Menschen mit unerfülltem Kinderwunsch zu lindern, während die Anwendungen von Reproduktionstechnologien in der klinischen Praxis sicher und verantwortungsvoll zu gestalten seien. Die biomedizinethischen Prinzipien des Wohltuns, des Nichtschadens, der Autonomie und Gerechtigkeit nach Tom L. Beauchamp und James F. Childress (2019) führen hier zumeist die Bewertung der Technologien, ihres Einsatzes und ihres Zuganges an. Der zweite Argumentationsstrang, den Bayertz anführt, orientiert sich ebenfalls an Nützlichkeitskriterien, bringt allerdings auch andere (etwa feministische oder biokapitalismuskritische) Risikoperspektiven mit ein: Die Gesellschaft sei nicht zwingend reif für (bestimmte) reproduktionsmedizinische Maßnahmen und daher bestehe die Sorge, dass es zu missbräuchlichem oder ungerechtem Einsatz von Reproduktionsmaßnahmen kommen könnte. Hier werden Szenarien angeführt, die die Reproduktionsmedizin als eine unter Umständen einseitig wunscherfüllende, fremdnützige oder gar ausbeuterische Medizin beschreiben (Braun 2000; Kitchen Politics 2015). Der dritte Argumentationsstrang zielt auf das absolute Infragestellen der Anwendung und Inanspruchnahme artifizieller Maßnahmen für die menschliche Reproduktion ab. Oft geht es dabei um Natürlichkeitsargumente wie der Beibehaltung der ‚gegebenen', das heißt der ‚natürlich-biologischen' Konstitution des Menschen, die auch die Art der Reproduktion umfasse. Das (menschliche) Einwirken von außen soll unterbunden, der Erhalt des Status quo gesichert werden (Fangerau 2011). Diese Sichtweise schließt Forschung und mögliche klinische Anwendungen der Reproduktionsmedizin weitestgehend aus, auch wenn diese therapeutische Zwecke verfolgen oder verfolgen könnten. Innerhalb dieser Perspektive wird auch die Frage gestellt, ob Unfruchtbarkeit beim Menschen eine Krankheit sei oder einfach eine Variation der natürlichen Vorkommnisse. Zudem kommt im Kontext des dritten Stranges auch die Frage nach dem moralischen Status des menschlichen Embryos auf (bspw. Damschen und Schönecker 2003).[2]

Je nach der Art und der Gründe für eine Behandlung kann von einer biologischen oder sozialen Infertilität gesprochen werden (Bujard et al. 2020): Bei Männern und Frauen, die im reproduktiven Alter sind, jedoch keine ausreichend funktionierenden Gameten besitzen, liegt eine biologische Infertilität vor. Sie können prinzipiell eine In-vitro-Fertilisation und eine eventuell damit einhergehende Samenspende bzw. einen Eizelltransfer oder Leihgebären in Anspruch nehmen, um ihren Kinderwunsch zu erfüllen. Soziale Infertilität liegt vor, wenn gleichgeschlechtliche Paare oder Frauen, die eine späte Elternschaft anstreben, auf Samenspende, Eizelltransfer oder Kryokonservierung der eigenen Embryonen

[2] Wie an der kontroversen Diskussion, auf die in der vorherigen Fußnote verwiesen wurde, sichtbar wird, werden in diesem dritten Strang nicht nur Natürlichkeitsargumente in einer, im weitesten Sinne verstanden, biologischen Bedeutung verwendet, sondern auch solche, die auf die Gottgegebenheit bestimmter Verhältnisse im Kontext des menschlichen Lebens verweisen.

oder Leihgebären zurückgreifen müssen. Obwohl Gesundheit als Thema europäischer Zusammenarbeit auf der Agenda steht, Europa (noch) als einer der größten Märkte für artifizielle Reproduktionstechnologien angesehen wird (Präg und Mills 2017) und knapp ein Drittel aller weltweit gemeldeten Behandlungszyklen auf Europa entfallen (ICMART 2020), herrschen in den Mitgliedsländern der Europäischen Union keinesfalls die gleichen Bedingungen für die Inanspruchnahme der reproduktionsmedizinischen Maßnahmen für Menschen mit unerfülltem Kinderwunsch. Verschiedene policy- und praxisrelevante Bereiche wie der juristische Rahmen, Empfehlungen und Richtlinien für Behandlungen und Regelungen zur Behandlung sowie die Frage der Kostenerstattung bzw. der staatlichen Finanzierung sind unterschiedlich gestaltet, was sich auf den Zugang zu den Maßnahmen auswirkt und soziale Akzeptanzmuster widerspiegelt (siehe die Beiträge in Griessler et al. 2022). In Deutschland reguliert nach wie vor das Embryonenschutzgesetz aus dem Jahre 1990 den Zugang zu reproduktionsmedizinischen Maßnahmen. Dabei sind Eizelltransfer und Leihgebären sowie das Einfrieren von Embryonen nicht erlaubt und genetische Präimplantationsdiagnostik nur in medizinisch indizierten und durch Komitees begutachteten Ausnahmefällen gestattet. Zugang zu reproduktionsmedizinischen Maßnahmen für alleinstehende Frauen und gleichgeschlechtliche Paare gibt es derzeit u. a. in der Tschechischen Republik, Deutschland, Spanien, Schweden und Großbritannien – allerdings gehört Großbritannien nicht mehr zur EU. Unterschiedliche (biologische) Faktoren sind ausschlaggebend für eine Übernahme der Kosten für die Behandlung durch die Krankenkassen oder für eine staatliche Finanzierung (ESHRE 2008). Dabei ist oft das Alter der Menschen mit Kinderwunsch ein gemeinsames Kriterium. Mit Ausnahme von Polen, das seine staatliche Finanzierung von Unfruchtbarkeitsbehandlungen im Juni 2016 zunächst eingestellt hatte,[3] haben Frauen in den meisten anderen Ländern bis zu einem Alter von 40 Jahren, in Frankreich bis zu 43 Jahren, Anspruch auf (Teil-)Kostenerstattung für die Behandlung. In Großbritannien, der Tschechischen Republik und Spanien sind die meisten Behandlungsoptionen erlaubt, wobei in Spanien das Leihgebären verboten ist (Fertility Europe und ESHRE 2017). Klar ist aber auch, dass die Festlegung bspw. von Altersgrenzen bei der (Teil-)Kostenerstattung nicht nur auf medizinisch-wissenschaftlichen Erkenntnissen beruht, sondern dass hierbei gesellschaftlich geteilte Haltungen, so bspw. in Hinblick auf das angemessene Alter für eine Schwangerschaft und Elterneschaft, einfließen.

[3] Es bleibt abzuwarten, ob sich die polnische Politik in Bezug auf Reproduktion nach dem Wahlsieg Donald Tusks in dieser Hinsicht verändern wird. Zumindest wurde bereits angekündigt, dass die restriktiven Abtreibungsregeln wieder gelockert werden sollen.

Neue Reproduktionstechnologien

Immer mehr Verfahren und medizintechnisch beeinflussbare Reproduktionsprozesse, welche sich zwar noch im experimentellen Stadium befinden, jedoch bereits auf die Möglichkeit der klinischen Implementierung hindeuten, kommen zu den bereits etablierten Verfahren wie IVF hinzu (Rolfes et al. 2020, S. 72). Sie stellen mögliche Lösungswege gegen biologisch und/oder sozial bedingte Infertilität dar, sind allerdings noch nicht in gleicher Weise in ethische, rechtliche und gesellschaftliche Bewertungssystematiken einbezogen worden. Ein erstes relevantes Verfahren ist die sogenannte In-vitro-Gametogenese. Bei diesem Verfahren werden beispielsweise aus induzierten pluripotenten Stammzellen Gameten gewonnen (Hikabe et al. 2016). Im Vergleich mit etablierten Reproduktionstechnologien würden mit einem breiten Einsatz dieser Technik (zum Teil ganz) neue Optionen realisierbar: die Behandlung physischer Infertilität von Personen, der Verzicht auf risikobehaftete Eizelltransfers, die Zeugung zu gleichen Teilen genetisch verwandter Nachkommen von gleichgeschlechtlichen Paaren, *solo reproduction*[4] oder gar *multiplex reproduction* bzw. *parenting*[5] (Rolfes et al. 2019; Suter 2015).

Eine weitere experimentelle Reproduktionstechnologie stellt eine Form der extrakorporalen Schwangerschaft dar. Um schwere Komplikationen oder sogar den Tod bei Frühgeburten zu vermeiden, haben zwei Forscher*innenteams in Tiermodellen zeigen können, dass es möglich ist, den Prozess der Schwangerschaft ex utero fortzusetzen (Partridge et al. 2017; Usuda et al. 2019). Ziel dieses zweiten Verfahrens, der sogenannten Ektogenese, ist die klinische Anwendung eines artifiziellen Uterus.

Diese medizinisch-technischen Innovationen werden, sollten sie jemals zum Einsatz kommen, weitreichende Konsequenzen auf die juristische, gesellschaftliche und ethische Gestaltung der menschlichen Reproduktion haben. Was

---

[4] Bei der *solo reproduction* gibt es nur ein Elternteil. Diese Person liefert bspw. induzierte pluripotente Stammzellen, aus denen dann sowohl weibliche wie männliche Gameten erzeugt werden, die wiederum in einer IVF einen Embryo erzeugen, der dann in den Uterus der Frau* eingebracht wird (Suter 2015).

[5] Die *multiplex reproduction* nutzt den Umstand, dass Embryonen Stammzellen liefern können, aus denen dann Gameten erzeugt werden können, die dann mit den Gameten, die auf demselben Weg aus anderen Embryonen anderer Eltern erzeugt wurden, kombiniert werden. Auf diesem Weg kann der letztlich resultierende Embryo zahlreiche „Eltern“ haben (Suter 2015). Ein ins Auge fallendes Problem hierbei ist, dass auf diesem Weg zahlreiche Embryonen als „Zwischenstationen“ verbraucht werden.

zunächst nur als weitere Möglichkeiten und Angebote für Patient*innen und Ärzt*innen erscheint und als Alternative zu bereits etablierten reproduktionsmedizinischen Ansätzen diskutiert werden kann, wird – das zeigt die bis heute kontroverse Debatte um die IVF – mit Sicherheit Befürworter*innen und Gegner*innen finden; es werden möglicherweise unversöhnliche religiöse und weltanschauliche Überzeugungen aufeinandertreffen. Mit anderen Worten: Es werden gesellschaftliche Aushandlungsprozesse beginnen müssen, die zum Ziel haben, dass es einen – vermutlich stets umstrittenen – verbindlichen Umgang mit diesen Technologien geben wird. Dabei werden ethische Überlegungen zweifelsohne eine wichtige Rolle spielen.

Ethische Bewertung

Im Folgenden soll angedeutet werden, wie ethische Überlegungen bzw. Bewertungen der gerade aufgeführten Reproduktionstechnologien aussehen könnten. Damit ist nicht der Anspruch verbunden, dass damit das letzte Wort gesprochen sei, sondern es soll versucht werden, die genannten Technologien im Vergleich einer ersten ethischen Evaluation zu unterziehen. Der Vergleich wird sich dabei an den etablierten Strängen der Bewertung bioethischer Konfliktfelder nach Bayertz (1991) orientieren und auf den vorfindlichen allgemeinen Rechtsrahmen, die medizinischen Chancen und Risiken, die gesellschaftlichen Diskursverschiebungen und ethischen Implikationen abheben.

Zu klären wäre zunächst, welche Chancen die neuesten Verfahren auf Zulassung in den zu betrachtenden Ländern hätten – die bereits bestehende medizinrechtliche und biopolitische Forschung könnte dabei eine solide Grundlage der Rechtseinschätzung liefern. Alsdann wären die reproduktionsmedizinischen, biomedizinischen und gynäkologischen Auswirkungen der neuesten Verfahren zu betrachten: Letztere könnten langfristig Alterativen darstellen oder die bereits etablierten Verfahren ablösen, die medizinischen Risiken von reproduktionsmedizinischen Behandlungen minimieren (z. B. hormonelle Behandlungen von Leihgebärenden, Operationsrisiken durch Uterustransplantation) oder neue gesundheitliche Risiken erzeugen. Die potenzielle Anwendung dieser neuesten Verfahren tangiert ebenso die gesellschaftliche Perspektive, insofern diese neue Eltern-Kind-Konstellationen hervorbringen, genetisch verwandte Elternschaft für nicht heteronormative Familienkonstellationen ermöglichen sowie die Aneignung fremder Körper und Körperstoffe von Menschen in ärmeren Ländern für die Erfüllung des Kinderwunsches und Reproduktionstourismus verringert werden könnten. Diese Verfahren könnten also nicht nur medizinischen und gesellschaftlichen Fortschritt bedeuten oder neue Konflikte um soziale Zugehörigkeit und Identität erzeugen, sondern überkommene ethische, politiktheoretische und bioökonomische Dilemmata auflösen – oder aber erst erzeugen, von denen wir hier nur einige andeuten können: Welcher moralische Status kommt künstlich generierten Embryonen, die in künstlichen Gebärmüttern heranwachsen, zu (Ranisch und Rolfes 2023)? Welche Implikationen haben reproduktionsmedizinische Techniken auf Menschenrechte, die auf der Idee des gleich an Würde und Rechten *Geborenseins* basieren (Braun 2000)?

Die Klausurwoche

Aufgrund des hohen Bedarfs an reproduktionsmedizinischen Maßnahmen[6] und der neuen Möglichkeiten, die menschliche Reproduktion zu gestalten, sehen wir es als dringend notwendig an, diese frühzeitig juristisch, sozial-gesellschaftspolitisch und ethisch durch eine international vergleichende Perspektive einzuordnen und zu evaluieren. Insbesondere wollen wir eine Debatte anstoßen, bevor diese, derzeit noch im experimentellen Stadium befindlichen, Methoden Eingang in die klinische Praxis finden. Denn oft sind die Innovationszyklen der medizinischen Technologien schneller, während die juristische, soziale und ethische Debatte und Begleitforschung gleichsam ‚hinterherhinkt'. Profitieren wird ein solches Vorhaben durch den Rekurs auf den existierenden breiten und systematischen ELSA-Diskurs über reproduktionsmedizinische Technologien, der unter anderem auch durch das Bundesministerium für Forschung und Bildung (BMBF) maßgeblich und erfolgreich mitgestaltet wurde (Maio et al. 2013). Der wissenschaftliche Nachwuchs wird entscheidende Impulse geben können, um die Implikationen der neuesten reproduktionsmedizinischen Techniken ‚vorzudenken'. Da sich diese noch nicht im klinischen Einsatz befinden, braucht es Personen, die den Stand der Forschung ihrer Disziplin kennen, aber gleichzeitig in Szenarien denken können, kreativ arbeiten und Interesse daran haben, interdisziplinär zu kommunizieren und die Implikationen aus anderen beteiligten Feldern und Wissenschaftsräumen zu ‚übersetzen' sowie produktiv in die eigene Forschung einfließen zu lassen. Wir sind der Meinung, dass diese Fähigkeiten bei Nachwuchswissenschaftler*innen

[6] Das Deutsche IVF-Register verzeichnet in einer Sonderzählung trotz Coronaeinschränkungen einen Rekord an künstlichen Befruchtungen im Jahre 2020 (9,3 Prozent mehr Behandlungen als im Vorjahr) (o. A. 2021).

aus dem Querschnittsfeld ‚Reproduktionsmedizin' ohnehin als wertvoll anerkannt werden, dort ein großer Bedarf an interdisziplinärem Austausch besteht (Huppertz 2020; Joffe und Reich 2014) und die Strategie, Nachwuchswissenschaftler*innen zu Wissenschaftskommunikator*innen zu machen (BMBF 2019), ebenfalls auf fruchtbaren Boden fallen wird. Dass die gewählte und zu bearbeitende Fragestellung geschlechter(politisch) relevante Perspektiven berücksichtigt, wird durch die Beschäftigung mit der menschlichen Fortpflanzung, aber auch über die Klärung des ethisch, kulturell (Haug et al. 2017) und eben auch vergeschlechtlichten Diskurses um Reproduktionsmedizin mehr als offensichtlich.

Die vom BMBF geförderte Klausurwoche für Early Career Researchers „In-vitro-Gametogenese (IVG) und artifizieller Uterus (AU) – Problemauslöser oder Problemlöser? Ethische, soziale und rechtliche Aspekte zukünftiger reproduktionsmedizinischer Verfahren", die vom 19. bis zum 23. September 2022 an der Ostbayerischen Technischen Hochschule (OTH) Regensburg stattfand, hatte das Ziel, einen interdisziplinären und international vergleichenden Ansatz zur Bewertung der ethischen, juristischen und sozialen Aspekte neuester Reproduktionstechnologien, vor allem der In-vitro-Gametogenese und Ektogenese, zu entwickeln. In-vitro-Gametogenese und Ektogenese sind Zukunftstechnologien, deren klinische Implementation grundsätzlich vorstellbar, aber derzeit noch nicht abzusehen sind. Sie rechtzeitig als Alternativen zu bereits genutzten Reproduktionsmethoden der Samenspende, dem Eizelltransfer, Leihgebären und der Uterustransplantation zu diskutieren, verspricht notwendige und innovative Impulse für die Begleitung lebenswissenschaftlicher Forschung und Entwicklung. Der in der Woche entstandene transdisziplinäre Diskus zwischen den Teilnehmer*innen aus den Bereichen Medizinethik, Medizinrecht, Gynäkologie, Reproduktionsmedizin, Biologie/Biomedizin, Technikfolgenabschätzung sowie Kultur- und Sozialwissenschaften mündet in diesem Sammelband.

Die Beiträge

Im ersten Beitrag untersucht *Heiner Fangerau* die Entwicklung von Vaterschaftskonzepten im europäischen Kontext seit dem 17. Jahrhundert. Ausgehend von der These, dass sich seit der Frühen Neuzeit eine zunehmende Biologisierung und Medikalisierung von Vaterschaftskonzepten beobachten lässt, zeigt er, wie eng sich Vorstellungen der biologischen Vaterschaft an vorherrschenden Erblichkeitstheorien orientierten und wie diese Theorien forensisch praktische Methoden der Vaterschaftsfeststellung dominierten.

Im nächsten Beitrag analysiert *Ulrike Scorna* vor dem Hintergrund assistierter reproduktiver Techniken die traditionellen und aktuellen Familienformen. Nicht nur soziale, ökonomische und politische Determinanten, sondern insbesondere die assistierten (experimentellen) reproduktiven Maßnahmen haben das Spektrum familialer Lebensformen erweitert und dazu geführt, dass der Begriff der Familie, aber auch der Elternschaft und der Fortpflanzung neu gedacht, angepasst und teilweise revidiert werden müssen.

Sonja Haug und Nadja Milewski zeigen in ihren empirischen Beitrag aus familiensoziologischer Sicht Einflussfaktoren zu Wissen über die Einstellung zu und Bereitschaft zur Inanspruchnahme von Reproduktionsmedizin auf. Die Daten werden vor dem Hintergrund der zunehmenden ethnischen und kulturellen Diversität in Deutschland thematisiert, wobei soziale Normen und die Nutzungsbereitschaft verschiedener Verfahren differenziert nach Migrationshintergrund und Religionszugehörigkeit dargestellt werden.

Mit Bezug auf das Konzept der elterlichen Verantwortung bewertet *Clemens Heyder* reproduktionsmedizinische Maßnahmen von einem moralischen Standpunkt aus. Diese Vorgehensweise ermöglicht es ihm, eine Diskussion, die in aller Regel mit individualethischen Ansätzen diskutiert wird, um eine sozialethische Dimension zu erweitern, ohne dabei liberale Grundsätze zu missachten. Durch den Blick auf die unterschiedlichen Beziehungen aller Beteiligten untereinander lassen sich normative Anforderungen für ein Konzept guter Elternschaft in einer liberalen Gesellschaft sowie einzelne Verantwortlichkeiten (bspw. in Bezug auf mögliche Spender*innen) ermitteln.

Anna Scharf betrachtet in ihrem Beitrag die Entwicklung der Situation der Familienbildung durch Reproduktionsmedizin gleichgeschlechtlicher Frauenpaare in Deutschland. Zu Beginn stellt sie die Entwicklung relevanter Leitlinien und Gesetzestexte unter Einbezug dazugehöriger Gerichtsurteile dar. Im Anschluss gibt sie einen Überblick über die Möglichkeiten reproduktionsmedizinischer Behandlung für Frauenpaare sowie deren rechtlichen Status und die Möglichkeiten der finanziellen Unterstützung. Sie schließt ihren Beitrag mit einem Ausblick auf zukünftige Entwicklungen auf Basis einer Analyse der Wahlprogramme der amtierenden Regierungsparteien aus dem Bundestagswahlkampf 2021 sowie des Koalitionsvertrags 2021–2025.

In ihren Beitrag zu Trans*-Reproduktionsgerechtigkeit und assistierte Reproduktion in Deutschland fokussiert sich *Agnes Elisabeth Kandlbinder* auf die aktuelle rechtliche und praktische Situation von trans* und queerer medizinisch unterstützter Familienbildung. Zunächst gibt sie einen Überblick zur assistierten

Reproduktion für trans* Menschen in Deutschland und über das Wissen über die Anforderungen und Bedürfnisse einer trans*-bejahenden reproduktiven Versorgung und wie sich sowohl Gesetze als auch die medizinische Praxis ändern müssten, um diese Anforderungen und Bedürfnisse zu realisieren. Außerdem erörtert sie, wie die Technologien der Gametogenese und Ektogenese die Möglichkeiten der trans*-assistierten Reproduktion in Zukunft beeinflussen könnten.

Eine kritische Analyse belletristischer als auch wissenschaftlicher Texte der feministischen Debatte um die Ektogenese liefert *Johanna Eichinger* in ihrem Text. Dabei konzentriert sie sich auf die ethischen Argumentationslinien der Befreiung der Frauen durch artifizielle Uteri sowie deren Potenzial dazu beizutragen, dass Geschlechtergerechtigkeit erreicht werden kann. Dabei bewegen sich ihre Überlegungen im Spannungsfeld zwischen Chancen und Risiken für die reproduktive Autonomie der Frauen.

Ebenfalls mit den ethischen Aspekten der Ektogenese beschäftigt sich *Stefanie Weigold* in ihrem Beitrag. Zunächst erläutert sie das Konzept der reproduktiven Autonomie und Rechte, um daraufhin konzeptionelle Weiterführungen darzustellen. Das Konzept der relationalen reproduktiven Autonomie und Gerechtigkeit ermöglicht es ihr, reproduktive Technologien im Kontext macht- und herrschaftskritischer Perspektiven zu diskutieren und die Chancen und Risiken der Ektogenese zu erörtern.

Vasilija Rolfes analysiert aus ethischer Perspektive die Debatte um späte (Eltern-)Mutterschaft und die Inanspruchnahme verschiedener in der Praxis genutzter sowie experimenteller (wie die IVG) Reproduktionstechnologien, um einen Kinderwunsch in einem fortgeschrittenen reproduktiven Alter zu erfüllen. Vor dem Hintergrund der Verschiebung der ersten Schwangerschaft in ein höheres Alter werden Chancen und Risiken für die potenziellen Mütter und Kinder anhand pragmatischer, sozialpolitischer und fundamentalethischer Argumentationslinien dargestellt. Schließlich wird die technische Lösung für späte Mutterschaft und genetische Elternschaft zur Disposition gestellt.

Ausgehend von der möglichen Anwendung der In-vitro-Gametogenese zu Zwecken der humanen Reproduktion bei unerfülltem Kinderwunsch diskutiert *Sara Röttger* die Nutzung ebendieser Stammzellen als Therapieoptionen in der regenerativen Medizin. Anhand eines Szenarios, im dem Schweineembryonen mithilfe humaner induzierter pluripotenter Stammzellen genetisch editiert werden, um Mensch-Tier-Mischwesen, also Chimären, zur späteren Entnahme der Organe zu generieren, diskutiert sie in ihrem Beitrag den rechtlichen und moralischen Status der dabei entstehenden Lebewesen und geht auch der Frage nach Schutzansprüchen dieser Lebewesen auf den Grund.

Fazit

Die Beiträge dieses Sammelbandes verdeutlichen zum einen das breite Spektrum der rechtlichen, ethischen und gesellschaftlichen Aspekte, auch bezogen auf die unterschiedlichen Akteur*innen und (potenziellen) Patient*innengruppen, der schon genutzten sowie der noch im experimentellen Stadium befindlichen reproduktionsmedizinischen Maßnahmen und zum anderen die Notwendigkeit sich frühzeitig mit der Vielfalt der evozierten Fragestellungen zu beschäftigen. Somit bietet dieser Band zwar keinen vollständigen, aber einen wichtigen Beitrag hierfür, aber auch für weiterführende Diskussionen.

Vasilija Rolfes
Helene Gerhards
Anna Scharf
Karsten Weber

Literatur

Bayertz, K. 1987. GenEthik. *Probleme der Technisierung menschlicher Fortpflanzung.* Reinbek bei Hamburg: Rowohlt Taschenbuch Verlag.

Bayertz, K. 1991. Drei Typen ethischer Argumentation. In *Genomanalyse und Gentherapie. Ethische Herausforderungen in der Humanmedizin*, Hg. Hans-Martin Sass, 291–316. Berlin, Heidelberg, New York u. a.: Springer Verlag

Beauchamp, T.L., und Childress, J.F. 2019. *Principles of biomedical ethics.* (8th edition). New York: Oxford University Press

BMBF. 2019. Grundsatzpapier des Bundesministeriums für Bildung und Forschung zur Wissenschaftskommunikation. https://www.bmbf.de/SharedDocs/Publikationen/DE/1/24784_Grundsatzpapier_zur_Wissenschaftskommunikation.pdf?__blob=publicationFile&v=5, 03.03.2025.

Braun, K. 2000. *Menschenwürde und Biomedizin. Zum philosophischen Diskurs der Bioethik.* Frankfurt a. M./New York: Campus

Bujard, M., Fangerau, H., und Korn, E. 2020. Die Bedeutung von neuesten Verfahren der Reproduktionsmedizin für die Lebenslaufplanung von Frauen. *Sozialer Fortschritt* 69(8-9): 511–528. https://doi.org/10.3790/sfo.69.8-9.511.

Damschen, G., und Schönecker, D. 2003. *Der moralische Status menschlicher Embryonen: Pro und contra Spezies-, Kontinuums-, Identitäts- und Potentialitätsargument.* Berlin: de Gruyter

Deutscher Bundestag. 2018. Eizellspende, Embryospende und Leihmutterschaft. Verfassungsrechtliche Diskussion, WD 3 -3000 -174/18, 1–5.

ESHRE. 2008. Comparative Analysis of Medically Assisted Reproduction in the EU: Regulation and Technologies (SANCO/2008/C6/051), Final Report, https://health.ec.europa.eu/document/download/3abc7b2a-cc86-4eac-8036-db18a34cb586_en?filename=study_eshre_en.pdf, 03.03.2025.

ESHRE. 2023. ART fact sheet, https://www.eshre.eu/-/media/sitecore-files/Press-room/ESHRE_ARTFactSheet_Nov_2023.pdf, 23.02.2024.

Fangerau, H. 2011. Brain, Mind and Regenerative Medicine: Ethical Uncertainties and the Paradox of their Technical Fix. In *Implanted Minds. The Neuroethics of Intracerebral Stem Cell Transplantation and Deep Brain Stimulation*, Hg. Heiner Fangerau, Jörg M. Fegert, Thorsten Trapp, 15–30. Bielefeld: transcript

Fertility Europe/ESHRE. 2017. A Policy audit on fertility. Analysis of 9 EU Countries, March 2017, https://www.eshre.eu/-/media/sitecore-files/Publications/PolicyAuditonFertilityAnalysis9EUCountriesFINAL16032017.pdf?la=en&hash=A573990078239BEC146FB44B192284FD4E29FE0A, 22.02.2021.

Griessler, E., Slepičková, L., Weyers, H., Winkler, F., Zeegers, N. Hg. 2022. *The regulation of assisted reproductive technologies in Europe. Variation, convergence and trends.* New York: Routledge

Haug, S., Vernim, M., Weber, K. 2017. Wissen und Einstellungen zur Reproduktionsmedizin von Frauen mit Migrationshintergrund in Deutschland, *Journal für Reproduktionsmedizin und Endokrinologie*_Online 2017; 14 (4), 171–177

Hikabe O., Hamazaki, N., Nagamatsu, G., Obata, Y., Hirao, Y., Hamada, N., Shimamoto, S., Imamura, T., Nakashima, K., Saitou, M., Hayashi, K. 2016. Reconstitution in vitro of the entire cycle of the mouse female germ line. *Nature* 539(7628), 299–303. https://doi.org/10.1038/nature20104

Huppertz, B. 2020. Reproductive Medicine – An Interdisciplinary Open Access Journal for an Interdisciplinary and Growing Community. *Reproductive Medicine* 1(1), 15–16. https://doi.org/10.3390/reprodmed1010002

ICMART. 2020. ICMART Preliminary World Report 2016, https://www.icmartivf.org/wp-content/uploads/ICMART-ESHRE-WR2016-FINAL-20200901.pdf, 03.03.2025

Joffe, C., Reich, J.A. 2014. *Reproduction and society: Interdisciplinary readings*. Hoboken: Taylor and Francis

Kitchen Politics Hg. 2015. *Sie nennen es Leben, wir nennen es Arbeit. Biotechnologie, Reproduktion und Familie im 21. Jahrhundert*. Münster: edition assemblage

Maio, G, Eichinger, T., Bozzaro, C. Hg. 2013. *Kinderwunsch und Reproduktionsmedizin. Ethische Herausforderungen der technisierten Fortpflanzung*. Freiburg: Alber

o.A. 2021. Trotz Corona: Rekord an künstlichen Befruchtungen in Deutschland. In: Ärzteblatt, 01.02.2021, https://www.aerzteblatt.de/news/trotz-corona-rekord-an-kuenstlichen-befruchtungen-in-deutschland-60d937c8-02bd-4215-8e23-039989a09043, 03.03.2025

Partridge, E, /Davey, M./Hornick, M. et al. 2017. An extra-uterine system to physiologically support the extreme premature lamb. *Nature Communications* 8:15112. https://doi.org/10.1038/ncomms15112

Präg P., Mills M.C. 2017. Assisted Reproductive Technology in Europe: Usage and Regulation in the Context of Cross-Border Reproductive Care. In *Childlessness in Europe: Contexts, Causes, and Consequences. Demographic Research Monographs,*ed. Michaela Kreyenfeld, Dirk Konietzka, 289–309. Cham: Springer https://doi.org/10.1007/978-3-319-44667-7_14

Ranisch R, Rolfes V. 2023. Die Generierung von künstlichen Keimzellen: Ethische Aspekte. In / *Die Generierung von künstlichen Keimzellen. Medizinische, rechtliche und ethische Aspekte*, Hg. Dirk Lanzerath, Aurélie Halsband, 73–136. Baden-Baden: Alber. https://doi.org/10.5771/9783495993958

Rolfes, V./Bittner, U., Fangerau, H. (2019). Die Bedeutung der In-vitro-Gametogenese für die ärztliche Praxis. Eine ethische Perspektive. *Der Gynäkologe*, 52:305–310. https://doi.org/10.1007/s00129-018-4385-3.

Rolfes, V., Bittner, U., Gassner, U.M., Opper, J., Fangerau, H. 2020. Auswirkungen der jüngsten Ergebnisse aus der Forschung mit induzierten pluripotenten Stammzelle auf Elternschaft und Reproduktion: Ein Überblick. In *Chancen und Risiken der Stammzellforschung*, Hg. Janet Opper, Vasilija Rolfes, Phillop H.Roth, 66–85. Berlin: Berliner Wissenschaftsverlag

Stanić, G.K. 2015. Comparative analysis of ART in the EU: Cross-border reproductive medicine. *Medicine, Law & Society*, 8(1):5–23. https://doi.org/10.18690/8.5-23(2015).

Steptoe, P.C, /Edwards, R.G. 1978. Birth after the reimplantation of a human embryo. *Lancet*, 312(8085):366. https://doi.org/10.1016/S0140-6736(78)92957-4

Suter, S. M. 2015. In vitro gametogenesis: just another way to have a baby? *Journal of law and the biosciences*, 3(1):87–119. https://doi.org/10.1093/jlb/lsv057

Usuda, H., Watanabe, S., Saito, M., Sato, S. et al. 2019. Successful use of an artificial placenta to support extremely preterm ovine fetuses at the border of viability. *American Journal of Obstetrics and Gynecology,* 221(1):69.e1–69.e17. https://doi.org/10.1016/j.ajog.2019.03.001

Inhaltsverzeichnis

Who is the father? The medicalization of fatherhood since the 18th century

Heiner Fangerau

1 Introduction: Concepts of fatherhood

There are many concepts of fatherhood (Drinck 2005). The question of paternity intertwines three core perspectives on what makes a man a father: while social fatherhood is based on the idea of paternal care for a child, biological fatherhood is rooted in the genetic relationship between a man and the child conceived through his germ cell. Almost perpendicular to this is legal paternity, which links fatherhood to the exercise of parental rights, which can be acquired through legal actions such as marriage, recognition, court determination, or adoption.[1]

In the ideal image of the Western European family, at least in the 19th and 20th centuries, all three concepts of fatherhood converge within the institution of marriage (Schutter 2011a, 2011b; Dowd 2006). However, this image is by no means the only option. In earlier times, the question of biological paternity was largely academic, as the concept of parentage was not conceptualized genetically in the modern sense and was impossible to determine by medical means. Similarly, social fatherhood was often understood differently from how it is understood today.

[1] This paper is based on a German version (Fangerau 2016), but the paper at hand is more focused on the question of medicalisation.

H. Fangerau (✉)
Institut für Geschichte, Theorie und Ethik der Medizin, Heinrich-Heine-Universität Düsseldorf, Medizinische Fakultät, Düsseldorf, Deutschland
E-Mail: heiner.fangerau@hhu.de

V. Rolfes et al. (Hrsg.), *Reproduktionszukünfte*, Technikzukünfte, Wissenschaft und Gesellschaft / Futures of Technology, Science and Society,
https://doi.org/10.1007/978-3-658-46300-7_1

Furthermore, the 'traditional' Central European family model of modern times covering a heterosexual couple with biological children has been overtaken by current reality, which presents various alternatives.

New reproductive technologies have also challenged the clarity of biological parenthood, notably when deleting specific DNA segments as preimplantation genetic interventions. One could speak of a fragmented biological parenthood in such cases. In contrast, integrating additional genetic components could be described as a 'multiplication of biological parenthood' (Gross und Honer 1990). Herein lies a tension: On one hand, biological paternity gained strength in the discursive, legal, and ideological sense based on genetic knowledge in the late 20th and early 21st centuries. On the other hand, models of sperm donation and genome editing increasingly challenge the significance of biological paternity for the overall concept of fatherhood (Schutter 2011b; Turney 2006; Arni 2008).

Theories of conception play a special role within the various concepts surrounding fatherhood. While maternity was evident in history through the act of carrying and giving birth, the contributing involvement of a man in conception, which established him as the father, could only be speculated upon probabilistically and required social and legal assurance through promises from the mother or the institution of marriage (Arni 2008). However, since the 17th century, some legal scholars have argued that legal relationships of kinship arose from conception rather than from marriage. In this interpretation, as the determination of a father's biological parenthood functions as a decisive legal criterion, legal experts early on engaged apparent specialists in biological heredity matters as expert witnesses in paternity cases taken to court.

The aim of this essay is to briefly overview the development of paternity testing within (forensic) medicine since the early modern period. The basic proposition is that the idea of the father has been biomedicalised since early modernity, meaning that paternity has increasingly been expressed in biological and medical terms and that medical experts have gained a crucial role in determining paternity (on the concept of medicalization see Conrad 2005). The essay illustrates how closely the concept of biological fatherhood is linked to prevailing theories of conception and (biological) inheritance, and how these theories have shaped forensic methods for establishing paternity. Simultaneously, we shall see how legal development and medical examination interacted as mutually influential factors in the advancement of paternity determination techniques. To highlight these interactions, the case of Germany is examined where paternity testing became crucial during the Nazi regime and its laws on inheritance.

2 Early paternity determinations: Coitus and duration of pregnancy

Sexuality and reproduction have been among the most important subjects of forensic reports and publications since at least the early modern period (Fischer-Homberger 1983, p. 175). Initially, the focus was on issues relating to marriage and its consummation. In addition to many cases of divorce, often initiated by women on the grounds of their husband's inability to complete the sexual act, male potency also played a role in paternity cases. Doctors often acted as expert witnesses in court cases.

Several authors considered coitus to be a prerequisite for conception (Fischer-Homberger 1983, pp. 193–209). Men who were physically unable to have coitus were regarded as infertile. The same was concluded if there was no ejaculation (for examples of cases, see Albrecht und Schultheiss 2004). Courts debated the probabilities of whether men could be considered fathers, in case men were unable or only partially able to perform coitus or did not complete the act but ejaculated in the direction of the woman's genitals (there was no need for the ejaculate to have contact with the women's genitals). This discussion continued for a long time and, as late as 1838, Friedrich Julius Siebenhaar's (1802–1862) "Handbuch der gerichtlichen Arzneikunde für Ärzte und Rechtsgelehrte" (Handbook of Forensic Medicine for Physicians and Jurists) noted that unmarried men often claimed non-penetration to avoid acknowledging paternity, but pregnancies could still occur with incomplete penetration and confirmed ejaculation. In particular, if "a complete lack of lust on the part of the woman cannot be proven" (Siebenhaar 1838, p. 337),[2] pregnancy and paternity could not be ruled out if ejaculation towards the genital area was acknowledged. Siebenhaar continued reporting on a further discussion of whether semen could act through 'imponderable' substances and whether its essence could be absorbed through the vessels, allowing for the possibility of paternity after ejaculation even if penetration could not be proven (Siebenhaar 1838, p. 337).

The timing of conception and the duration of pregnancy could also serve as evidence of paternity, but more for establishing a child's legitimacy than for identifying a potential father. Typically, the question revolved around whether a man

[2] It was believed by authors like Siebenhaar that sexual pleasure could lead to the expansion of the female sexual organs, which again was believed to result in a higher chance of conceiving.

was married to a woman already or still at the time of conception, or if there was a possibility that he had been with her during the relevant period of fertility.

Doctors struggled for a long time to establish a normal duration of pregnancy. The range was enormous, spanning a short five months to a long twelve months, or even longer. Early modern physicians linked this question of the gestational duration directly to the legal realm, writing that courts tended to interpret normal duration generously in order to avoid family disruption and to secure maintenance and civil status for the child (Fischer-Homberger 1983, p. 239). The ultimate criterion for determining the duration of pregnancy was not the mother's testimony, but the maturity and viability of the child born. Nevertheless, medical theory continued to allow for overcarrying, premature births and even sequential births (superfoetation) through a new conception shortly after the first. Although it was believed that twins could be conceived from a single act of intercourse, there were cases where a father claimed that he could not be the father of a twin or a second child born shortly afterwards because only a single act of intercourse had taken place. Based on the concept of overcarrying, paternity in these disputes was difficult to rule out unless the children showed "features of different origin" (Siebenhaar 1838, p. 348).

The implied similarity between parents and children, however, long remained irrelevant for paternity determinations, until it was incorporated into a systematic framework by genetic thinking in the 20th century.

3 Similarity

In the early modern period, forensic assessments of similarity in matters of legitimacy were "fundamentally family-oriented and not overly interested in uncovering female infidelity" (Fischer-Homberger 1983, p. 254). Central to this stance was the long-held belief in the theory of maternal impressions. This theory explained how a child's appearance could be influenced by maternal thoughts or objects or subjects seen by the mother during gestation. For example, the birth of a dark-skinned child to a light-skinned mother with a light-skinned husband could be explained by the mother having seen a picture of a dark-skinned person (Fischer-Homberger 1983, pp. 254 ff.).

Although this so called imagination theory met early opposition in discussions that grounded parent–child similarity in empirical observations of natural resemblance rather than imagination, courts and other physicians clung to imagination effects until the mid-18th century (De Renzi 2007). The public held on to this belief for even longer. In 1836, Honoré Daumier caricatured this understanding in a lithograph showing a husband pulling his wife away from a caged orangutan, saying, "You'll make me into a monster like that – don't look at him so much!" (Fig. 1).

Similarity between relatives could also be attributed to environmental influences. In legal matters, however, imagination provided a universal explanation that outweighed all other theories and even complemented emerging theories of inheritance. However, it was not confined to the peace-keeping establishment of a child's legitimacy. There is, for example, a case from the 17th century in which a child's resemblance to the mother's husband was used against his paternity: it was argued that the mother had thought of her husband at the moment of conception by another man, fearing that her infidelity with another man would be discovered (Fischer-Homberger 1983, p. 260).

It was not until the second half of the 18th century that a paradigm of heredity began to emerge that contradicted the imagination theory. The concept of heredity, as a framework for explaining the similarity between parents and children, was strengthened by evidence for the fertilisation of the egg by the sperm and the description of racial types by Johann Friedrich Blumenbach (1752–1840), with characteristics being passed on to children at conception (Fischer-Homberger 1983, p. 265). At the same time, the increasing reliance of medicine on scientific foundations in the 19th century left no room for imagination to stand alongside physics and chemistry. However, because the processes of inheritance themselves remained completely unclear, similarity was not, initially, a criterion for determining paternity, except in the case of 'mongrels': a precise concept of inheritance in the biological sense had yet to be established (on the history of the concept of inheritance, see Junker und Richter 2001; Rheinberger und Müller-Wille 2009). This required additional building blocks, such as establishing rules for the inheritance of similarity. It was thus not until the 20th century that positive paternity could be established on the basis of similarity, alongside the existing criteria of coitus and the time of conception (De Renzi 2007).

European legal practice and the requirements for medical assessment of paternity took account of this 'pre-genetic' state. In both the "General State Laws for the Prussian States" of 1794 (Allgemeines Preußisches Landrecht) and the "Civil Code" of 1896 (Bürgerliches Gesetzbuch), paternity continued to be based solely on marriage, as in older legal precedents. While extramarital conception did not confer legal kinship, it could lead to maintenance obligations and, therefore, had to be proved or disproved in court. Social indicators, such as continued interaction with the mother and care of a child after birth and, above all, sexual intercourse during the child's possible conception period, served as the main evidence for possible paternity (Saborowski 2014, p. 99).

Fig. 1 Lithograph by Honoré Daumier: Bobonne… ne le regarde pas tant!, 1836. Rosenwald Collection, National Gallery of Art, Washington, DC, USA: https://www.nga.gov/collection/art-object-page.11880.html

Some elements of this evidential framework were already present in the legal context, but mainly in the context of denying paternity. A man's paternity established within marriage could be contested if the legal father could 'convincingly' prove that he could not have had sexual intercourse with the mother between the 302nd and 210th day before the birth (182nd day in the Civil Code of 1896), or that he was incapable of procreation (Saborowski 2014, p. 104). That a woman had merely had sexual relations with several men during the period of possible conception was not sufficient for a married man to deny paternity of a child, since there was also a likelihood of him being the father. Illegitimate fathers, by comparison, could invoke the 'defence of multiple intercourse' under the Civil Code but, even here, medical experts could not provide direct evidence of conception or biological paternity (Saborowski 2014, pp. 133–157). However, since the prohibition of paternity tests introduced by the Napoleonic Code in 1804, central European law had little concern with the 'mere difficulty of proving paternity' (Röder 1837, p. 55). From a legal point of view, this difficulty was simply not significant, since the oath remained the ultimate proof (Röder 1837, pp. 55 f.).

Similar paternity laws existed throughout the German-speaking world in the mid-19th century. The Principality of Schwarzburg–Sondershausen in 1844, for example, defined the 'father of an illegitimate child' as anyone who had sexual relations with the mother between the 285th and 210th day before the birth, and he was not automatically exempted from financial support by the mother having had sexual relations with several men (Busch 1863). However, in some legal systems, prostitution could lead to men being released from their fatherhood responsibilities. In the canton of Zürich, for example, a paternity suit could be dismissed "if the plaintiff has lived as a public prostitute or otherwise offered herself to men for payment for promiscuity within the last two years" (Busch 1863, p. 227).

In summary, around 1800 the examination of coitus, fertility and gestational age were the only legally established tools available to medical experts to determine paternity.

4 Biological inheritance of traits

Not until the early 20th century did the medical–biological understanding of conception and biological inheritance become internally consistent enough for medical experts to use trait similarities as evidence for paternity. However, this biological understanding had gained tremendous momentum since the late 19th century, starting with August Weismann's germ plasm theory (germ cells as carriers of hereditary information), the recognition of Mendel's experiments as evidence of the detectability and traceability of individual traits that parents pass on to their children, and the development of the chromosome theory (Rheinberger und Müller-Wille 2009).

By 1900, a new 'normal science' (in the sense of Thomas Kuhn) of genetics had been established, and, with it a new understanding of inheritance, paternity and how to prove paternity. Wilhelm Johannsen (1857–1927), who introduced the terms 'gene' and 'phenotype' into the debate, called this new paradigm, which understood heredity as the presence of identical genes (as carriers of traits expressed in the organism) in ancestors and descendants, the 'genotype conception of heredity' (Johanssen 1911).

The relative novelty of this concept is still evident in a 1938 retrospective by the anthropologist Otto Reche (1879–1966). He noted that the 'methods of biological paternity determination' had developed 'relatively rapidly' in Germany over the previous 15 years. Since judges had found that affidavits in paternity cases were unreliable, and that men wanted to evade child support obligations while mothers tended to name the wealthiest of the potential fathers, biological paternity testing had become particularly important in the courts. In the field of biological paternity testing, Reche saw the role of the medical expert strengthened in relation to that of the judge by the authority of science (Reche 1938, pp. 369 f.).[3]

The methods of proof to which Reche referred had only reached a coherent maturity around 1910 and were by no means smoothly integrated into court proceedings. These methods included the exclusion of paternity by analysing and comparing the blood groups of (putative) parents and children (the 'A-B and M–N systems'), possible positive or negative evidence by comparing morphological characteristics, and the exclusion or likelihood of paternity by examining hereditary 'abnormalities' such as polydactyly (six-fingeredness), and more (Reche 1938, p. 370, p. 373).

While initially promising approaches such as the comparative fingerprints analysis (dactyloscopy) proved to be of little use (Mueller und Ting 1928), the first method based on heredity principles to achieve forensic relevance was the comparison of blood groups (for the following, see Geserick und Wirth 2011, 2012; Spörri 2010, 2014). Karl Landsteiner described human blood groups in 1901, but

[3] For Reche's self-perception of his role in the introduction of biologically based ancestry testing in Germany, see his post-war account of negotiations with the judiciary (Reche und Rolleder 1964). For further contextualization of Reche and his racist anthropology, please refer to the work by Fuchs (Fuchs 2003). Pages 272–283 and 258 ff. provide insights into Reche's historical context and his anthropological perspectives.

the idea that blood groups could remain stable and hereditary throughout life, and thus potentially serve as evidence of paternity, only emerged around 1908. A theory of their inheritance, according to Mendelian rules, was proposed in 1910 by Emil von Dungern (1867–1961) and Ludwik Hirszfeld (1884–1954). In 1924, the bacteriologist and serologist Fritz Schiff (1889–1940) advocated the use of blood groups to determine ancestry, and in the same year Georg Strassmann (1890–1972) and others reported the use of serological evidence for ancestry in court cases. By 1929, the number of such assessments was reported to have reached about 1000 cases in German speaking regions (Geserick und Wirth 2011, p. 40), a figure not reached in the United States until the 1940s (Spörri 2010, p. 39). Spörri cites the more lively debate on blood purity in Germany as the reason for this different development (Spörri 2010, p. 39).

Due to the inheritance patterns of blood groups, biological paternity could be excluded with relative certainty by analysing the blood of the putative parents and the child in question. According to experts at the time, this exclusion was achieved in approximately 15 % to 30 % of cases (Weninger 1935; Meixner 1943; Kröner 1999). Nevertheless, errors in blood grouping and debates about the reliability of serological techniques led to initial scepticism in the courts (Reche 1938, p. 371; a detailed example is given in Spörri 2010, pp. 41–48).

The first such conviction in a maintenance case was obtained by a jury on 28 November 1927. On 11 March 1930, following lengthy discussions among legal experts, the Prussian Ministry of Justice published the opinion of the Subcommittee for Blood Group Research of the Reich Health Council (Unterausschuss für Blutgruppenforschung des Reichsgesundheitsrates), which endorsed blood group analysis as a highly suitable method for establishing paternity (Geserick und Wirth 2011, p. 42). At the same time, some regions had already designated suitable institutions, such as forensic institutes or state medical examination offices, to carry out these analyses in order to ensure quality and reliability (Geserick und Wirth 2011, p. 42).

Once the method of erythrocyte membrane-based paternity exclusion was established, additional exclusion criteria for biological paternity were introduced, including the MN system, rhesus factors and other erythrocyte blood group characteristics. These were supplemented by the analysis of serum groups since the 1950s (Geserick und Wirth 2013).

4.1 Racial Hygiene/Eugenics in Germany as context

By the time Reche published his retrospective in the journal *Volk und Rasse*, which he co-edited, blood grouping was well established. Reche argued for additional anthropological methods to determine paternity. The context of his work is remarkable. For the Nazi government, paternity testing played a role not only in questions of the legitimacy of offspring, but, as Reche proudly noted, 'the determination of actual ancestry' was becoming increasingly important in Germany and other states, driven by racial hygiene laws aimed at 'preserving and improving the genetic value and hereditary health of their population' (Reche 1938, p. 370). He saw a particularly important role for 'hereditary biologists' among 'cultivated peoples' in researching the inheritance of various traits and exploring the shared use of mental traits (Reche 1938, p. 375). The latter point was crucial in the context of Nazi policy, where leading proponents of racial hygiene sought to base the classification of a person as 'Jewish', or as belonging to what they understood to be the 'Jewish race', largely on mental traits (Fangerau 2001, pp. 195–209).

By the time Reche's article was published, the aforementioned describers of blood group characteristics – Landsteiner, Hirszfeld, Schiff, and Strassmann – had already been classified as 'non-Aryan' and, in some cases, compelled to emigrate. Nazi racial policy had raised the issue of paternity and the related question of paternity testing to a new level, both numerically (Lilienthal 1987, pp. 82 f.) and legally, giving new significance not only to blood group analysis but also to "morphological similarity in paternity cases" (Meixner 1943). On the legislative level, the infamous Law for the Restoration of the Professional Civil Service (Gesetz zur Wiederherstellung des Berufsbeamtentums) of 1933 was followed in 1935 by the so-called Nuremberg Laws, which, for example, prohibited marriage and extramarital intercourse between 'Jews' and 'non-Jews' (Kröner 1999, p. 258). Questions of paternity now played a much more important role than simply proving infidelity or payment/maintenance paternity. The question of descent became "vital in the German Empire" (Kröner 1999, p. 258). On the one hand, individuals tried to prove that their presumed 'non-Aryan' father was not their biological father in order to avoid dismissal, expulsion and murder. On the other hand, the state enforced the obligation to tolerate paternity tests. In 1938, for example, the public prosecutor was authorised to challenge a child's legitimacy if it was in the child's or the public interest (Kröner 1999, p. 260; Lilienthal 1987, p. 73). In 1939, anyone doubting someone else's biological paternity could apply for a "determination of blood-related descent" (Kröner 1999, p. 260; Lilienthal 1987, p. 76).

In addition to blood group analysis, hereditary biological paternity testing was thus given a much higher legal status in the German Reich. In Austria, it had enjoyed a special legal status since 1931, when the Supreme Court of Vienna described the absence of hereditary biological testing in paternity cases as a procedural deficiency (Kröner 1999, p. 258). In contrast to blood grouping, which could only exclude fathers, hereditary biological similarity was now also used as an instrument for the positive determination of paternity in the context of racial hygiene (Meixner 1943, p. 163). Anthropological biological paternity testing included the determination of biometrically measurable characteristics such as hand and foot patterns, head measurements, skin pigment and hair comparisons, eye shape and iris colour comparisons, etc. (Meixner 1943, pp. 163–175). X-rays were also used for comparisons (Lenz 1960, in this text Lenz refers to a trial and the corresponding expert reports from 1944). The 1930s and 1940s saw a continued debate over the probabilities of establishing biological paternity, i.e. the certainty and accuracy of the various expert opinions based on different formulae. Even after the war, the method of comparing different characteristics remained controversial (Kröner 1999; Lilienthal 1987).

4.2 DNA Analyses

The Nuremberg Laws were repealed by the Allied Control Council in September 1945 (Etzel 1992). Nevertheless, in the second half of the 20th century, the possibility of contesting paternity was not only maintained but even extended in the German context (Zimmermann 1995). Since about 1962, children in (West-) Germany have had the right to challenge the assumption that their father is their biological father. In 1998, this right was extended to mothers, and the right of husbands to contest paternity was extended (Scheiwe 2006, pp. 47 ff.). Methods of paternity testing initially remained somewhat similar, but continued to diversify along the paths already taken. While anthropological similarity tests remained the standard until the 1970s, serological methods grew in popularity not only among experts but also among the general public. In 1952, for example, the German popular weekly "Der Spiegel" published a short article on paternity testing in which the "blood group algebra around the father" was presented graphically in a simple form addressing a general public (Fig. 2) ("Vaterschaftsnachweis 10. Prozent freigesprochen" 1952).

The number of proven hereditary protein polymorphisms in the blood suitable for paternity testing has increased steadily since the 1950s. In addition to erythrocyte membrane antigens, various genetic variants (polymorphisms) of serum proteins were identified in the 1950s, allowing comparison between presumed

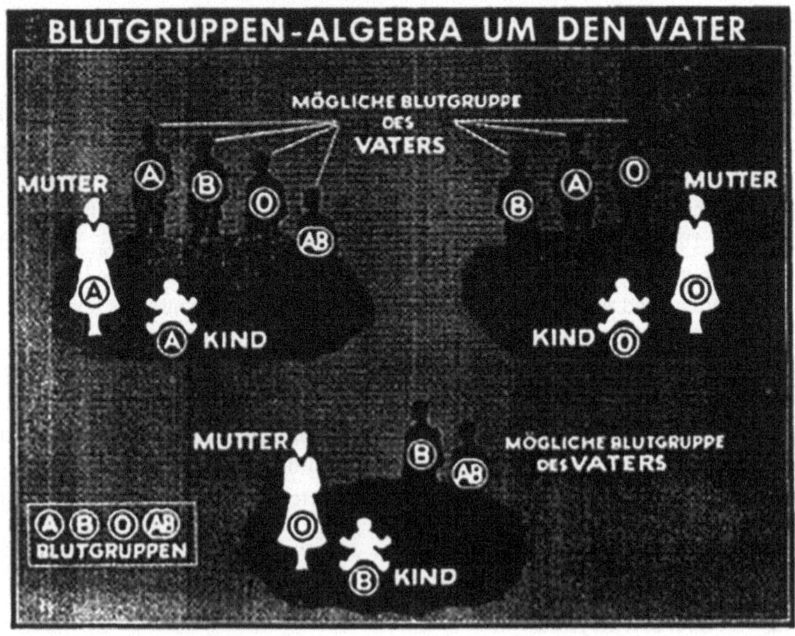

Fig. 2 Blood groups and paternity, explanation for the general public 1952 ("Vaterschaftsnachweis 10. Prozent freigesprochen" 1952)

relatives. In the early 1960s, genetic variants of white blood cell antigens expanded the scope of testing. In particular, these HLAs (human leukocyte antigens) proved to be relatively reliable markers for excluding possible biological fathers (Geserick und Wirth 2013). The average exclusion probability, as a measure of a test's power to exclude a man who is not the genetical father, was reported to be as high as 90 % in the late 1970s (Kane 1982, p. 311).

Although the composition of deoxyribonucleic acid (DNA) has been seen as the basis of all these testing methods since its description by James Watson and Francis Crick in 1953, it was not until the 1980s and 1990s that the detection of small DNA variations made it possible to compare genetic polymorphisms at the DNA level itself to prove ancestry. The description and, above all, the use of these so-called restriction fragment length polymorphisms (RFLPs) represented, as a German human genetics textbook for medical students put it in 2007, a "quantum leap in the individualization of analysis" (Buselmaier und Tariverdian 2007, p. 380). Since the 1990s, this method of differentiation has made blood group analysis unnecessary. A first generation of analysable 'variable number of tandem repeat' (VNTR) polymorphisms has now been complemented by a second generation of 'short tandem repeat' (STR) polymorphisms. Since 1999, the German Medical Association (Bundesärztekammer) has recommended the analysis of twelve markers on at least ten chromosomes to confirm or exclude paternity with a 99.9 % probability. However, potential mutations and unknown relationships between potential fathers complicate the calculations (Buselmaier und Tariverdian 2007, pp. 380–385; Geserick und Wirth 2013, pp. 371 ff.; Rolf und Wiegand 2007).

5 Conclusion

To conclude, over the past 150 years the importance of biological paternity testing has gradually increased, and both law and medicine, as bases for legal decisions and the development of law, have mutually reinforced the higher value placed on biological fatherhood. Nowadays, the forensic link or connection between legal and biological paternity is expressed in the term 'genetic fingerprint' for DNA analyses in paternity testing, symbolising both their high degree of reliability and their use in court (similar to the faithful use of fingerprints to decide murder cases). The rise of biological paternity in legal matters (Scheiwe 2006, p. 567; Gehring 2005) was accompanied by a medicalisation of the search for truth and a new normative framework for the right to paternity being in a nutshell that 'the biological' trumps 'the social'. While physicians served as expert witnesses in paternity cases in the early modern period without a clear concept of heredity, their role in this context expanded significantly over the last century as heredity took firm root. Gradually, sworn expert testimony came to be replaced by more complex methods of expert assessment which, in the 1930s, were to be carried out only by selected institutions, and today by confirmed laboratories (in Germany accredited to DIN standards under the Genetic Diagnostics Act (Gendiagnostikgesetz) of 2010).

The criteria for establishing paternity have also been bio-medicalized. There was a shift from the social and legal institution of marriage to the criminological–medical determination of morphological similarity between father and child, which in turn shifted to genetic similarity at the molecular level. These shifts were accompanied by a change in the visibility and valuation of paternity traits. While paternity was initially invisible and recognisable only through acknowledged sexual intercourse with a woman or marriage on paper, it became visible first through characteristic traits and then retreated into invisibility again, this time in the realm of the molecular, concealed behind abstractions and symbols. The place of evaluation shifted from the courtroom to the laboratory. Furthermore, mothers and fathers (and non-fathers) now have their attestation side-lined by the attestations of experts who, through their abstractions and symbols, look not at relationships and beliefs but at bodies, and not even at whole human bodies, but only the tiniest fragments.

Thus, the testing of paternity has moved from a legal procedure to something medical, and this medicalisation has been accompanied by a professionalisation of the process, including a restriction and regulation of analysis providers. Arguments for the strength of biological fatherhood are based on moral considerations of justice (who ought to maintain the child) and the value of biological information for one's own life. The value of genetical information for children, the relevance of a genetic identity is, today, unquestioned. This value goes far beyond being a mere marker of identity. Knowing one's origins also provides a base of information about, for example, the presence of hereditary diseases, which in some cases could be prevented. For parents, parenthood today also involves, as Schutter puts it, "the continuation of one's (genetic) self in the child", a kind of "reward" (Schutter 2011a, p. 572). In this way of thinking, passing on one's biology takes on a significance that transcends one's earthly existence. This transcendence mixes with the old motivations for paternity testing, based on assumptions of female infidelity[4] or the clarification of support relationships but, at the same time, takes on a biological dominance. Even the emotions involved, such as jealousy, are now interpreted as expressions of the importance of biological paternity, in line with biologically motivated evolutionary theory (Platek und Shackelford 2006).

The question arises, however, whether the medicalization of the fatherhood concept does not, to some extent, devalue other concepts of fatherhood, pushing established structures of family dynamics and childbearing to their limits, as well as new forms of cohabitation and childbearing. Adoption and step-parenting might as well be devalued as the pure role of being a social father in a patchwork family constellation. Finding a wise way to navigate these different concepts of fatherhood is a challenge for modern societies and their family paradigms.

[4]The number of 'false' biological fathers seems to be lower than long assumed. It is probably less than 4 % worldwide (Bellis et al. 2005).

References

Albrecht, K., and D. Schultheiss. 2004. Der Vaterschaftsnachweis: Eine andrologisch-rechtsmedizinische Herausforderung im Spiegel vergangener Zeiten. *Der Urologe, Ausgabe A: Zeitschrift für klinische und praktische UrologieOrgan der Deutschen Gesellschaft für Urologie* 43(10):1275–1283.

Arni, C. 2008. Reproduktion und Genealogie: zum Diskurs über die biologische Substanz. In *Sexualität als Experiment? Identität, Lust und Reproduktion zwischen Science und Fiction*, ed. N. Pethes, and S. Schicktanz, 293–309. Frankfurt: Campus.

Bellis, M. A., K. Hughes, S. Hughes, and J. R. Ashton. 2005. Measuring paternal discrepancy and its public health consequences. *Journal of Epidemiology and Community Health* 59(9):749–754. https://doi.org/10.1136/jech.2005.036517

Busch, F. B. 1863. Der neueste Standpunkt der Wissenschaft und Gesetzgebung über die Frage der Zulässigkeit der Klage auf Anerkennung der unehelichen Vaterschaft unter Berücksichtigung der Verhandlungen beim dritten deutschen Juristentage und bei dem im Jahre 1862 abgehaltenen ordentlichen Landtage im Großherzogthum Sachsen-Weimar-Eisenach. *Archiv für die civilistische Praxis* 46:215–237.

Buselmaier, W., and G. Tariverdian. 2007. Humangenetik, Ed. 4. Heidelberg: Springer.

Conrad, p. 2005. The shifting engines of medicalization. *Journal of Health and Social Behavior* 46(1):3–14. https://doi.org/10.1177/002214650504600102

De Renzi, S. 2007. Resemblance, Paternity, and Imagination in Early Modern Courts. In *Heredity Produced. At the Crossroads of Biology, Politics and Culture, 1500–1870*, ed. S. Müller-Wille, and H.-J. Rheinberger, 61–83. Cambridge, Mass.: MIT Press.

Dowd, N. E. 2006. Parentage at Birth: Birthfathers and Social Fatherhood. *William & Mary Bill of Rights Journal* 14(3):909–942.

Drinck, B. 2005. *Vatertheorien: Geschichte und Perspektive*. Opladen: Budrich.

Etzel, M. 1992. Die Aufhebung von nationalsozialistischen Gesetzen durch den Alliierten Kontrollrat (1945–1948). Tübingen: Mohr.

Fangerau, H. 2001. *Etablierung eines rassenhygienischen Standardwerkes 1921–1941 der "Baur-Fischer-Lenz" im Spiegel der zeitgenössischen Rezensionsliteratur.* Diss. Med Ruhr-Univ. Bochum 2000. Frankfurt am Main: Peter Lang.

Fangerau, H. 2016. Die Entwicklung des Vaterschaftsgutachtens in der gerichtlichen Medizin/Forensik. *Recht der Jugend und des Bildungswesens* 2:256–269.

Fischer-Homberger, E. 1983. *Medizin vor Gericht: Gerichtsmedizin von der Renaissance bis zur Aufklärung*. Bern: H. Huber.

Fuchs, B. 2003. *"Rasse", "Volk", Geschlecht: anthropologische Diskurse in Österreich 1850–1960*. Frankfurt: Campus.

Gehring, P. 2005. Bio-Vaterschaft. Die Wiederkehr der Zeugung als technogene Obsession. *Figurationen* 6(2):107–124.

Geserick, G., and I. Wirth. 2011. Über die Anfänge der blutgruppenserologischen Abstammungsbegutachtung. *Rechtsmedizin* 21(1):39–44.

Geserick, G., and I. Wirth. 2012. Genetic kinship investigation from blood groups to DNA markers. *Transfusion Medicine and Hemotherapy* 39(3):163–175.

Geserick, G., and I. Wirth. 2013. Ein Jahrhundert hämogenetische Abstammungsbegutachtung. *Rechtsmedizin* 23(5):365–373.

Gross, P., and A. Honer. 1990. Multiple Elternschaften: Neue Reproduktionstechnologien, Individualisierungsprozesse und die Veränderung von Familienkonstellationen. *Soziale Welt* 41(1):97–116.

Johanssen, W. 1911. The Genotype Conception of Heredity. *The American Naturalist* 45(531):129–159.

Junker, T., and N. A. Richter. 2001. Vererbung. In *Historisches Wörterbuch der Philosophie*, Vol. 11, ed. J. Ritter, and K. Gründer, 624–632. Basel: Schwabe Verlag.

Kane, K. 1982. Paternity Exclusion and Probability of Paternity. *Annals of Clinical and Laboratory Science* 12(3):309–314.

Kröner, H.-P. 1999. Von der Vaterschaftsbestimmung zum Rassegutachten. Der erbbiologische Ähnlichkeitsvergleich als 'österreichisch-deutsches Projekt' 1926–1945. *Berichte zur Wissenschaftsgeschichte* 22:257–264.

Lenz, F. 1960. Nun doch wieder »Wirbelsäulenmethode«? *Anthropologischer Anzeiger* 24(1):52–62.

Lilienthal, G. 1987. *Anthropologie und Nationalsozialismus: das erb- und rassenkundliche Abstammungsgutachten*. Jahrbuch des Instituts für Geschichte der Medizin der Robert Bosch Stiftung: 71–91.

Meixner, K. 1943. Der morphologische Ähnlichkeitsbeweis in Vaterschaftssachen. *Deutsche Zeitschrift für die gesamte gerichtliche Medizin* 37(3):161–178.

Mueller, B., and W. Y. Ting. 1928. Ist die daktyloskopische Untersuchung als Hilfsmittel zum gerichtlich-medizinischen Ausschluß der Vaterschaft brauchbar? *Deutsche Zeitschrift für die gesamte gerichtliche Medizin* 11(1) 347–372.

Platek, S. M., and T. K. Shackelford. 2006. *Female infidelity and paternal uncertainty; evolutionary perspectives on male anti-cuckoldry tactics*. Cambridge [u. a.]: Cambridge University Press.

Reche, O. 1938. Zur Geschichte des biologischen Abstammungsnachweises in Deutschland. *Volk und Rasse* 11:369–375.

Reche, O., and A. Rolleder. 1964. Zur Entstehungsgeschichte der ersten exakt wissenschaftlichen erbbiologischanthropologischen Abstammungsgutachten. *Zeitschrift für Morphologie und Anthropologie, Eugen Fischer zur Vollendung des 90. Lebensjahres am 5. Juni 1964* 55(2):283–293.

Rheinberger, H.-J., and S. Müller-Wille. 2009. *Vererbung: Geschichte und Kultur eines biologischen Konzeptes*. Frankfurt: Fischer.

Röder, C. D. A. 1837. *Kritische Beiträge zur Vergleichung merkwürdiger deutscher und ausländischer Gesetzgebung und Rechtspflege über die außereheliche Geschlechtsgemeinschaft, Vaterschaft und Kindschaft, zunächst in Bezug auf den Art. 340 des Code Nap. "La récherche de la paternité est interdite" mit einem Anhang über die Strafen der Unzucht und die Verführung*. Darmstadt: Heyer.

Rolf, B., and P. Wiegand. 2007. Abstammungsbegutachtung. DNA-Systeme, biostatistische Auswertung und juristische Aspekte. *Rechtsmedizin* 17:109–119.

Saborowski, M.. 2014. *Vaterschaft in Zeiten des genetischen Vaterschaftstests. Zum Verhältnis von Vertrauen und empirischem Wissen*. Würzburg: Königshausen & Neumann.

Scheiwe, K.. 2006. Vaterbilder im Recht seit 1900 – Über die Demontage väterlicher Vorrechte, Gleichberechtigung, Gleichstellung nichtehelicher Kinder, alte und neue Ungleichheiten. In *Vaterschaft im Wandel – Multidisziplinäre Analysen und Perspektiven aus geschlechtertheoretischer Sicht*, ed. M. Bereswill, K. Scheiwe, and A. Wolde, 37–56. Weinheim: Juventa.

Schutter, S. 2011a. Richtige Kinder und falsche Väter? Vaterschaftsstests zwischen Rebiologisierung und "neuer Väterlichkeit". *Das Jugendamt* 11:566–572.

Schutter, S. 2011b. *"Richtige" Kinder: von heimlichen und folgenlosen Vaterschaftstests, Ed. 1. Kindheit als Risiko und Chance*. Wiesbaden: VS, Verlag für Sozialwissenschaften.

Siebenhaar, F. J. 1838. *Enzyklopädisches Handbuch der gerichtlichen Arzneikunde für Aerzte und Rechtsgelehrte,* Vol. 1. Leipzig: Engelmann.

Spörri, M. 2010. Moderne Blutsverwandschaften. Die "Blutprobe" und die Biologisierung der Verwandschaft in der Weimarer Republik. L'Homme. *Europäische Zeitschrift für Feministische Geschichtswissenschaft* 21(2):11–32.

Spörri, M. 2014. *Reines und gemischtes Blut: Zur Kulturgeschichte der Blutgruppenforschung, 1900–1933*. Bielefeld: transcript Verlag.

Turney, L. 2006. Paternity Testing and the Biological Determination of Fatherhood. *Journal of Family Studies* 12(1):73–93.

"Vaterschaftsnachweis. 10. Prozent freigesprochen." 1952. Der Spiegel (3, 16. January): 31–33.

Weninger, J. 1935. Der naturwissenschaftliche Vaterschaftsbeweis. *Wiener Klinische Wochenschrift* 1:1–11.

Zimmermann, J.-M. 1995. *Die Abstammungsfeststellungsklage*. Aachen: Shaker.

Familie im Wandel. Eine Analyse traditioneller und aktueller Familienformen vor dem Hintergrund assistierter reproduktiver Techniken

Ulrike Scorna

1 Einleitung

Das Jahr 1978 markiert in der Reproduktionsmedizin, aber auch in der Gesellschaft, einen entscheidenden Kipppunkt. In Großbritannien wurde das erste, mittels einer In-vitro-Fertilisation (IVF) gezeugte Kind geboren (Bayertz 1985, S. 525; Trappe 2020, S. 2). Vier Jahre später gab es auch in der Bundesrepublik Deutschland das erste sogenannte „Retortenbaby" (Trappe 2020, S. 2). Mit der Erweiterung des Konzepts der natürlichen Befruchtung um das der künstlichen wurden neue Möglichkeiten geschaffen, Paaren zu Kindern zu verhelfen, denen es ohne den Einsatz künstlicher Befruchtungsmethoden, bzw. assistierten reproduktiven Techniken (ART), nicht möglich wäre, eigene leibliche Kinder zu haben (Bujard et al. 2020, S. 512 f.; Pikal 2020, S. 9; Trappe 2016, S. 394 f.; Wiesemann 2015, S. 199; Woopen 2002, S. 234 f.). Seitdem haben nicht nur die Behandlungsmöglichkeiten im Rahmen einer künstlichen Befruchtung zugenommen; auch die Nachfrage nach diesen Methoden ist gestiegen (Nationale Akademie der Wissenschaften Leopoldina, Union der deutschen Akademie der Wissenschaften 2019, S. 11, S. 22; Trappe 2016, S. 403). Laut dem Deutschen IVF-Register (DIR) sind jährlich rund 3 % aller in Deutschland geborenen Kinder die Folge einer Behand-

U. Scorna (✉)
Institut für Sozialforschung und Technikfolgenabschätzung (IST), Ostbayerische Technische Hochschule Regensburg, Regensburg, Deutschland
E-Mail: ulrike.scorna@oth-regensburg.de

V. Rolfes et al. (Hrsg.), *Reproduktionszukünfte*, Technikzukünfte, Wissenschaft und Gesellschaft / Futures of Technology, Science and Society,
https://doi.org/10.1007/978-3-658-46300-7_2

lung mittels künstlicher Befruchtung (Nationale Akademie der Wissenschaften Leopoldina, Union der deutschen Akademie der Wissenschaften 2019, S. 11).

2016 gelang einem japanischen Forscherteam mit dem Verfahren der In-Vitro-Gametogenese (IVG) ein weiterer Durchbruch in der reproduktiven Medizin, der nicht nur die reproduktiven Behandlungsmethoden um eine weitere Option ergänzt, sondern auch das Potenzial besitzt, das Konzept von Familie und Elternschaft grundlegend neu zu definieren (Bujard et al. 2020, S. 514; Rolfes et al. 2019a, b, S. 307). Denn wenn auch die IVG in der Humanmedizin, speziell in der reproduktiven Medizin, noch nicht erprobt ist, werden mit ihr neue Anwendungsszenarien (zumindest theoretisch) als möglich erachtet, in denen es bspw. ausreichen würde mittels des genetischen Materials einer einzelnen Person biologische Nachkommen zu zeugen („Solo-IVG", Suter 2016, S. 88). Denkbar wäre auch, dass das genetische Material mehrerer Personen für die Zeugung eines Kindes verwendet werden könnte („Multiplex Parenting", Rolfes et. al. 2019b, S. 306; Suter 2016, S. 88) oder das eines Verstorbenen („Post-Mortem-IVG"). Solo-IVG, Multiplex-Parenting und Post-Mortem-IVG sind nur drei potenzielle Zukunftsszenarien, aber sie würden zwangsläufig zu einer Neubewertung des Konzepts von Elternschaft führen. Die IVG, wie auch andere ART-Methoden, ist damit nicht nur imstande Personen und Paaren, die aufgrund von sozialer und/oder biologischer Infertilität bisher ungewollt kinderlos blieben, eine Möglichkeit zu eröffnen, genetische Nachkommen zu zeugen (Grießler und Hager 2012, S. 5), diese (neuen) Reproduktionsmethoden werfen zugleich auch Fragen hinsichtlich gängiger Auffassungen von Familie und Elternschaft auf (Peuckert 2019, S. 348).

Die These liegt somit nahe, dass die Entwicklung von ART zu einem Wandel der Familienformen geführt hat. Doch ist die Vielfalt familiären Zusammenseins tatsächlich ein Resultat moderner Entwicklungen in Gesellschaft und Forschung? Oder gab es diese Vielfalt schon immer – nur mit dem Unterschied, dass der Fortschritt in der Reproduktionsmedizin das Vorhandensein bzw. die gestiegene Bedeutung einzelner Familienformen begünstigt hat? Wie wirkt sich der medizinische Fortschritt im Bereich der Reproduktionsmedizin auf die Gesellschaft und das Verständnis von Familie aus? Welche Faktoren begünstigen das Vorhandensein bestimmter familialer Lebensformen? Um diese Fragen klären zu können, wird zunächst der Begriff der Familie hinsichtlich ihrer konstitutiven Merkmale, Funktionen und vielfältigen Ausprägungen erläutert. Anschließend wird auf die Determinanten der familialen Vielfalt im Allgemeinen und die Auswirkungen des medizinischen Fortschritts im Speziellen eingegangen, um abschließend die Genese von ART, den aktuellen und zumindest theoretisch möglichen Methoden und deren Auswirkungen auf familiale Lebensformen zu analysieren.

2 Familie – eine Begriffsannäherung

In der Soziologie und den Sozialwissenschaften bezeichnet der Begriff Familie ganz grundlegend zunächst eine soziale Gruppe von Menschen, die bestimmte Funktionen übernehmen bzw. Leistungen erfüllen und deren Mitglieder miteinander verwandt sind (Giddens 1999, S. 152). Dabei leitet sich der Begriff Familie von dem lateinischen Wort familia (Gesinde, Hausgemeinschaft, leibeigene Dienerschaft) ab und meint eine „Gruppe besonderer Art" (Nave-Herz 2008, S. 707) bzw. „eine besondere Art privater Lebensformen" (Huinink 2019, S. 454), wobei Lebensform in diesem Kontext stabile Beziehungs- und Interaktionsmuster innerhalb einer Gruppe von Personen bezeichnet (Huinink 2019, S. 454 f.).

Die Familie weist bestimmte konstitutive Merkmale auf, wodurch sie sich von anderen sozialen Gruppen unterscheidet. So sind bspw. die Familienmitglieder durch eine gemeinsame Abstammung (Blutsverwandtschaft) bzw. durch das Vorhandensein von Filiationsbeziehungen (Kopp und Richter 2015, S. 375; Sabas 2021, S. 13) oder durch eine ehe(ähn)liche Lebensgemeinschaft (Dunkake 2010, S. 48; Hölscher 2008, S. 757) miteinander verbunden und unterhalten eine auf Dauer angelegte, intime Beziehungen miteinander (Ecarius et al. 2011, S. 15). Diese intimen familiären Beziehungen entstehen durch gemeinsam verbrachte Zeit (Maihofer et al. 2001, S. 29), was jedoch nicht zwangsläufig bedeutet, dass die einzelnen Familienmitglieder in einem Haushalt leben müssen (Huinink 2019, S. 455).

Ein weiteres wesentliches Merkmal besteht in der Generationendifferenz (Hölscher 2008, S. 757; Lenz 2008, S. 693; Nave-Herz 2008, S. 708) durch das Vorhandensein von leiblichen oder angenommenen Kindern (Adoptiv-, Pflege- und/ oder Stiefkinder) und einer damit eingegangenen biologischen, sozialen und/ oder rechtlichen Elternschaft (Giddens 1999, S. 152, S. 170; Kreyenfeld und Konietzka 2015, S. 347; Lenz 2008, S. 693; Smykalla 2020, S. 151). Die biologische Elternschaft ergibt sich aufgrund der gemeinsamen biologischen Abstammung zwischen Kind und Eltern (Filiationsprinzip, Konietzka und Kreyenfeld 2013, S. 259; Vaskovics 2020, S. 271) während die soziale Elternschaft dann vorliegt, wenn für das Kind Verantwortung und Fürsorge getragen wird (Dethloff und Timmermann 2017, S. 173; Huinink 2019, S. 456; Vaskovics 2020, S. 271). Die rechtliche Elternschaft hingegen wird vom Gesetzgeber bestimmt, der den Eltern bestimmte Rechte, wie das Sorgerecht, und Pflichten, wie Unterhaltsleistungen, auferlegt (Dethloff und Timmermann 2017, S. 173; Dethloff 2016, S. 20).

Ebenfalls markant für familiale Lebensformen ist, dass die Familienmitglieder Rollen einnehmen, wobei die Erwartungen an die Rollen kulturell und religiös bedingt sein können (Nave-Herz 2008, S. 705). Die Struktur der einzelnen familialen Rollen bestimmt einerseits die soziale Position und damit die Verwandtschaftsbeziehungen untereinander, wie Mutter, Vater, (Enkel-)Kind, Bruder, Schwester, Oma, Opa, und anderseits auch die Funktion, die das Familienmitglied innerhalb der sozialen Gruppe einnimmt (Nave-Herz 2008, S. 708; Sabas 2021, S. 1). Neben dieser Rollenstruktur weisen familiale Lebensformen auch ein spezifisches Kooperations- und Solidaritätssystem auf, welches auf Fürsorge(-pflicht) und Verantwortungsbewusstsein basiert (Nave-Herz 2008. S. 704, S. 708). So übernehmen bspw. Eltern die Fürsorge hinsichtlich der Erziehung der Kinder und tragen Verantwortung für ihr Wohlergehen. Im umgekehrten Fall können aber auch erwachsene Kinder für ihre pflegebedürftigen Eltern Fürsorge und Verantwortung übernehmen, v. a. wenn diese aufgrund von physischen oder psychischen Einschränkungen dazu selbst nicht mehr fähig sind.

Als sozialer Gruppe kommt der Familie, entsprechend des Ansatzes des Strukturfunktionalismus[1], besondere Funktionen zu, wie die der Reproduktion, Erziehung, Sorge und Sozialisation der Nachkommenschaft, der sozialen Platzierung der Familienmitglieder, dem Spannungsausgleich sowie der Haushalts- und Freizeitfunktion (Dunkake 2010, S. 54–57; Ecarius et al. 2011, S. 9; Giddens 1999, S. 152; Hölscher 2008, S. 749, S. 755, S. 758; Höver 2017, S. 1307; Nave-Herz 2008, S. 704–708; Sabas 2021, S. 13). Die Wahrnehmung der einzelnen Funktionen kann kulturell, sozial oder religiös divergieren. Historisch betrachtet haben sich wandelnde soziale, wirtschaftliche und politische Rahmenbedingungen dazu geführt, dass Familien einzelne Funktionen ausgelagert haben, wie die Erziehungs- bzw. Bildungsfunktion oder die Altenversorgung, die nun größtenteils von behördlichen Institutionen übernommen werden (Dunkake 2010, S. 54; Hölscher 2008, S. 757). Gänzlich verloren haben Familien diese Funktionen im Sinne eines Funktionsverlustes jedoch nicht (Huinink 2019, S. 457) – die Funktionen haben sich in modernen Industriegesellschaften eher verlagert bzw. gewandelt (Nave-Herz 2008, S. 705 f.).

[1] Der Begriff des Strukturfunktionalismus geht auf Talcott Parson zurück und bezeichnet eine soziologische Theorie, wonach die Gesellschaft aus verschiedenen Teilsystemen bestehen, die ihrerseits eine eigene Struktur und infolgedessen auch spezifische Aufgaben und Funktionen aufweisen, wodurch sie sich voneinander unterscheiden lassen (vgl. Rosa et al. 2018, S. 164–166).

3 Übersicht verschiedener Familienformen

Das familiale Zusammenleben kann unterschiedlichste Formen annehmen, da die konstitutiven Merkmale unterschiedlich ausgeprägt sein können. *Die* klassische Familienform gibt es nicht. Viel eher zeichnen sich familiale Lebensformen durch ihre Vielfalt aus („Pluralität familialer Lebensformen", Hölscher 2008, S. 758; Peuckert 2019, S. 11; Feldhaus 2016, S. 347; Wimbauer 2021, S. 22).

Hinsichtlich der Ausprägung eines bestimmten Merkmals, wie der Anzahl der Familienmitglieder und involvierter Generationen, der Anzahl der Eltern, deren Rollenbesetzung, Institutionalisierungsgrad, sexuelle Orientierung und Erwerbstätigkeit, dem Wohnsitz sowie der Herkunft der Familie aber auch hinsichtlich des Familienbildungsprozesses und den inhärenten Machtverhältnissen, können familiale Lebensformen unterschieden bzw. kategorisiert werden (Huinink 2019, S. 455; Kreyenfeld und Konzietzka 2015, S. 347; Nave-Herz 2008, S. 708 f.; siehe Abb. 1). Es ist daher möglich, dass ein und die gleiche Familie hinsichtlich ihrer Merkmalsausprägungen bzw. abhängig davon welches Merkmal im Fokus steht, unterschiedlichen familialen Lebensformen zugeordnet werden kann. Eine fünfköpfige Familie, bei der die Eltern unterschiedlichen Kulturen angehören mit insgesamt drei Kindern von denen nur eines das gemeinsame leibliche Kind beider Eltern ist, kann bspw. sowohl als bi-kulturell Familie bezeichnet werden, wenn der Aspekt des kulturellen Backgrounds im Vordergrund der Untersuchung steht, aber zugleich auch als Patchworkfamilie, wenn der Prozess der Familienbildung von zentraler Bedeutung ist.

4 Einfluss ökonomischer, sozialer und rechtlicher Rahmenbedingungen auf Familienformen

Die Familie ist als soziales System mit den Entwicklungen und Veränderungsprozessen innerhalb der Gesellschaft eng verbunden (Bergold et al. 2017, S. 7; Huinink 2019, S. 453). Ihre Vielfältigkeit ist das Resultat sich ständig wandelnder gesellschaftlicher Rahmenbedingungen (Huinink 2019, S. 459). Entscheidende ökonomische und soziale Faktoren, die das Vorhandensein einzelner Familienformen sowie deren Dominanz beeinflussen können, sind die Erwerbstätigkeit, Rollenbilder, Bildung und Gleichberechtigung, aber auch die Einstellung zu Ehe, Liebe und Sexualität, sowie deren rechtliche Verankerungen.

In der feudal geprägten Ständegesellschaft ist der Ort, an dem die Familie lebt, auch zugleich der Ort, an dem für den Erhalt der Familie gearbeitet wird, bzw. die

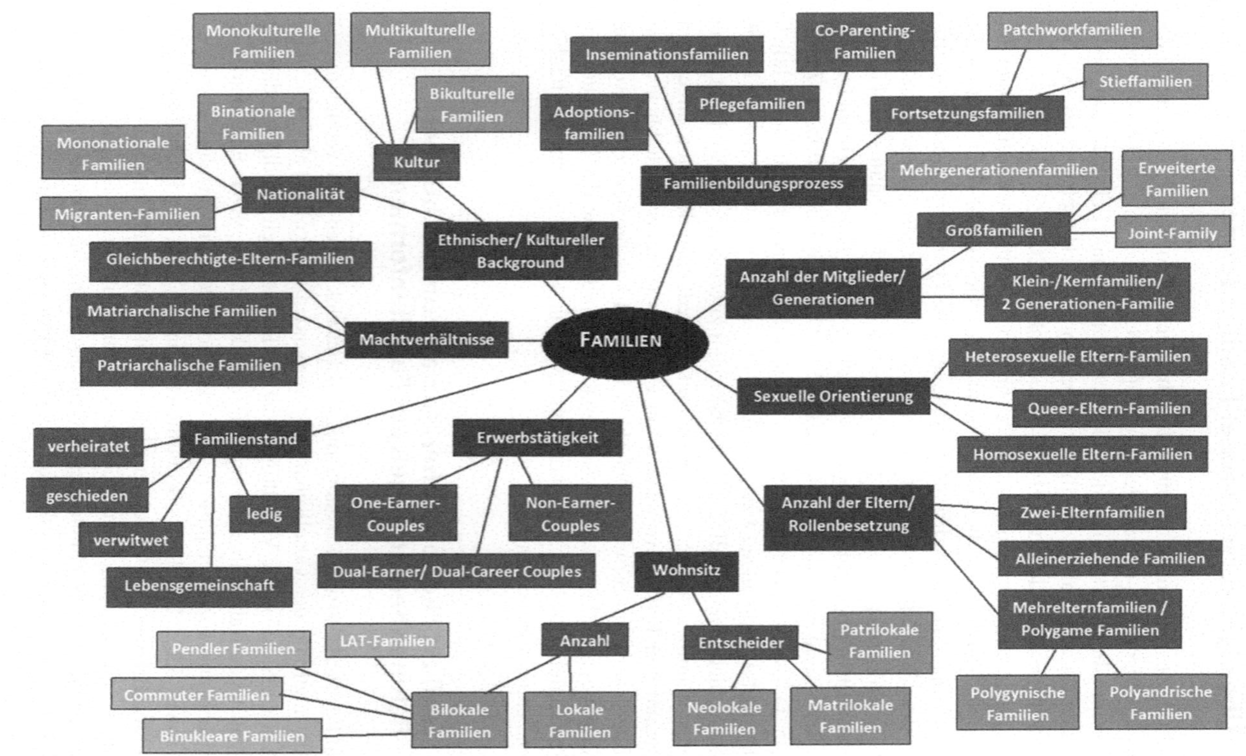

Abb. 1 Übersicht über familiale Lebensformen. Eigene Darstellung in Anlehnung an die Klassifizierung nach Huinink (2019) und Nave-Herz (2008)

existenzsicherenden Grundlagen erwirtschaftet werden – eine Trennung zwischen Arbeits- und Familienleben gab es somit nicht (Peuckert 2019, S. 13; Rosenbaum 2014, S. 21; Sabas 2021, S. 14, S. 16). Jedes Familienmitglied ist zugleich auch in die Familienwirtschaft eingebunden. Das gilt sowohl für die Eltern, als auch deren Kinder, die schon früh in die Produktionsabläufe einbezogen wurden, sowie für die, in der Hausgemeinschaft mitwohnenden Arbeitskräfte (Peuckert 2019, S. 12 f., Rosenbaum 2014, S. 20, S. 28 f.). Der Begriff der Familie umfasste somit neben der eigentlichen Eltern-Kind-Einheit bzw. Kleinfamilie auch die land- und hauswirtschaftlichen sowie handwerklichen Arbeitskräfte, wie Mägde und Knechte, Dienstmädchen und Dienstboten sowie Lehrlinge und Gesellen (Ecarius et al. 2011, S. 17; Peuckert 2019, S. 13; Rosenbaum 2014, S. 20 f.; Sabas 2021, S. 14).

Erst mit der Industrialisierung kommt es, im Zuge der Verlagerung der Produktion in die Fabriken, zu einer Trennung von Arbeits- und Wohnstätte und damit zu einem Bedeutungsverlust der Familie als Produktionseinheit (Peuckert 2019, S. 13) und einem Rückzug ins Private. Waren die Beziehungen der Familienmitglieder zuvor eher zweckrational, entstehen nun emotional bedingte Intimbeziehungen (Peuckert 2019, S. 13 f.; Rosenbaum 2014, S. 32 f., S. 35 f.). Die Ehe, die bis zu diesem Zeitpunkt ökonomisch motiviert und v. a. für die oberer Gesellschaft eine Möglichkeit darstellte, wirtschaftliche Interessen und den Machterhalt zu sichern („Allianzehen", Burkhart 2014, S. 74), wird nun um den Aspekt der Liebe erweitert: „Keinesfalls jedoch sollte Abneigung vorhanden sein. Das Konzept der ‚vernünftigen' Liebe ließ durchaus Raum für sachliche Erwägungen. Als ideale Ehe galt jene, in der die beiden Partner nicht nebeneinanderher leben, sondern sich austauschen, ihre Gedanken und Gefühle kommunizieren." (Rosenbaum 2014, S. 32; Burkhart 2014, S. 81; Ecarius et al. 2011, S. 21; Peuckert 2019, S. 14).

Im Zuge der Entwicklung der bürgerlichen Gesellschaft, angetrieben v. a. durch die Abschaffung der Ständegesellschaft und eines durch die Idee der Aufklärung und der Parolen der Französische Revolution geprägten neuen Verständnisses vom Individuum und der Gesellschaft, entfallen die bis dahin geltenden Heiratsbeschränkungen, die es Heiratswilligen nur dann erlaubte eine Ehe einzugehen, wenn zur Versorgung der neuen Familie „ausreichend Nahrung" vorhanden ist (Rosenbaum 2014, S. 22). Da aber nicht jede*r Heiratswillige über ausreichend gesicherte ökonomische Verhältnisse verfügte, gab es bereits in der vorindustriellen feudalen Ständegesellschaft nichteheliche Lebensgemeinschaften, in denen die Partner ohne Heiratserlaubnis zusammenlebten („Wilde Ehen", Rosenbaum 2014, S. 23, S. 30–32, S. 37). Innerhalb der bürgerlichen Gesellschaft erfährt auch der Aspekt der individuellen Bildung zunehmend an Bedeutung,

v. a. in Hinblick auf die Position eines Menschen, die er innerhalb der Gesellschaft einnimmt, denn erst durch die Möglichkeit auf Bildung ist die soziale Stellung innerhalb der Gesellschaft, das gesellschaftliche Ansehen und die politischen Einflussmöglichkeiten nicht mehr länger an die familiale Abstammung gebunden (Ecarius et al. 2011, S. 18; Kocka 1988, S. 27; Maihofer et al. 2001, S. 15; Sabas 2021, S. 18; Schäfers 2018, S. 142).

Geprägt durch diese Entwicklungen entsteht mit der bürgerlichen Kleinfamilie eine neue familiale Lebensform, bzw. eine besondere Ausprägung der Kleinfamilie, die aufgrund ihrer langanhaltenden Dominanz bis in das 20. Jahrhundert hinein zur idealtypischen Familienform changierte (Wonneberger und Stelzig-Willutzki 2018, S. 499). Die bürgerliche Kleinfamilie kommt durch eine Ehe eines heterosexuellen Paares zustande, ist monogam und auf Dauer angelegt, weist eine starke patriarchale Machtstruktur auf und basiert auf einer klaren geschlechtsspezifischen Rollenteilung, in welcher die Frau ihre vorrangigen Aufgaben in der Hauswirtschaft und Erziehung der Kinder hat und der Mann zum alleinigen Ernährer der Familie wird (Ecarius et al. 2011, S. 21; Huinink 2019, S. 460; Rosenbaum 2014, S. 34; Vaskovics 1996, S. 35; Wonneberger und Stelzig-Willutzki 2018, S. 499).

Die familiale Lebensform verliert ihre Dominanz erst im letzten Drittel des 20. Jahrhundert. Als Gründe hierfür sind v. a. der Rollenwandel der Frau und eine gewandelte Sexualmoral zu nennen. Der Rollenwandel der Frau von der Hausfrau zu einer erwerbstätigen, ökonomisch unabhängigen Person ist durch den gestiegenen weiblichen Arbeitskräftebedarf begünstigt, infolgedessen es auch bei Frauen zu einer Bildungsexpansion kommt und die rechtliche sowie soziale Gleichstellung der Frau gegenüber dem Mann verstärkt eingefordert wird (Ecarius et al. 2011, S. 22; Huinink 2019, S. 460; Peuckert 2019, S. 357 f., 360; Rosenbaum 2014, S. 36; Wimbauer 2021, S. 22). Familiale Lebensformen, in denen beide Elternteile gleichberechtigt und/ oder erwerbstätig sind, wie in Doppelverdiener-Familien (Dual-Earner- bzw. Dual-Career-Couples) bzw. in denen Frauen sogar haupt- oder alleinverdienend sind nehmen in der Folge zu (Wimbauer 2021, S. 22), jedoch verschieben sich durch die Realisierung der weiblichen Karrierepläne auch die Eltern- bzw. Mutterschaft ins späte Alter (Huinink 2019, S. 459; Peuckert 2019, S. 173; Sabas 2021, S. 6). Neben dem Rollenwandel der Frau ändert sich auch die Rolle des Familienvaters vom einstigen Alleinverdiener hin zu einem Familienmitglied, welches erwerbstätig ist und sich gleichzeitig vermehrt in die Kindererziehung einbringt (Bergold et al. 2017, S. 13 f.). Obwohl beide Rollenwandel gesellschaftlich akzeptiert und z. T. gefordert sind, ergeben sich immer noch Diskrepanzen bei der Umsetzung. Aufgrund dessen, dass der Frau als Mutter immer noch hauptsächlich die Aufgabe der Erziehung der Kinder und der Hausarbeit zugesprochen wird, ist eine weibliche Vollerwerbstätigkeit nur schwer zu realisieren, v.a. wenn man diesen gesellschaftlichen Erwartungen gerecht werden möchte (Bergold et al. 2017, S. 13; Peuckert 2019, S. 410). Familienväter hingegen, die im Zuge einer besseren Vereinbarkeit von Beruf und Familie ihre Arbeitszeit reduzieren, befürchten als „unmännlich" wahrgenommen zu werden (Peuckert 2019, S. 451).

Die gewandelte Sexualmoral hingegen führte dazu, dass es zu einer Entkopplung von Ehe und Familie bzw. von Sexualität und Ehe kommt (Lenz und Scholz 2014, S. 108; Maihofer et al. 2001, S. 17; Peuckert 2019, S. 520) und damit familialer Lebensformen abseits der bürgerlichen Kleinfamilie mehr gesellschaftliche Akzeptanz finden. Nichteheliche Sexualität und Homosexualität werden enttabuisiert – das Familienrecht wird schrittweise angepasst (Kutzner 2020, S. 336–342) und begünstigt einerseits die Zunahme von Scheidungsraten, den Rückgang der Heiratsneigung und den Anstieg unehelicher Lebensgemeinschaften (Peuckert 2019, S. 24, S. 34 f., S. 37 f.; Sabas 2021, S. 7 f.) und andererseits die Zunahme von homosexuellen und queeren Familien (Ecarius et al. 2011, S. 28; Kuhnt und Steinbach 2014, S. 48, Peuckert 2019, S. 20, S. 514, S. 518). Im Zuge der gestiegenen Scheidungsraten kommt es nun immer öfter zu Wiederverheiratungen und dadurch zu Fortsetzungsfamilien. Auch wenn es nacheheliche Familienformen wie Stief- und Patchworkfamilien und alleinerziehende familiale Lebensformen schon immer gegeben hat, nehmen diese familialen Lebensformen im Verhältnis zu den ehebezogenen Familien zu (Dethloff und Timmermann 2017, S. 174; Entleitner-Phleps und Rost 2017, S. 48; Peuckert 2019, S. 257), wodurch auch das Phänomen multipler Elternschaft bzw. das Auseinanderfallen v. a. sozialer und biologischer Elternschaft immer öfter vorkommt.

5 Einfluss der Methoden zur Geburtenkontrolle auf Familienformen

Einen nicht unwesentlichen Einfluss auf die Vielfalt familialer Lebensformen hat der medizinische Fortschritt.

Bereits in der vorindustriellen feudal geprägten Ständegesellschaft und bis hinein ins 20. Jahrhundert konnte, wenn auch nur im begrenzten Umfang, Einfluss auf die Kinder- und Familienplanung genommen werden. Kam es zu einer ungewollten Schwangerschaft konnte diese medikamentös oder durch einen chirurgischen Eingriff vorzeitig beendet werden. Viele dieser Methoden, die einen Schwangerschaftsabbruch herbeiführen sollten, waren jedoch mit einem hohen Risiko für die schwangere Frau verbunden (Fiala und Eppel 2016, S. 61 f.) und der Schwangerschaftsabbruch selbst, unabhängig des potenziell bestehenden gesundheitsgefährdenden Risikos für die Frau, galt lange Zeit als Straftatbestand. Erst 1927 wurde in der damaligen Weimarer Republik (1918–1933) der Abbruch einer Schwangerschaft erlaubt, jedoch nur dann, wenn diese das Leben der Frau gefährdete. Seit 1972 war in der ehemaligen DDR zudem ein Schwangerschaftsabbruch möglich, wenn er innerhalb einer bestimmten Frist (in den ersten 12 Schwangerschaftswoche) erfolgte. Gegenüber dieser Entwicklung scheiterten ähnliche Gesetzesentwürfe in der BRD (Eckart 2021, S. 392; Eckart 2009, S. 298). Bis heute ist der Schwangerschaftsabbruch nach § 218 (StGB) grundsätzlich rechtswidrig. Werden jedoch bestimmte Bedingungen eingehalten, wie die Inanspruchnahme einer Schwangerschaftskonfliktberatung und das Einhalten der 12-Wochen-Frist, wird der Eingriff nicht strafrechtlich verfolgt (Eckart 2021, S. 392; Eckart 2009, S. 298; Ratzel 2013, S. 1138–1140; Stahl 2010, S. 44–46).

Um aber erst gar nicht ungewollt schwanger zu werden, gab es verschiedenste Methoden, die eine Schwangerschaft vorbeugen sollten. Nebender coitalen Unterbrechung des Geschlechtsaktes („Coitus Interuptus", Eckart 2009, S. 296) konnte mittels sogenannter natürlicher Verhütungsmethoden, welche die Identifizierung und Vorhersage der fruchtbaren Tage einer Frau ermöglichen sollten, wie die Kalendermethode (bzw. Knaus-Ogino Methode), Zervixschleimmethode (bzw. Billings-Methode) oder die Temperaturmethode (Eckart 2009, S. 296; Raith-Paula und Frank-Herrmann 2020, S. 8), und mechanischer Verhütungsmittel, wie Kondome, Scheiden-Diaphragmen und Spiralen (Eckart 2009, S. 296 f.) ungewollten Schwangerschaften vorgebeugt werden, auch wenn diese Methoden und Mittel nicht sehr zuverlässig und in der Anschaffung kostspielig waren (Eckart 2009, S. 296 f.; Rosenbaum 2014, S. 27).

Die Entwicklung einer hormonellen Empfängnisverhütung in Form eines oral einzunehmenden Kontrazeptivas („Anti-Baby-Pille") im Jahr 1961 markiert demgegenüber eine völlig neue Dimension der Geburtenkontrolle (Mayer-Lewis 2017, S. 113; Peuckert 2019, S. 207). Aufgrund geltender gesellschaftlicher Moralvorstellungen, bzw. der Tabuisierung nicht- oder vorehelicher Sexualität, wurde die Anti-Baby-Pille anfangs nur verheirateten Frauen verschrieben. Im Zuge der sexuellen Revolution und dem damit verbundenen gesellschaftlichen Wandel der Sexualmoral war es ab den späten 1960er Jahren auch ledigen Frauen möglich, auf das hormonelle, oral einzunehmende Kontrazeptiva zurückzugreifen, was bald zu einem demographischen Wandel führen sollte (Eckart 2009, S. 297). Waren die Jahrgänge in den 1950er und 1960er Jahren im Zuge sich stabilisierender politischer und wirtschaftlicher Verhältnisse stark angestiegen („Babyboom", Peuckert 2019, S. 148), setzt die Verbreitung der Anti-Baby-Pille diesem Trend ein Ende – es kommt zu einem Rückgang der Geburtenraten, dem sogenannten „Pillenknick“ (Eckart 2009, S. 207; S. 297).

Im 21. Jahrhundert sind die Möglichkeiten zur Empfängnisverhütung zahlreich. Neben den hormonellen Verhütungsmitteln, wie der Anti-Baby-Pille, Hormonspirale, Vaginalring, Dreimonatsspritze, Verhütungspflaster und Hormonimplantat, und den mechanischen Verhütungsmitteln („Barrieremethoden“), wie Kondome, Verhütungskappen und Diaphragmen, gibt es auch hormonfreie Verhütungsmittel, wie Kupferkette bzw. Kupferspirale, und operative Verhütungsmethoden in Form einer Sterilisation der Frau bzw. der Sterilisation des Mannes (Aberl und Thaler 2021, S. 53–57).

Durch die Verbreitung und Verbesserung von Verhütungsmethoden, insbesondere seit der Entwicklung der Anti-Baby-Pille, kommt es zu einer Entkopplung von Sexualität und Fortpflanzung (Bergmann 2014, S. 85; Enderer-Steinfort 2017, S. 49; Peuckert 2019, S. 211; Stöbel-Richter et al. 2008, S. 50) und damit zu der Gewissheit, dass der Geschlechtsverkehr, sofern empfängnisverhütende Mittel Anwendung finden, nicht zwangsläufig zu einer ungeplanten Schwangerschaft führen muss. Die Familienplanung bzw. die Planung von Nachwuchs kann nun den individuellen Lebensplänen besser angepasst werden und ist damit zu einem Akt selbstbestimmten Handelns geworden (Bergmann 2014, S. 85; Huinink 2019, S. 459; Peuckert 2019, S. 207). Infolge der besseren Geburtenplanung kommt es zu einem Rückgang kinderreicher Familien sowie zu einer Verschiebung der Geburten ins späte Alter, welches statistisch am Anstieg des Alters erstgebärender Frauen ersichtlich wird (Huinink 2019, S. 459, S. 465; Nationale Akademie der Wissenschaften Leopoldina, Union der deutschen Akademie der Wissenschaften 2019, S. 17–19; Peuckert 2019, S. 207; Sabas 2021, S. 3 f.). Diese Verschiebung ins Alter, bspw. aufgrund der Realisierung von Karriereplänen, führt jedoch auch vermehrt zu einer unfreiwilligen Kinderlosigkeit, da die Fruchtbarkeit der Frau mit steigendem Alter abnimmt (Huinink 2019, S. 459; Peuckert 2019, S. 239 f.). Neben der Tendenz zur späten Elternschaft ist generell auch ein Rückgang kinderreicher Familien zu bemerken (Peuckert 2019, S. 209; Sabas 2021, S. 2; Wickert 2015, S. 11). Mögliche Gründe hierfür sind bspw., dass Kinder heutzutage nicht mehr als Arbeitskraft zur Unterstützung der Familienwirtschaft oder im Zuge der Alterssicherung gezeugt werden, sondern als Selbstzweck (Wickert 2015, S. 11 f.), aber auch, dass in die Eltern-Kind-Beziehung mehr Zeit und Geld investiert wird (Nave-Herz 2008, S. 712).

6 Einfluss assistierter reproduktiver Techniken auf Familienformen

Im Vergleich zu den natürlichen, mechanischen und hormonellen Verhütungsmethoden im Rahmen der Geburtenkontrolle, entstehen mit der Entwicklung von neuen Reproduktionstechnologien, den ART, erstmals auch die Möglichkeit Paaren im Rahmen einer medizinischen Unfruchtbarkeitsbehandlung den Kinderwunsch zu erfüllen, denen es vorher aufgrund sozialer oder biologischer Rahmenbedingungen verwehrt geblieben war (Nationale Akademie der Wissenschaften Leopoldina, Union der deutschen Akademie der Wissenschaften 2019, S. 43; Peuckert 2019, S. 348). Mit ART werden demnach all jene „medizinische[n] Behandlungen und Methoden bezeichnet, die die Handhabung menschlicher Keimzellen (Ei- und Samenzellen) oder Embryonen zum Zwecke der Herbeiführung einer Schwangerschaft umfassen“ (Bundesärztekammer 2018, A3). Heutzutage, im 21. Jahrhundert, finden im Rahmen von ART eine Vielzahl unterschiedlicher Behandlungen Anwendung. Sie alle eint, dass sie das Konzept der natürlichen Befruchtung um das der künstlichen erweitert haben (Bujard et al. 2020, S. 512 f.; Pikal 2020, S. 9; Trappe 2016, S. 394 f.; Wiesemann 2015, S. 199; Woopen 2002, S. 234 f.)

Den Anfang der medizinischen humanen Unfruchtbarkeitsbehandlung mittels ART stellt die homologe intrauterine Insemination dar, ein medizinisches Verfahren, bei dem der Frau Spermien des Partners in die Gebärmutter übertragen werden. Diese Kinderwunschbehandlung soll bereits 1770 in England erfolgreich gewesen sein und entwickelte sich um 1900 zu einer durchaus gängigen Methode bei unerfülltem Kinderwunsch (Köppen 2020, S. 7; Ludwig und Diedrich 2020, S. 15; Ombelet und Van Robays 2010, S. 2). Neben der Insemination mit den Samenzellen des Lebenspartners erfolgte 1884 in den USA die erste Insemination mit fremden, sogenannten Spendersamen (heterologe bzw. donologe Insemination, Köppen 2020, S. 7; Ludwig und Diedrich 2020, S. 15).

Die Entwicklungen von Verfahren zur Kryokonservierung, also der definierten Abkühlung und Lagerung menschlicher Zellen, sind für die Weiterentwicklung der Reproduktionsmedizin von zentraler Bedeutung (Revermann und Hüsing 2010, S. 43). Infolge der Fortschritte in diesem Bereich kam es in 1953 bzw. 1954 erstmals zu erfolgreichen künstlichen Befruchtungen mittels zuvor eingefrorener Samenzellen (Köppen 2020, S. 9–10; Ombelet und Van Robays 2010, S. 2.). Seit 1986 ist es zudem möglich Schwangerschaften mittels kryokonservierter Eizellen herbeizuführen (Revermann und Hüsing 2010, S. 44).

Einer der wohl bedeutendsten und folgenreichsten Ereignisse in der modernen Reproduktionsmedizin stellt 1978 die Geburt des ersten, im Rahmen des Verfahrens einer In-vitro-Fertilisation gezeugten Kindes in England dar (Bayertz 1985, S. 525; Trappe 2020, S. 2; Spieker 2020, S. 1). Im Vergleich zu allen reproduktiven Methoden zuvor, werden bei der In-vitro-Fertilisation erstmals Ei- und Samenzellen nicht mehr im Körper der Frau zusammengeführt, sondern zunächst extrakorporal in einem Reagenzglas und erst nach der Zeugung eines Embryos in die Gebärmutter der Frau übertragen (De Geyter et al. 2009, S. 483; Grießler und Hager 2012, S. 7; Köppen 2020, S. 37–39; Nationale Akademie der Wissenschaften Leopoldina, Union der deutschen Akademie der Wissenschaften 2019, S. 46–51; Revermann und Hüsing 2010, S. 37). Diese Methode revolutioniert von Grund auf die Möglichkeiten innerhalb der Reproduktionsmedizin.

Derzeit gibt es eine Vielzahl an ART in der Reproduktionsmedizin. Diese Methoden können hinsichtlich des Zeitpunkts ihrer Anwendung bzw. des Anwendungsfalls unterschieden werden, nach ART im Rahmen der Entstehung von männlichen und weiblichen Keimzellen, ART im Rahmen der Vereinigung von männlichen und weiblichen Keimzellen, ART in der präkonzeptionellen Untersuchung (vor einer Befruchtung), ART im Rahmen genetischer Untersuchungen (nach einer Befruchtung) und ART im Rahmen der Lagerung. In Tab. 1 sind die derzeitig klinisch implementierten und theoretisch möglichen ART in der Reproduktionsmedizin systematisiert nach dem Zeitpunkt ihrer Anwendung, der potenziellen Zielgruppe sowie des möglichen Einflusses auf familiale Lebensformen aufgelistet. Im Anschluss an Tab. 1 werden die erwähnten ART noch einmal erläutert.

6.1 ART im Rahmen der Entstehung von adulter Stammzellen

Zu den ART, die zum Zeitpunkt der Entstehung von Ei- und Samenzellen eingesetzt werden könnten, zählt die Methode der In-vitro-Gametogenese (IVG). Auch wenn diese Methode derzeit weder klinisch implementiert, noch am Menschen bisher getestet worden ist, besitzt sie zumindest theoretisch das Potenzial, das Konzept von Familie und Elternschaft grundlegend neu zu definieren (Bujard et al. 2020; Rolfes et al. 2019a, b).

2016 gelang einem japanischen Forscherteam bei Mäusen induzierte pluripotente Stammzellen zu Keimzellen (Spermien oder Eizellen) auszudifferenzieren, die mittels des Verfahrens der IVG für reproduktionsmedizinische Behandlungen

Tab. 1 Übersicht ART, deren potenzielle Nutzer*innen und Auswirkungen auf Familienformen. (Eigene Darstellung)

Zeitpunkt der Anwendung	(Potenzielle) Medizinische Behandlungsmethoden	(Potenzielle) Nutzer*innen	Auswirkung auf familiale Lebensformen
Im Rahmen der Entstehung adulter Stammzellen	In-vitro-Gametogenese (IVG)	- Einzelpersonen - Homosexuelle Paare, - Biologisch infertile Paare - Postmenopausale Frauen - Gemeinschaften von mehr als zwei Personen mit einem gemeinsamen Kinderwunsch	- Durch Solo-IVG und Multiplex-Parenting entsteht neues Verständnis von genetischer Elternschaft - Potenzielle Abnahme biologisch bedingter Kinderlosigkeit - Potenzielle Zunahme später Elternschaft - Potenzielle Zunahme homosexueller Familien, bei denen beide Elternteile, die sozialen, rechtlichen und auch genetischen Eltern des Kindes sind
Im Rahmen der Vereinigung männlicher und weiblicher Keimzellen	Intrakorporale Befruchtungsmethoden - Intrauterine Insemination (IUI) - Intrazervikale Insemination (IZI) - Intratubare Insemination (ITI)	- Einzelpersonen - Homosexuelle, lesbische Paare - Paare mit biologischer Infertilität aufgrund der Spermienqualität des Mannes oder Störungen im Bereich des weiblichen Gebärmutterhalses	- Kinderwunscherfüllung trotz vorliegender biologischer Infertilität - Kinderwunscherfüllung trotz sozialer Infertilität weiblicher Einzelpersonen durch heterologe Samenspende und damit Zunahme Alleinerziehenden Familien in Form der Solo-Mutterschaft - Gleichgeschlechtliche Familien werden ermöglicht, in denen beide Elternteile die sozialen und durch Adoption auch die rechtlichen Eltern sind, aber nur eine Person die biologische Elternschaft hat

(Fortsetzung)

Tab. 1 (Fortsetzung)

Zeitpunkt der Anwendung	(Potenzielle) Medizinische Behandlungsmethoden	(Potenzielle) Nutzer*innen	Auswirkung auf familiale Lebensformen
	Extrakorporale Befruchtungsmethoden - In-vitro-Fertilisation (IVF) mit Unterarten: IVF-ET, IVF-ZIFT, IVF-EIFT - Intrazytoplasmatische Spermieninjektion (ICSI)	- Einzelpersonen - Homosexuelle Paare - Paare mit biologischer Infertilität aufgrund der Spermienqualität des Mannes oder Störungen im Bereich weiblichen Eileiters (eileiterbedingte Infertilität)	- Kinderwunscherfüllung trotz vorliegender biologischer Infertilität durch homologe oder heterologe Samenspende oder Eizellspende - Kinderwunscherfüllung trotz sozialer Infertilität schwuler Paare durch die auf IVF basierende Leihmutterschaft/ das Leihgebären - Ausdifferenzierung von biologischer und genetischer Elternschaft sowie Entstehung multipler Elternschaftsverhältnisse, u. a. durch das Leihgebären verursachte gespaltene Mutterschaft
Im Rahmen der präkonzeptionellen Untersuchung	Zur Spermiengewinnung - Mikrochirurgische Epididymale Spermienaspiration (MESE) - Testikuläre Spermienextraktion (TESE)	- Paare mit biologischer Infertilität aufgrund der Spermienqualität des Mannes oder Eizellenqualität der Frau	- Vorbeugung genetischer Defekte des Embryos - Verhinderung von potenziellen Tot- oder Fehlgeburten aufgrund genetischer Defekte
	Untersuchung der Spermienqualität - Intrazytoplasmatische morphologisch selektierte Spermieninjektion (IMSI)		

(Fortsetzung)

Tab. 1 (Fortsetzung)

Zeitpunkt der Anwendung	(Potenzielle) Medizinische Behandlungsmethoden	(Potenzielle) Nutzer*innen	Auswirkung auf familiale Lebensformen
	Untersuchung der Eizellenqualität - Polkörperdiagnostik (PKD)		
Im Rahmen der Untersuchung genetischer Defekte nach der Befruchtung	Vor der Implantation - Präimplantationsdiagnostik (PID)	- Paare, die eine IVF Behandlung in Anspruch nehmen möchten	- Vorbeugung genetischer Defekte des Embryos - Verhinderung von potenziellen Tot- oder Fehlgeburten aufgrund genetischer Defekte
	Nach der Implantation - Pränataldiagnostik (PND)	- Schwangere Frauen	
Im Rahmen der Lagerung	Kryokonservierung	- Personen, die die Möglichkeit zur Kinderzeugung auch im Zuge einer Strahlen- oder Chemotherapie erhalten wollen - Personen, die die Kinderplanung ins spätere Alter aufschieben wollen	- Erhalt der Zeugungsfähigkeit trotz einer Strahlen- oder Krebstherapie - Aufschub der Elternschaft durch sogenanntes Social Freezing - Vermeidung von Eizellspenden/ Samenspenden dritter Personen und damit auch einer gespaltenen Elternschaft – Post-mortem-Befruchtung durch das kryokonservierte Sperma nach dem Tod des Samenspenders

genutzt werden können. Überträgt man diese Methode auf die humane Reproduktionsmedizin, so wäre es theoretisch möglich, dass aus humanen Hautzellen Keimzellen (Gameten) entwickelt werden können, die dann durch den Einsatz einer IVF-Behandlung die Entstehung eines Embryos zur Folge hätten (Bujard et al. 2020, S. 514; Hikabe et al. 2016, S. 299–303; Rolfes et al. 2019a, b; S. 305–307; Rolfes et al. 2019a, b; S. 66–85, Suter 2016, S. 89–91). Folgende Anwendungsszenarien wären dann möglich: 1. Eine Anwendung der IVG bei einer einzelnen Person („Solo-IVG", Suter 2016, S. 88), das heißt aus den Stammzellen dieser einen Person werden sowohl Spermien als auch Eizellen ausdifferenziert (Suter 2016, S. 106–110). Zur Zeugung eines Kindes ist ein weiterer Partner, bzw. eine Samen- oder Eizellspende, nicht erforderlich. 2. Die Anwendung bei mehreren Elternteilen („Multiplex Parenting", Suter 2016, S. 88). Das Verfahren der IVG würde es ermöglichen, dass das genetische Material mehrerer Personen für die Zeugung eines Kindes verwendet werden kann (Suter 2016, S. 94, S. 110 f.). 3. Die Anwendung bei homosexuellen Paaren, die aufgrund des Verfahrens der IVG nicht mehr auf die jeweils fehlende Samen- oder Eizellspende angewiesen wären (Rolfes et al. 2019a, b, S. 306; Suter 2016, S. 88, S. 104) sowie 4. die Anwendung bei biologisch unfruchtbaren Paaren (Suter 2016, S. 88, S. 102–106). Denkbar wäre darüber hinaus aber auch eine Anwendung der IVG bei bereits verstorbenen Personen („Post Mortem IVG"), wobei deren Stammzellen (mit oder ohne Einwilligung der Verstorbenen) für die Reproduktion verwendet werden.

IVG wäre demnach besonders für Einzelpersonen, homosexuelle Paare, biologisch unfruchtbare Paare und für mehrere Personen mit gemeinsamem Kinderwunsch denkbar, woraus sich z. T. völlig neue familiale Lebensformen ergeben würden. So würde bspw. der Fall der Solo-IVG das Konzept der Fortpflanzung völlig revolutionieren, da die genetische Elternschaft, also die Elternschaft, die sich aufgrund gemeinsamer Gene ergibt, nur noch von einer Person bzw. einem Elternteil geleistet werden würde (Rolfes et al. 2019a, b, S. 5); eine soziale und/oder rechtliche Elternschaft könnte jedoch auch von weiteren Personen übernommen werden (Rolfes et al. 2019a, b, S. 6). Bei dem Fall des Multiplex-Parenting hingegen hätten mehr als zwei Elternteile die genetische, sowie unter Umständen auch die soziale und rechtliche Elternschaft. Dem gegenüber würde die Anwendung bei biologisch unfruchtbaren Paaren, dazu führen, dass biologisch bedingte Kinderlosigkeit abnehmen würde. Durch die Anwendung bei postmenopausalen Frauen bzw. Paaren könnten familiale Erscheinungen wie die späte Elternschaft zunehmen, da die Fertilität nicht mehr an das biologische Alter der Eltern gekoppelt ist (Rolfes et al. 2019a, b, S. 5). Homosexuellen Paaren würde mit der IVG die Möglichkeit eröffnet werden, dass beide Elternteile die genetischen, sozialen und rechtlichen Eltern des Nachwuchses wären und das Elternpaar somit nicht mehr auf eine Samen- oder Eizellenspende dritter Personen angewiesen wäre (Rolfes et al. 2019a, b, S. 4), was dazu führen könnte, dass mehr homosexuelle Paare ihren Kinderwunsch realisieren.

6.2 ART im Rahmen der Vereinigung von männlichen und weiblichen Keimzellen

Bei den ART, die im Rahmen der Befruchtung, also der Vereinigung von Ei- und Samenzellen, Anwendung finden, ist zunächst zu unterscheiden, wo die Vereinigung der Keimzellen stattfindet – im Körper der Frau (intrakorporal) oder außerhalb dessen (extrakorporal).

Bei den intrakorporalen Befruchtungsmethoden werden die Samenzellen des Mannes in den Genitaltrakt der Frau übertragen. Stammen die Spermien vom Lebenspartner der zu befruchtenden Frau, handelt es sich um eine homologe Insemination, werden für die Befruchtung Samenzellen eines anderen Mannes verwendet, liegt eine Insemination mittels heterologer Insemination vor (Bundesärztekammer 2018, A3; Nationale Akademie der Wissenschaften Leopoldina, Union der deutschen Akademie der Wissenschaften 2019, S. 59). Je nachdem wo die Spermien im Genitaltrakt der Frau abgelegt werden, können unterschiedliche Inseminationsmethoden unterschieden werden. Bei der Intrauterine Insemination (IUI) werden die Samenzellen in den Uterus injiziert (Grießler und Hager 2012, S. 7; Pikal 2020, S. 50; Trappe 2016, S. 399); bei der Intrazervikalen Insemination (IZI) in den Gebärmutterhals und bei der Intratubaren Insemination (ITI) in die Eileiter (De Geyter et al. 2009, S. 481 f.)

Diese ART finden v. a. bei Paaren mit einer verminderten Fertilität infolge einer unzureichenden Spermienqualität (mangelnde Anzahl und Beweglichkeit) oder Störungen im Bereich des Gebärmutterhalses statt, da durch den Einsatz dieser Methoden der Weg, den die Spermien bis zur Eizelle zurücklegen müssen, verkürzt wird und damit die Chance einer erfolgreichen Befruchtung steigt. Aber auch bei homosexuellen Paaren und Alleinstehenden können die Inseminationsmethoden unter Nutzung einer heterologen Samenspende dazu beitragen, den Kinderwunsch zu erfüllen (Inseminationsfamilien, Peuckert 2019, S. 348), wodurch gleichgeschlechtliche Familien und die Alleinerziehenden Familien in Form der Solo-Mutterschaft an Bedeutung gewinnen. Bei beiden familialen Lebensformen obliegt den Eltern, bzw, der Solo-Mutter, die soziale und rechtliche Elternschaft. Infolge der zur Kindzeugung notwendigen Samenspende hat der Spender auch die biologische Elternschaft, wodurch bei gleichgeschlechtlichen

Paaren und biologisch infertilen Paaren eine dritte Person in die Familiengründung einbezogen wird (Third-Party Reproduction, Meier-Credner 2020, S. 335). Infolge einer heterologen Insemination ist bei heterosexuellen Paaren der soziale Vater zwar auch der rechtliche, nicht aber der biologische.

Zu den extrakorporalen Befruchtungsmethoden zählen die In-vitro-Fertilisation (IVF) inklusive der verschiedenen Unterformen, die sich hinsichtlich des Ablageorts des Embryos bzw. dem Alter der befruchteten Zelle unterscheiden. Bei IVF-ZIFT erfolgt die Übertragung der durch IVF befruchteten Eizelle (Zygote) in den Eileiter, bei IVF-EIFT hat sich die befruchtete Eizelle durch Zellteilung bereits zum Embryo entwickelt (ab 15. Tag nach der Befruchtung) und wird ebenfalls in den Eileiter injiziert, bei IVF-ET hingegen wird der Embryo in die Gebärmutter transferiert (Ludwig und Diedrich 2020, S. 16; Revermann und Hüsing 2010, S. 37).Eine weitere extrakorporalen Befruchtungsmethoden ist die Intrazytoplasmatische Spermieninjektion (ICSI), welche eine Weiterentwicklung der IVF darstellt und sich dahingehend unterscheidet, dass nur ein einzelnes zuvor ausgewähltes Spermium übertragen wird (Grießler und Hager 2012, S. 8; Trappe 2016, S. 401).

Die ART IVF und ICSI finden bei Paaren Anwendung, bei denen mindestens in einem Fall eine biologisch bedingte Infertilität vorliegt, bspw. infolge einer verminderten Spermienqualität des Mannes oder bei Verstopfung der Eileiter der Frau (Bayertz 1985, S. 531; De Geyter et al. 2009, S. 483). Die IVF ermöglicht zudem weitere Verfahren, die einen entscheidenden Einfluss auf familiale Lebensformen haben können. So ist es durch diese Methode möglich, dass aufgrund der biologischen Infertilität der Eltern das Kind nicht nur durch eine Samenspende, sondern auch durch eine Eizelltransfer gezeugt werden kann (Wiesemann 2015, S. 202). Auch kann mittels der IVF die befruchtete Eizelle infolge sozialer oder biologischer Gründe (bspw. Verfolgen von Karriereplänen, Fehlen einer Gebärmutter) einer anderen Frau (Surrogatmutter, Bayertz 1985, S. 532) übertragen werden (Leihmutterschaft, Nationale Akademie der Wissenschaften Leopoldina, Union der deutschen Akademie der Wissenschaften 2019, S. 60).

Sowohl Eizellspende bzw. Eizelltransfer als auch Leihmutterschaft bzw. das Leihgebären führen zu multiplen Elternschaftsverhältnissen und insbesondere zu einer Ausdifferenzierung der biologischen Elternschaft bzw. zu einer Trennung der genetischen von der biologischen Elternschaft bei der Frau („gespaltene Mutterschaft", Wiesemann 2015, S. 202). Über eine biologische Mutterschaft verfügt diejenige Person, die ein Kind gebärt. Diese muss aber nicht zwangsläufig auch die genetische Elternschaft haben, v. a. wenn die Zeugung im Zuge eines Eizelltransfers erfolgte. Dann hat die austragende Mutter, zwar die biologische und soziale Elternschaft, nicht aber die genetische. Beim Leihgebären hingegen hat die austragende Frau nur die biologische Elternschaft, jedoch nicht die genetische oder soziale – diese haben die Wunscheltern, also das Paar, das den Kinderwunsch hat (Bayertz 1985, S. 532; Pikal 2020, S. 50; Wiesemann 2015, S. 205). Obwohl die Samenspende und die damit zusammenhängende Trennung von sozialer und genetischer Vaterschaft in Deutschland rechtlich erlaubt sind, ist das Leihgebären oder der Eizelltransfer aufgrund der dadurch entstehenden gespaltenen Mutterschaft nicht zulässig (Trappe 2016, S. 397).

6.3 ART im Rahmen präkonzeptionellen Untersuchung vor der Befruchtung

Zu den ART im Rahmen präkonzeptioneller Untersuchung zählen medizinische Behandlungen zur Spermiengewinnung, wie die Mikrochirurgische Epididymale Spermienaspiration (MESE) und die Testikuläre Spermienextraktion (TESE). Beide ART finden Anwendung, wenn beim Mann eine zu geringe Spermienanzahl in der Samenflüssigkeit vorhanden ist bzw. dort gar keine Spermien vorhanden sind, bspw. infolge einer Sterilisation. Mittels MESE oder TESE werden Samenzellen dann aus Hoden- oder Nebenhodengewebe gewonnen (Grießler und Hager 2012, S. 9).

ART können aber auch zur Untersuchung der Qualität der Keimzellen eingesetzt werden. Zur Untersuchung der Spermienqualität dient die Intrazytoplasmatische morphologisch selektierte Spermieninjektion (IMSI). Diese Methode, bei der einzelne Spermien gezielt ausgesucht werden, soll zusätzlich die Chancen auf eine Schwangerschaft erhöhen und kommt v. a. dann zum Einsatz, wenn im Vorfeld andere reproduktive Methoden, wie IVF und ICSI, nicht erfolgreich waren (Grießler und Hager 2012, S. 8). Die Polkörperdiagnostik (PKD) hingegen stellt ein medizinisches Verfahren zur Untersuchung der Qualität der Eizellen dar bzw. um chromosonale Defekte im Zuge einer IVF auszuschließen und so die Wahrscheinlichkeit einer erfolgreichen Schwangerschaft zu erhöhen bzw. Tot- und Fehlgeburten vorzubeugen (Bralo et al. 2020, S. 193; Montag et al. 2011, S. 479).

6.4 ART im Rahmen genetischer Untersuchungen nach der Befruchtung

Bei der Anwendung von ART im Rahmen der Untersuchung genetischer Defekte der befruchteten Eizelle muss unterschieden werden, ob die Untersuchung vor oder nach der Implantation der befruchteten Eizelle in den weiblichen Körper erfolgt.

Handelt es sich um eine Untersuchung vor der Implantation, wird die Präimplantationsdiagnostik (PID) eingesetzt, findet die Untersuchung nach der Implantation statt, wird die Pränataldiagnostik (PND) angewandt. Beide medizinischen Verfahren dienen der Erkennung von pränatalen genetischen Defekten. Bei der PID findet durch die Untersuchung vorab eine Selektion der im Rahmen der IVF zu implantierenden Embryonen statt (Grießler und Hager 2012, S. 48; Woopen 2002, S. 234). Bei der PND ist der Embryo bereits implantiert, er wird jedoch hinsichtlich genetischer Defekte und daraus resultierender Fehlbildungen untersucht, was u. a. zu einer vorzeitigen Beendigung der Schwangerschaft bzw. Schwangerschaftsabbruch führen kann (Grießler und Hager 2012, S. 48).

6.5 ART im Rahmen der Lagerung

Auch im Kontext der Lagerung können ART angewandt werden. Mit der sogenannten Kryokonservierung ist es möglich menschliche Keimzellen, also sowohl Samen- als auch Eizellen, durch Tiefgefrierung dauerhaft aufzubewahren. Durch diese Lagerung können einerseits Keimzellen im Vorfeld einer Chemo- oder Strahlentherapie erhalten bleiben, wodurch eine spätere Kindszeugung mittels IVF Behandlung weiterhin gegeben ist (Trappe 2016, S. 401 f.). Andererseits ermöglicht die Kryokonservierung auch das Verschieben des Kinderwunsches ins höhere Alter, ohne dass dabei die Chancen einer erfolgreichen Schwangerschaft durch das biologische Alter der Frau beeinflusst werden bzw. eine fremde Samen- oder Eizellenspende nötig wird („Social Freezing", Trappe 2016, S. 402; Rolfes et al. 2019a, b, S. 10 f.). Zudem ist es durch diese Methode theoretisch möglich, dass bereits Verstorbene, aufgrund der Kryokonservierung ihres Genmaterials zu Lebzeiten, noch nach ihrem Tod Kinder zeugen können (Pikal 2020, S. 50).

7 Fazit

Was ist nun *die Familie*? Zunächst einmal: es gibt sie nicht, zumindest nicht im Sinne einer klassischen Form. Die Familie ist und war schon immer, als Teilsystem der Gesellschaft, den politischen, sozialen und ökonomischen Wandlungsprozessen unterworfen, die dazu geführt haben, dass sich unterschiedlichste, scheinbar unendlich viele familiale Lebensformen herausbilden konnten (Bergold et al. 2017, S. 7; Huinink 2019, S. 453–459).

Sie alle eint, dass sie bestimmte konstitutive Merkmale vorweisen, die sie von anderen sozialen Gruppen unterscheidet. Den familialen Lebensformen wesentlich ist, dass sie aus verschiedenen Personen bestehen, die teils infolge einer institutionell bedingten Zugehörigkeit oder einer gemeinsamen Genetik miteinander verbunden sind. Innerhalb dieser Familie nehmen die Mitglieder bestimmte Rollen ein und pflegen untereinander ganz spezifische, auf Vertrauen, Solidarität und Kooperation basierende Beziehungsstrukturen. Ein besonderes Merkmal aber ist das Vorhandensein von leiblichen oder angenommenen Kindern, für die Fürsorge und Verantwortung übernommen werden. Biologische oder soziale Infertilität haben jedoch oft dazu geführt, dass der Wunsch nach einem eigenen, leiblichen Kind unerfüllt geblieben ist (Dunkake 2010, S. 48, S. 54–57; Ecarius et al. 2011, S. 9; Giddens 1999, S. 152; Hölscher 2008, S. 749, S. 755, S. 757 f.; Höver 2017, S. 1307; Kopp und Richter 2015, S. 375; Nave-Herz 2008, S. 704–708; Sabas 2021, S. 1, S. 13 f.).

Durch die Fortschritte in der Reproduktionsmedizin bzw. durch die Entwicklung von ART gibt es nun vielfältige neue Möglichkeiten, die zur Erfüllung des Kinderwunsches genutzt werden können (Bujard et al. 2020, S. 512 f.; Pikal 2020, S. 9; Trappe 2016, S. 394 f.; Wiesemann 2015, S. 199; Woopen 2002, S. 234 f.). Angefangen von Inseminationen, über die In-vitro-Fertilisation bis hin zur Kryokonservierung – die Kinderwunscherfüllung scheint heute weder von einem Partner, der Zeugungsfähigkeit, der sexuellen Orientierung oder dem Alter der potenziellen Eltern abzuhängen. Bedenkt man die theoretischen Zeugungsoptionen der noch futuristisch anmutenden Behandlungsmethode IVG, so hat die Reproduktionsmedizin aber durchaus das Potenzial noch weitere, völlig neue familiale Lebensformen zu begünstigen, wie solche, die durch die Solo-IVG oder dem Multiplex-Parenting entstehen würden (Bujard et al. 2020, S. 514; Rolfes et al. 2019a, b, S. 306 f.; Suter 2016, S. 88).

ART ermöglichen somit nicht nur neuen Personengruppen, genetisch verwandte Kinder zu zeugen; einige ART führen auch dazu, dass zur Gründung einer Familie weitere Personen hinzugezogen werden müssen, wie das reproduktionsmedizinische Personal oder auch die Personen, von denen die zur Zeugung eines Kindes nötigen Ei- oder Samenzellen stammen (Third-Party Reproduction, Meier-Credner 2020, S. 335). Biologische bzw. genetische Eltern sind somit nicht automatisch die Wunscheltern. Und auch die Zeugung selbst ist nun weniger ein Akt des Zufalls als ein Akt guter Planung medizinischer Maßnahmen. Bei der Ektogenese bspw. handelt es sich um eine ART, die sich, wie die IVG, noch in der Forschung befindet. Die Methode stellt eine Möglichkeit dar, Wunscheltern auch bei einem fehlenden/funktionsunfähigen Uterus den Kinderwunsch zu erfüllen, da Zeugung und Reifung eines Embryos hierbei in einem künstlichen Uterus erfolgen. Ein Leihgebären, bzw. das Angewiesensein auf eine, den Embryo austragende Frau und eine damit einhergehende Multiple-Elternschaft würden somit vermieden werden.

Das birgt durchaus Potenzial für ethische, rechtliche und moralische Konflikte. Wer hat nun die Verantwortung und wer übernimmt die Fürsorge für das, durch ART entstandene Kind? Wer hat Sorgerechtspflichten zu erfüllen und in welchem Fall besteht ein Erbanspruch? Welcher Elternschaft wird der Vorrang gegeben – der biologischen, der sozialen oder der rechtlichen? All das sind (neue) Themen, die einer eindeutigen Rechtsgrundlage bedürfen. ART haben also nicht zu einem Wandel der Familienformen geführt – denn diese sind einem permanenten Wandel unterworfen – ART haben das Spektrum und die Möglichkeiten einer Familiengründung erweitert und dazu geführt, dass bestehende und z. T. althergebrachte Vorstellungen von Familie, Elternschaft und Fortpflanzung neu gedacht, angepasst und teilweise revidiert werden müssen.

Literatur

Aberl, C., und C. J. Thaler. 2021. Empfängnisverhütung: Welche Methode für welches Paar? *Fortschr Med* 163(19):52-61.

Bayertz, K. 1985. Ethische, rechtliche und soziale Probleme technischer Eingriffe in die menschliche Reproduktion (zugleich eine Übersicht über neuere Literatur). *ARSP: Archiv für Rechts- und Sozialphilosophie/Archives for Philosophy of Law and Social Philosophy* 71(4):524–544.

Bergmann, S. 2014. *Ausweichrouten der Reproduktion. Biomedizinische Mobilität und die Praxis der Eizellspende.* Springer VS.

Bergold, P., A. Buschner, B. Mayer-Lewis, und T. Mühling. 2017. Grundlagen multipler Elternschaft. In *Familien mit multipler Elternschaft. Entstehungszusammenhänge, Herausforderungen und Potenziale.* Hrsg. P. Bergold, A. Buschner, B. Mayer-Lewis, und T. Mühling, 7–28. Barbara Budrich.

Bralo, H., G. Kommetter, K. Heckenbichler, R. R. Fabbro, J. Rüger, und K. Nouri. 2020. Polkörperdiagnostik bei assistierter Reproduktion. Detektion von monogenen Erkrankungen, numerischen Chromosomenfehlverteilungen (Aneuploidien) und Translokationen. *Gynäkologe* 53:193–196.

Bujard, M., H. Fangerau, und E. Korn. 2020. Die Bedeutung von neuesten Verfahren der Reproduktionsmedizin für die Lebenslaufplanung von Frauen. *Sozialer Fortschritt* 69:511–528.

Bundesärztekammer. 2018. Richtlinie zur Entnahme und Übertragung von menschlichen Keimzellen im Rahmen assistierten Reproduktionen, Bekanntmachung. *Deutsches Ärzteblatt.* https://doi.org/10.3238/arztebl.2018.Rili_assReproduktion_2018

Burkhart, G. 2014. Paarbeziehung und Familie als vertragsförmige Institution? In *Familie im Fokus der Wissenschaft*, Hrsg. A. Steinbach, M. Henning, und O. Arranz Becker, 71–92. Springer VS.

De Geyter, C., M. De Geyter, und H. M. Behre. 2009. Assistierte Reproduktion. In *Andrologie. Grundlagen und Klinik der reproduktiven Gesundheit des Mannes,* 3. Aufl., Hrsg. E. Nieschlag, H. M. Behre, und S. Nieschlag, 477–513. Springer Medizin.

Dethloff, N. 2016. Neue Familienformen: Herausforderungen für das Recht. *Zeitschrift für Familienforschung* 28(2):178–190.

Dethloff, N., und A. Timmermann. 2017. Multiple Elternschaft – Familienrecht und Familienleben im Spannungsverhältnis. In *Familien mit multipler Elternschaft. Entstehungszusammenhänge, Herausforderungen und Potenziale,* Hrsg. P. Bergold, A. Buschner, B. Mayer-Lewis, und T. Mühling, 173–194. Barbara Budrich.

Dunkake, I. 2010. *Der Einfluss der Familie auf das Schulschwänzen. Theoretische und empirische Analysen unter Anwendung der Theorien abweichenden Verhaltens.* Springer VS.

Ecarius, J., N. Köbel, und K. Wahl. 2011. *Familie, Erziehung und Sozialisation. Basiswissen Sozialisation,* Bd. 2. Springer.

Eckart, W.U. 2021. *Geschichte, Theorie und Ethik in der Medizin,* 9. Aufl. Springer Medizin.

Eckart, W.U. 2009. *Geschichte der Medizin. Fakten, Konzepte, Haltungen*, 6. Aufl. Springer Medizin.

Enderer-Steinfort, G. 2017. Revolution hormonale Kontrazeption? *Gynäkologie und Geburtshilfe* 22(6):48–60.

Entleitner-Phleps, C., H. Rost. 2017. Stieffamilien. In *Familien mit multipler Elternschaft. Entstehungszusammenhänge, Herausforderungen und Potenziale*, Hrsg. P. Bergold, A. Buschner, B. Mayer-Lewis, und T. Mühling, 29–56. Barbara Budrich.

Feldhaus, M. 2016. Fortsetzungsfamilien in Deutschland: Theoretische Überlegungen und empirische Befunde. In *Handbuch Bevölkerungssoziologie*, Hrsg. Y. Niephaus, M. Kreyenfeld, und R. Sackmann, 347.366. Springer VS.

Fiala, C., und W. Eppel. 2016. Ungewollte Schwangerschaft. In *Die Geburtshilfe*, 5. Aufl., Hrsg. H. Schneider, P. Husslein, und K.T.M. Schneider, 61–82. Springer.

Giddens, A. 1999. *Soziologie*. Nausner und Nausner

Grießler, E., und M. Hager. 2012. *Assistierte Reproduktion und Präimplantationsdiagnostik in der klinischen Domäne: empirische Ergebnisse des Projektes „Genetic Testing and Changing Images of Human Life"*. Institut für Höhere Studien (IHS).

Hikabe, O., N. Hamazaki, G. Nagamatsu, Y. Obata, Y Hirao, N. Hamada, S. Shimamoto, T. Imamura, K. Nakashima, M. Saitou, und K. Hayashi. 2016. Reconstitution in vitro of the entire cycle of the mouse female germ line. *Nature* Vol. 539:299–303.

Hölscher, B. 2008. Sozialisation, Sozialisationskontexte, schichtspezifische Sozialisation. In *Lehr(er)buch Soziologie. Für die pädagogischen und soziologischen Studiengänge,* Bd. 2, Hrsg. H. Willems, 747–772. VS Verlag.

Höver, G. 2017. Ehe und Familie. In *Bonner Enzyklopädie der Globalität,* Hrsg. L. Kühnhardt, T. Mayer, 1305–1314. Springer VS.

Huinink, J. 2019. Wandel von Familienstrukturen. In *Handbuch Sozialpolitik,* Hrsg. H. Obinger, und M. G. Schmidt, 453–472. Springer.

Kocka, J. 1988. Bürgertum und bürgerliche Gesellschaft im 19. Jahrhundert. Europäische Entwicklungen und deutsche Eigenarten. In *Bürgertum im 19. Jahrhundert: Deutschland im europäischen Vergleich,* Bd. 1, Hrsg. J. Kocka, 11–76. Deutscher Taschenbuch Verlag.

Konietzka, D., und M. Kreyenfeld. 2013. Familie und Lebensformen. In *Handwörterbuch zur Gesellschaft Deutschlands,* Bd. 1, Bd. 2, 3. Aufl., Hrsg. S. Mau, und N. M. Schöneck, 257–271. Springer VS.

Kopp, J., und N. Richter. 2015. Fertilität. In *Handbuch Familiensoziologie,* Hrsg. P. B. Hill, und J. Kopp,375–412. Springer.

Köppen, S. 2020. *Samenspende und Register. Analyse und rechtsvergleichende Bewertung.* Springer.

Kreyenfeld, M., und D. Konzietzka. 2015. Sozialstruktur und Lebensform. In: *Handbuch Familiensoziologie,* Hrsg. P. B. Hill, und J. Kopp, 345–373. Springer.

Kuhnt, A.-K., A. Steinbach. 2014. Diversität von Familien in Deutschland. In *Familie im Fokus der Wissenschaft,* Hrsg. A. Steinbach, M. Henning, und O. Arranz Becker, 41–70. Springer VS.

Kutzner, S. 2020. Familie und Staat. Zur Entwicklung des Familienleitbildes in Deutschland im Familienrecht. In *Familie im Fokus der Wissenschaft,* Hrsg. D. Funcke, 315–355. Springer.

Lenz, K. 2008. Persönliche Beziehungen. In *Lehr(er)buch Soziologie. Für die pädagogischen und soziologischen Studiengänge,* Bd. 2, Hrsg. H. Willems, 681–702. VS Verlag.

Lenz, K., und S. Scholz. 2014. Romantische Liebessemantik im Wandel? In *Familie im Fokus der Wissenschaft,* Hrsg. A. Steinbach, M. Henning, und O. Arranz Becker, 93–116. Springer.

Ludwig, M., und K. Diedrich. 2020. Historischer Abriss zur Reproduktionsmedizin. In *Reproduktionsmedizin,* Hrsf. K. Diedrich, M. Ludwig, G. Griesinger, 11–19. Springer.

Maihofer, A., T. Böhnisch, und A. Wolf. 2001. *Wandel der Familie. Arbeitspapier 48. Zukunft der Gesellschaft.* Hans-Böckler-Stiftung.

Mayer-Lewis, B. 2017. Familiengründung mit Gametenspende. In *Familien mit multipler Elternschaft. Entstehungszusammenhänge, Herausforderungen und Potenziale,* Hrsg. P. Bergold, A. Buschner, B. Mayer-Lewis, und T. Mühling, 113–142. Barbara Budrich.

Meier-Credner, A. 2020. Familiengründung zu dritt – psychologische und ethische Aspekte. Der Verein Spenderkinder. In *Assistierte Reproduktion mit Hilfe Dritter*, Hrsg. K. Beier, C. Brügge, P. Thorn, und C. Wiesemann, 329–346. Springer.

Montag, M., B. Toth, und T. Strowitzki. 2011. Polkörperdiagnostik. Nummerische und strukturelle Analyse von Chromosomenaberrationen. *Medgen* 23:479–484.

Nationale Akademie der Wissenschaften Leopoldina, Union der deutschen Akademie der Wissenschaften. 2019. *Fortpflanzungsmedizin in Deutschland – für eine zeitgemäße Gesetzgebung. Stellungnahme.* Halle (Saale).

Nave-Herz, R. 2008. Ehe und Familie. In *Lehr(er)buch Soziologie. Für die pädagogischen und soziologischen Studiengänge.* Bd. 2, Hrsg. H. Willems, 703–720. VS Verlag.

Ombelet, W., und J. Van Robays. 2010. History of human artificial insemination, *Facts Views Vis Obgyn* 7(2):137–143.

Peuckert, R. 2019. *Familienformen im sozialen Wandel*, 9. Aufl. Springer VS.

Pikal, A. 2020. *Die rechtliche Zulässigkeit ärztlicher Mitwirkung an verbotenen Kinderwunschbehandlungen im Ausland.* Springer.

Raith-Paula, E., und P. Frank-Herrmann. 2020. *Natürliche Familienplanung heute. Modernes Zykluswissen für Beratung und Anwendung*, 6. Aufl. Springer.

Ratzel, R. 2013. Rechtsvorschriften in der Gynäkologie. In *Die Gynäkologie*, 3. Aufl., Hrsg. M. Kaufmann, S. D. Costa, A. Scharl, 1129–1144. Berlin, Heidelberg: Springer.

Revermann, C., und B. Hüsing. 2010. *Fortpflanzungsmedizin – Rahmenbedingunge, wissenschaftlich-technische Entwicklungen und Folgen. Endbericht zum TA-Projekt.* Arbeitsbericht Nr.139, Büro für Technikfolgen-Abschätzung beim Deutschen Bundestag.

Rolfes, V., U. Bittner, U. M. Gassner, J. Opper, und H. Fangerau. 2019a. Auswirkungen der jüngsten Ergebnisse aus der Forschung mit induzierten pluripotenten Stammzellen auf Elternschaft und Reproduktion: Ein Überblick. In *Chancen und Risiken der Stammzellforschung,* Hrsg. J. Opper, V. Rolfes, und P. H. Roth, 66–85. Wissenschaftsverlag.

Rolfes, V., U. Bittner, H. Fangerau. 2019b. Die Bedeutung der In-vitro-Gametogenese für die ärztliche Praxis. Eine ethische Perspektive. *Gynäkologe* 52:305–310.

Rosa, H., D. Strecker, und A. Kottmann. 2018. *Soziologische Theorien*, 3. Aufl. Konstanz, München: UVK Verlagsgesellschaft mbH.

Rosenbaum, H. 2014. Familienforschung im historischen Wandel. In *Familie im Fokus der Wissenschaft,* Hrsg. A. Steinbach, M. Henning, und O. Arranz Becker, 19–40. Springer VS.

Sabas, N. 2021. *Zerrüttete Beziehungen – Verletzte Kinder.* Springer.

Schäfers, B. 2018. *Die bürgerliche Gesellschaft. Vom revolutionären bürgerlichen Subjekt zur Bürgergesellschaft.* Springer.

Spieker, M. 2020. Menschenwürde und künstliche Befruchtung. Wohin führt die assistierte Produktion? In *Biopolitische Neubestimmung des Menschen,* Hrsg. J. Hattler, und J. C. Koecke, 65–83. Springer.

Smykalla, S. 2020. „Alles Familie?!" Die Vielfalt von Familienformen als Herausforderungen für eine gender- und diversitätsbewusste Soziale Arbeit. In *Kooperative Organisations- und Professionsentwicklung in der Hochschule und Sozialwesen?*, Hrsg. A. Polutta, 149–162. Springer.

Stahl, A. 2010. Schwangerschaftsabbruch. Macht sich der ausführende Arzt strafbar? *Gynäkologe* 43:44–46.

Stöbel-Richter, Y., S. Goldschmidt, A. Borkenhagen, U. Kraus, und K. Weidner. 2008. Entwicklungen in der Reproduktionsmedizin: mit welchen Konsequenzen müssen wir uns auseinandersetzen? *Zeitschrift für Familienforschung* 20(1):34–61.

Suter, S. M. 2016. In vitro gametogenesis: Just another way to have a baby? *Journal of Law and the Biosciences* 3(1):87–119. https://doi.org/10.1093/jlb/lsv057

Trappe, H. 2016. Reproduktionsmedizin: Rechtliche Rahmenbedingungen, gesellschaftliche Relevanz und ethische Implikation. In *Handbuch Bevölkerungssoziologie*, Hrsg. Y. Niephaus, M. Kreyenfeld, und R. Sackmann, 393–413. Springer VS.

Trappe, H. 2020. Reproduktionsmedizin und Familie. In *Handbuch Familie*, Hrsg. J. Ecarius, und A. Schierbaum, 1–22. Springer.

Vaskovics, L.A. 1996. Segmentierung und Multiplikation der Elternschaft und Kindschaft: ein Dilemma für die Rechtsregelung? *RdjB* 2:194–209.

Vaskovics, L.A. 2020. Soziale Elternschaft. *Zeitschrift für Erziehungswissenschaften* 23:269–293.

Wickert, N. 2015. Familie der Gegenwart. Wie Familien heute leben. *Zeitschrift für Psychodrama und Soziometrie* 14:5–14.

Wiesemann, C. 2015. Assistierte Reproduktion und vorbeugende Diagnostik. In *Handbuch Bioethik*, Hrsg. D. Sturma, und B. Heinrichs, 199–208. Metzler.

Wimbauer, C. 2021. *Co-Parenting und die Zukunft der Liebe: über postromantische Elternschaft.* transcript.

Wonneberger, A., und S. Stelzig-Willutzki. 2018. Familie. In *Familienwissenschaft,* Hrsg. A. Wonneberger, 489–510. Wiesbaden: Springer.

Woopen, C. 2002. Fortpflanzung zwischen Natürlichkeit und Künstlichkeit: Zur ethischen und anthropologischen Bedeutung individueller Anfangsbedingungen. *Reproduktionsmedizin* 18(5):233–240.

Soziostrukturelle und -kulturelle Einflussfaktoren auf Einstellungsmuster zu assistierter Reproduktion

Sonja Haug und Nadja Milewski

1 Einleitung

Der Beitrag[1] betrachtet individuelle Einstellungen zu Technologien der assistierten Reproduktion (auch assistierte Reproduktionstechnologien (ART) bzw. als Oberbegriff medizinisch assistierte Reproduktion (MAR) (Passet-Wittig und Bujard 2021)) oder allgemein Reproduktionsmedizin (Wischmann 2012).

[1] Der Artikel basiert auf dem Vortrag „Soziostrukturelle und -kulturelle Einflussfaktoren auf Einstellungsmuster zu ART" von Sonja Haug bei der Tagung „In-vitro-Gametogenese und artifizieller Uterus. Problemlöser oder Problemauslöser?" im Rahmen des Projekts „In-vitro-Gametogenese und artifizieller Uterus. Problemauslöser oder Problemlöser? (IVG—AU—PP, gefördert durch das Bundesministerium für Bildung und Forschung, Förderkennzeichen 01GP2185) an der Ostbayerischen Technischen Hochschule Regensburg am 22.09.2022. Unter anderem wurden Daten aus dem NeWiRe Survey 2014/2015 aus dem Projekt „Der Einfluss sozialer Netzwerke auf den Wissenstransfer am Beispiel der Reproduktionsmedizin (NeWiRe)", gefördert durch das Bundesministerium für Bildung und Forschung, Förderkennzeichen 01GP1304) verwendet (siehe Haug et al. 2018; Haug und Milewski 2018; Milewski und Haug 2020, 2022).

S. Haug (✉)
Institut für Sozialforschung und Technikfolgenabschätzung (IST), Ostbayerische Technische Hochschule Regensburg, Regensburg, Deutschland
E-Mail: sonja.haug@oth-regensburg.de

N. Milewski
Bundesinstitut für Bevölkerungsforschung (BiB), Wiesbaden, Deutschland
E-Mail: nadja.milewski@bib.bund.de

V. Rolfes et al. (Hrsg.), *Reproduktionszukünfte*, Technikzukünfte, Wissenschaft und Gesellschaft / Futures of Technology, Science and Society,
https://doi.org/10.1007/978-3-658-46300-7_3

Die gesellschaftliche Relevanz von medizinisch assistierter Reproduktion nimmt im globalen Norden aufgrund der durchschnittlich niedrigen Geburtenraten, der hohen Kinderlosigkeit und der Kluft zwischen der gewünschten und der tatsächlichen Kinderzahl zu. Auch wenn das Thema sehr vielschichtig ist (Mayer-Lewis und Rupp 2015), gibt es bisher wenig Literatur über individuelle Einstellungen zu medizinisch assistierter Reproduktion in der Allgemeinbevölkerung. Ethnische und/ oder migrantische Minderheiten wurden in Europa nur selten in quantitative Studien zu medizinisch assistierter Reproduktion einbezogen. Hier setzt der Beitrag an mit dem Schwerpunkt auf dem Vergleich von Frauen mit und ohne Migrationshintergrund.

In unserem Beitrag betrachten wir das Thema Reproduktionsmedizin aus soziologischer Perspektive. Es geht um das Verhalten und die Einstellungen bei Bevölkerungsgruppen, die sich im Hinblick auf ihre soziostrukturellen und/oder soziokulturellen Merkmale unterscheiden. In den Fokus genommen werden hierbei insbesondere die Merkmale Migrationshintergrund und Religionszugehörigkeit und deren Zusammenhang mit Einstellungen. Betrachtet werden Einstellungsmuster, wobei Einstellungen hier definiert werden als durch Sozialisation erworbene Überzeugungen, Ansichten, Meinungen, die auch die Bereitschaft zu einem Verhalten beinhalten (Allport 1935; Ajzen und Klobas 2013). Dabei wird auch der Faktor Religionsgemeinschaft bzw. Religion im Kontext des reproduktiven Verhaltens in den Fokus genommen. Die bisherige Forschung zur Rolle von Religion und Religiosität in der Fortpflanzungsmedizin konzentrierte sich auf öffentliche Diskurse über Bioethik, Inhalt und Auslegung religiöser Lehren, soziale Konzepte und rechtliche Rahmenbedingungen (Schenker 2005; Serour 2008). Es ist jedoch fast nichts bekannt über die soziokulturelle Dimension der medizinisch assistierten Reproduktion bei Individuen in der Allgemeinbevölkerung, also unabhängig davon, ob sie persönlich von Fertilitätsproblemen betroffen sind (siehe Milewski und Haug 2020).

Der Beitrag verfolgt einen quantitativ-empirischen Forschungsansatz, wobei Daten der amtlichen Statistik, Registerdaten und eigene Befragungsdaten ausgewertet werden.

2 Hintergrund

Dieser Abschnitt fasst zunächst Hintergrundinformationen zum Thema Migration, Fertilität, religiöse Diversität und zur Haltung von Religionsgemeinschaften zusammen.

2.1 Migration

Die Bevölkerungsentwicklung in Deutschland ist in hohem Maße durch Migration geprägt. Zu- oder Fortzüge wirken sich direkt auf die Bevölkerungsgröße sowie die Alters- und Geschlechtsstruktur aus, aber auch indirekt durch das demografische Verhalten – also Fertilität und Mortalität – der zugewanderten Bevölkerung und ihrer Nachkommen (Haug 2017).

In Deutschland lebten im Jahr 2021 etwa 22,3 Mio. Menschen mit Migrationshintergrund, das sind bei einer Bevölkerung von 81,9 Mio. 27 %. Migrationshintergrund wird seit der erstmaligen Erhebung im Mikrozensus 2005 durch das Statistische Bundesamt (2022a) anhand der Merkmale Zuzug, Einbürgerung, Geburtsstaat und Staatsangehörigkeit sowie den entsprechenden Merkmalen der Eltern definiert. Ein Migrationshintergrund liegt vor, wenn eine Person oder mindestens ein Elternteil nicht mit deutscher Staatsangehörigkeit geboren wurde. Das Konzept umfasst somit ausländische Staatsangehörige (47 % der Personen mit Migrationshintergrund, darunter 43 % mit eigener Migrationserfahrung) und deutsche Staatsangehörige (53 %, darunter 84 % mit eigener Migrationserfahrung). Insgesamt haben 63 % der Personen mit Migrationshintergrund eigene Migrationserfahrung, d. h. sie wurden im Ausland geboren und gehören somit zur ersten Zuwanderergeneration (Quelle: Destatis 2022a, eigene Berechnung). Eine Auswertung des Mikrozensus nach Geschlecht und Alter zeigt, dass ein Drittel der Frauen in den Altersgruppen 15 bis 50 Jahre einen Migrationshintergrund nach obiger Definition hat (Abb. 1)[2].

2.2 Fertilität

Dass die gesellschaftliche Relevanz der medizinisch assistierten Reproduktion zunimmt, ist vor dem Hintergrund niedriger Geburtenraten, hoher Kinderlosigkeit und der Differenz zwischen gewünschter und tatsächlicher Kinderzahl zu betrachten. Das durchschnittliche Alter der Mutter bei Geburt eines Kindes lag in Deutschland 2021 bei 31,8 Jahren (BiB 2022), beim ersten Kind sogar bei 30,5 Jahren (Destatis 2022b). Der sogenannte Fertility Gap bezeichnet die Kluft zwischen Wunsch und Wirklichkeit der Geburten (Huinink 2016).

---

[2] Dargestellt wird der Migrationshintergrund im weiteren Sinne. Ab 2017 liegen jährlich Informationen zu Personen mit Migrationshintergrund im weiteren Sinn vor.

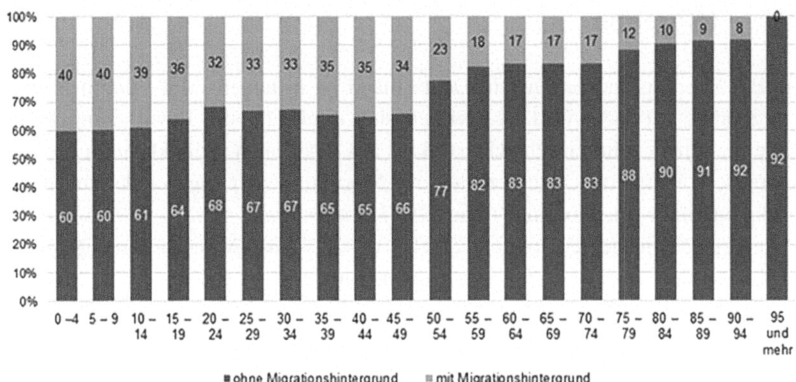

Abb. 1 Frauen mit und ohne Migrationshintergrund. (Nach Alter (2021), Daten: Mikrozensus (2021), Destatis (2022a))

Ein Trend zur Aufschiebung von Geburten in höheres Alter ist seit längerem feststellbar (Kuhnt und Jasmin Passet-Wittig 2022). Dieses Aufschieben wird als ein Faktor für die Niedrigfertilität gesehen (Sobotka 2004). Ein Faktor, der mit zum Aufschieben beitragen kann, sind unkorrekte Annahmen und fehlendes Wissen über die altersbedingte Abnahme der Fruchtbarkeit, d. h. geringe „Fertility Awareness" (siehe dazu Milewski und Haug 2022). Weiterhin wird auch ein Verhaltenseffekt vermutet, indem eine Verfügbarkeit und Wirksamkeit von Verfahren medizinisch assistierter Reproduktion zu noch weiterer Aufschiebung von Geburten im Lebensverlauf führen könnten (Rainer et al. 2011; Trappe 2016).

2.3 Religiöse Diversität

In Deutschland gehörten zum Erhebungszeitpunkt des NeWiRe-Survey 2014/2015 (siehe Kap. 3.) über 50 Mio. der ca. 82 Mio. Einwohner einer christlichen Kirche oder Religionsgemeinschaft an. Neben den beiden großen Kirchen werden ca. 1,3 Mio. orthodoxe Christen, 331.000 Angehörige der evangelischen Freikirchen und 500.000 Gläubige anderer christlicher Gemeinden gezählt (Gabriel 2015, S. 14). Die Zahl der Mitglieder in der katholischen und evangelischen Kirche ist zwischen 2012 und 2017 sinkend. 2017 waren 23,3 Mio. in der katholischen Kirche, 21,5 Mio. in der evangelischen Kirche und 96.195 Mitglieder in jüdischen Gemeinden registriert (Destatis 2019, S. 73). 2022 ist mit einer Zunahme der Mitglieder christlicher Religionsgemeinschaften durch die Fluchtzuwanderung aus der Ukraine zu erwarten.

Die religiöse Vielfalt in Deutschland hat in den vergangenen Jahrzehnten durch verschiedene Zuwanderungsgruppen zugenommen. Die drittgrößte Religionsgemeinschaft ist der Islam. 2008 lebten in Deutschland hochgerechnet etwa vier Millionen Muslime mit Migrationshintergrund (Haug et al. 2009). Durch die Zuwanderungsbewegungen der jüngsten Vergangenheit ist die Zahl der in Deutschland lebenden Muslime nach einer Hochrechnung Ende des Jahres 2015 auf 4,5 Mio. (Stichs 2016) angestiegen und 2019 auf ca. 5,3 bis 5,6 Mio., wobei der Anstieg vor allem auf Geflüchtete aus dem Nahen Osten, Nordafrika oder Zentralasien zurückzuführen ist (Pfündel et al. 2021). Aus mehrheitlich muslimischen Herkunftsländern sind aber auch andere religiöse Minderheiten zugewandert oder Personen, die keiner Religionsgemeinschaft angehören. So gaben beispielsweise 2008 81 % der Personen mit türkischem Migrationshintergrund eine Zugehörigkeit zu einer muslimischen, 3,9 % zu einer christlichen, jüdischen oder sonstigen Gemeinschaft an, und 14,7 % bezeichneten sich als nicht-gemeinschaftszugehörig (Haug et al. 2009, S. 95).

2.4 Haltung von Religionsgemeinschaften zu Reproduktionsmedizin

Die Arbeitshypothese für unsere empirische Untersuchung (NeWiRe-Befragung 201372014) basiert auf der Annahme, dass die Nutzung von medizinisch assistierter Reproduktion zwischen Mitgliedern verschiedener religiöser Konfessionen variiert, und dabei die Haltung zu Fruchtbarkeit bzw. Unfruchtbarkeit eine Rolle spielt (Serour 2008). Die christlichen Kirchen unterscheiden sich bei ihrer Haltung zur Anwendung von medizinisch assistierter Reproduktion im Allgemeinen und bestimmter Methoden im Besonderen (siehe dazu Haug et al. 2018, S. 63 ff.; Milewski und Haug 2020; Schenker 2000; Sallam und Sallam 2016). Hierbei wird insbesondere zwischen homologen und heterologen Verfahren unterschieden.[3]

[3] Zu den heterologen Methoden gehören der Transfer von Samen, Eizellen oder Embryonen, die nicht vom Elternpaar stammen und die alltagssprachlich so genannte Leihmutterschaft. In diesem Beitrag wird nicht vertiefend auf ethische, rechtliche, theologische oder psychologische Aspekte des Diskurses (siehe dazu andere Beiträge in diesem Sammelband) oder mögliche Folgen für die Kinder eingegangen.

Nach der römisch-katholischen Lehre darf eine Konzeption nur durch den Geschlechtsverkehr von verheirateten Partnern erfolgen. Daher lehnte der Vatikan die assistierte Reproduktion bereits 1956 ab (eine Erklärung von Papst Pius XII.). Insbesondere betrifft ein Verbot heterologe Methoden, mit der Begründung einer Verletzung der Einheit der Ehe, der Würde der Eheleute, der Bestimmung der Eltern sowie dem Recht des Kindes, in einer Ehe gezeugt und geboren zu werden. Das Verbot betrifft auch die Kryokonservierung überzähliger Embryonen, die wie Abtreibung bewertet wird (Schenker 2000, 2005).

Die evangelische Kirche ist offener gegenüber homologen Methoden und lehnt In-Vitro-Fertilisation (IVF) nicht kategorisch ab, wobei auch hier eine ethische Konfliktlinie in Bezug auf überzählige Embryonen besteht. Heterologe Methoden werden ausgeschlossen, insbesondere anonyme Spenden. Begründungen beziehen sich auf die Zeugung im Kontext von Liebe und Ehe und das Anrecht eines Kindes auf genetische Elternschaft sowie Wissen über Elternschaft. Die protestantischen Konfessionen sind insgesamt liberaler in ihrer Haltung zum Einsatz von medizinisch assistierter Reproduktion als die römisch-katholische Kirche. Die meisten lehren jedoch, dass die Anwendung homologer Methoden der Anwendung der heterologen Methode vorzuziehen sei, da erstere die Einheit des Ehepaares bewahrt (Schenker 2000, 2005).

Die Lehren der Christlich-orthodoxen Ostkirche erlauben einige medizinische, hormonelle, korrigierende und rekonstruktive chirurgische Behandlungen der Unfruchtbarkeit, während Methoden der Empfängnis mit Hilfe Dritter (heterologe Verfahren) abgelehnt werden (Schenker 2000, 2005).

Im Islam wird eine grundsätzlich positive Einstellung zu medizinisch assistierter Reproduktion vertreten (David und Ilkilic 2010), wobei dies auf verheiratete Paare und die Anwendung homologer Verfahren beschränkt ist, und heterologe Verfahren verboten sind (Schenker 2000). Die Nützlichkeit reproduktionsmedizinischer Unterstützung hängt mit der Wichtigkeit von Ehe, Familiengründung und Fortpflanzung zusammen (Sallam und Sallam 2016)[4].

[4] Im Judentum sind Methoden der medizinisch assistierten Reproduktion nicht verboten (Sallam und Sallam 2016; Schenker 2000). Im NeWiRe-Survey 2014/16 waren keine Mitglieder dieser Religionsgemeinschaft in der Stichprobe, daher wird in dem Beitrag diese Gruppe nicht dargestellt.

3 Forschungsmethode

Die Datenbasis unseres Beitrags stammt aus der Befragung zu den Themen „Familie, Kinder und Gesundheit im Projekt „Der Einfluss sozialer Netzwerke auf den Wissenstransfer am Beispiel der Reproduktionsmedizin (NeWiRe)“[5]. Ziel des Projekts war die Erforschung der Wege des Wissenstransfers über Reproduktionsmedizin, Unterschiede beim Informationsstand in verschiedenen Bevölkerungsgruppen, die Akzeptanz von Reproduktionsmedizin und Zugangsbarrieren zur Therapie für Frauen mit Migrationshintergrund vor dem Hintergrund kultursensibler Medizin. Neben Teilstudien zur Erhebung der Expertenperspektive anhand einer Online-Befragung bei reproduktionsmedizinischen Zentren des IVF-Registers in Deutschland, zur Untersuchung der Betroffenenperspektive durch Interviews mit Frauen in und nach Behandlung sowie einer qualitativen Inhaltsanalyse von Einträgen in einem Internet-Forum zum Thema Wunschkinder wurde die Perspektive der Bevölkerung betrachtet. Im NeWiRe-Survey 2014/2015 wurde eine quantitative Telefonbefragung bei einer Zufallsstichprobe von 1000 Frauen der – laut Mikrozensus – zum Befragungszeitpunkt größten Herkunftsgruppen durchgeführt, d. h. bei Frauen mit Migrationshintergrund aus Nachfolgestaaten der Sowjetunion, d. h. der Gemeinschaft unabhängiger Staaten (GUS), aus Polen, aus der Türkei und Nachfolgestaaten des ehemaligen Jugoslawiens (Balkanländer) und der Vergleichsgruppe Frauen ohne Migrationshintergrund (Haug et al. 2018). Die geschichtete Stichprobe wurde mithilfe eines onomastischen Verfahrens aus dem Telefonregister gezogen. Hierbei werden anhand des Namens möglichst treffgenau Personen bestimmter Herkunftsländer herausgefiltert (Humpert und Schneiderheinze 2000). Für den NeWiRe-Survey 2014/2015 wurde eine Auswahlgesamtheit von Vor- und Nachnamen auf Basis von Namensregistern und Telefonbüchern erstellt und durch Screening die Zugehörigkeit zur Untersuchungsgruppe durch Fragen zum Migrationshintergrund (Geburtsort, Geburtsort Eltern) vor der eigentlichen Befragung festgestellt. Im Fragebogen zum Thema „Familie, Kinder und Gesundheit“ wurden teilweise Fragen übernommen aus Stöbel-Richter et al. (2008, 2012).

Die ausgewertete Stichprobe umfasst 962 in Deutschland lebende Frauen im Alter von 18 bis 50 Jahren. Etwa 81 % der Stichprobe sind Frauen mit Migrationshintergrund, die aus der Türkei (n = 229), Polen (n = 225), den Balkanländern

---

[5] Förderung durch das BMBF im Programm „ELSA – Wissenstransfer zwischen Lebenswissenschaften und Gesellschaft“, Laufzeit 2013 bis 2016 unter Leitung von Prof. Dr. Sonja Haug.

(n = 258) oder den Ländern der (postsowjetischen) Gemeinschaft Unabhängiger Staaten (GUS, n = 266) stammen. Diese werden der Referenzgruppe Frauen ohne Migrationshintergrund gegenübergestellt. In der Herkunftsgruppe Türkei gehören rund 96 % dem Islam an und nur wenige Befragte sind römisch-katholisch, evangelisch, christlich-orthodox oder gehören keiner Religionsgemeinschaft an. Etwa 95 % der Frauen aus Polen sind römisch-katholisch, 0,5 % evangelisch, und 5 % gehören keiner Religionsgemeinschaft an. In der Gruppe der Personen aus Balkanländern liegt der Anteil der Muslima bei 41 %, der römisch-katholischen bei 35 % und der christlich-orthodoxen bei 13 %. Frauen aus den Ländern der GUS sind zu 13 % römisch-katholisch, 41 % sind evangelisch bzw. Mitglied einer reformierten Kirche, 26 % christlich-orthodox, 19 % ohne Religionszugehörigkeit und 0,4 % muslimisch, während Frauen ohne Migrationshintergrund zu 42 % römisch-katholisch, 31 % evangelisch, 2 % muslimisch und zu 24 % nicht Mitglied einer Religionsgemeinschaft sind. Aufgrund der Korrelation zwischen den beiden Merkmalen und der geringen Fallzahl kann bei den Analysen nicht gleichzeitig zwischen Migrationshintergrund und Religion unterschieden werden.

4 Kinderwunsch und Einstellung zu Familienbildung

Die Betrachtung des Kinderwunsches zeigt, dass bei allen Untersuchungsgruppen die aktuelle Kinderzahl unter der gewünschten Kinderzahl liegt (Tab. 1). Dies deutet auf einen Fertility Gap hin.

Die Querschnittstudie umfasst Frauen vor und nach Abschluss der Familienbildungsphase. Die Differenz von gewünschter Kinderzahl und aktueller Kinderzahl beträgt durchschnittlich 0,47 Kinder; die Differenz nimmt mit steigendem Alter ab. Mit steigendem Alter ist also eine Annäherung an die Wunschkinderzahl verbunden, sodass der Fertility Gap sich mit dem Alter verringert. Dennoch bleibt im Durchschnitt eine Differenz bestehen. Ein unerfüllter Kinderwunsch liegt beispielsweise bei 22 % der Frauen im Alter von 36 Jahren und 12 % der Frauen im Alter von 41 Jahren vor. Abb. 2 zeigt die hohe Wichtigkeit eigener, leiblicher Kinder für die befragten Frauen. Den niedrigsten Mittelwert erzielen hierbei Frauen ohne Migrationshintergrund (Abb. 2, siehe Haug et al. 2018, S. 100 für Darstellung in Prozent). Die soziale Norm, „dass eine Frau Kinder braucht, um ein erfülltes Leben zu haben", ist bei Frauen mit Migrationshintergrund stärker ausgeprägt als bei Frauen ohne Migrationshintergrund. Einen hohen Mittelwert haben hier besonders Frauen aus der Türkei, mit über 80 % Zustimmung. Bei Frauen ohne Migrationshintergrund ist das Meinungsbild deutlich heterogener, weniger

Tab. 1 Aktuelle und gewünschte Kinderzahl, Mittelwert. Daten: NeWiRe survey 2014/2015

	Aktuelle Kinderzahl (Mittelwert)	Gewünschte Kinderzahl (Mittelwert)
	Herkunftsregion	
Deutschland/ ohne MH	1,5	2,0
Polen	1,6	2,0
Balkanländer	2,0	2,4
GUS	2,0	2,4
Türkei	2,0	2,6
	Religionszugehörigkeit	
Römisch-Katholisch	1,7	2,1
Evangelisch (EKD)	1,7	2,1
Islam	2,1	2,7
Konfessionslos	1,6	1,9

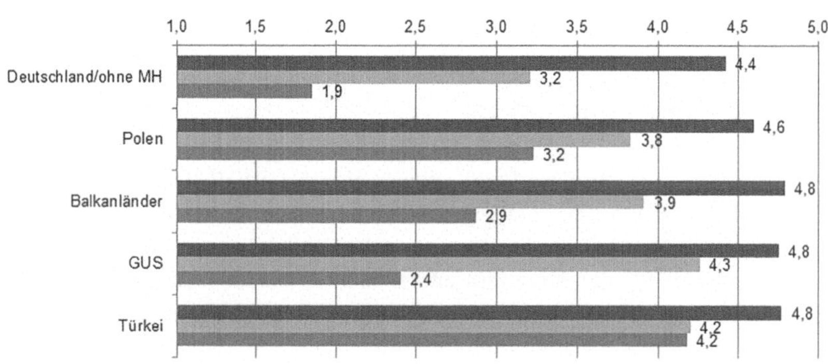

Abb. 2 Einstellung zu Familienbildung, Mittelwert, 1 = „Stimme überhaupt nicht zu" bis 5 = „Stimme sehr zu", Daten: NeWiRe survey 2014/2015

als die Hälfte stimmen dieser Aussage zu. Dieses Ergebnis gibt Hinweise auf die Geschlechterrollen und die Erwartungshaltung an die Fertilität von Frauen. Für Frauen aus der Türkei gilt auch, dass sie sich sehr viel stärker als Frauen anderer Herkunft nach eigenen Angaben bei ihrer „Familienplanung an religiöse Vorschriften halten". Zusammengefasst gibt es deutlich sichtbare Unterschiede in der Einstellung zu Familienbildung und zu Geschlechterrollen nach Migrationshintergrund.

Eine Betrachtung nach der Religionszugehörigkeit zeigt, dass bei Muslimas die Wichtigkeit eigener Kinder im Durchschnitt höher ausgeprägt ist als bei Frauen römisch-katholischer, evangelischer Religion oder bei konfessionslosen Frauen. Muslima geben viel häufiger an, dass sie sich an religiöse Vorschriften bei der Familienplanung halten.

5 Assistierte Reproduktionstechnologien in Deutschland

In diesem Abschnitt wird die Statistik zu medizinisch assistierter Reproduktion in Deutschland und der Forschungsstand zu Faktoren, die die Entwicklung beeinflussen, dargestellt.

5.1 Behandlungsstatistik

Die Auswertung des In-vitro-Fertilisationsregisters (IVF Register) belegt eine konstante Zunahme der Behandlungen, darunter in den letzten Jahren insbesondere der Verfahren In-vitro-Fertilisation (IVF) / intrazytoplasmatische Spermieninjektion (ICSI) und Kryotransfer[6] (Abb. 3). 2002/2003 lässt sich ein deutlicher Höhepunkt erkennen, der auf vorgezogene Behandlungen aufgrund einer anstehenden Leistungskürzung zurückzuführen ist (Trappe 2016, S. 403).

Nicht alle Behandlungen führen zu einer Schwangerschaft, und auch nicht alle Schwangerschaften führen zu einer Geburt. Die Wahrscheinlichkeit einer klinischen Schwangerschaft bei einer Übertragung von zwei Embryonen (DET) steigt im Jahr 2020 um den Faktor 1,15 im Vergleich zum Single-Embyro-Transfer, wobei die Wahrscheinlichkeit einer Mehrlingsgeburt – und damit das

[6] Erläuterung der Verfahren siehe Wischmann (2012, S. 74–77).

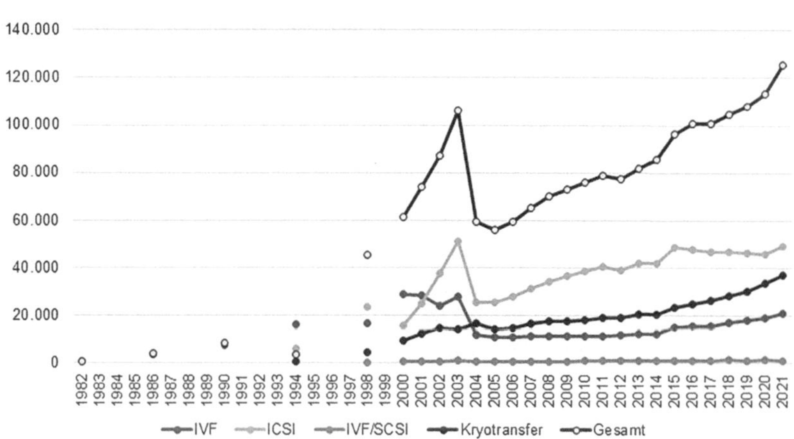

Abb. 3 IVF und ICSI-Behandlungen in 1982 bis 2021. (Daten: Deutsches IVF Register e. V. (D I R) 2022, Jahrgänge 2011 bis 2021, eigene Darstellung)

Risiko – nach DET um den Faktor 21,2 steigt – im Auftauzyklus ist die Wahrscheinlichkeit einer Mehrlingsgeburt um den Faktor 14,2 erhöht (Deutsches IVF Register e. V. (D I R) 2022, S. 32).

Die sogenannte Baby-take-home-rate (siehe dazu Trappe 2016, S. 406)[7] lag im Jahr 2017 bei 23,5 % pro Transfer und 20 % pro Behandlung; sie variiert auch nach Behandlungsverfahren (Deutsches IVF Register e. V. (D I R) 2018, S. 26). Für 2020 wurden im Frischzyklus eine Rate von 23,4 % positiver Schwangerschaftsausgänge pro Transfer registriert, im Auftauzyklus 21,1 % (Deutsches IVF Register e. V. (D I R) 2022, S. 36). Der Behandlungserfolg ist in starkem Maße abhängig vom Alter der Frau. Die Rate der Geburten pro Embryotransfer lag im Zeitraum 2016 bis 2020 bei Frauen bis 29 Jahren mit IVF bei 33,0 % und mit ICSI bei 32,2 %; bei Frauen ab 45 Jahren lag sie mit IVF bei 2,9 % und mit ICSI bei 2,6 % (Deutsches IVF Register e. V. (D I R) 2022, S. 28–29).

Im Jahr 2014 waren in Deutschland 2,1 % mit assistierten Reproduktionstechnologien assoziierte Geburten bezogen auf alle Geburten registriert (Geyter et al. 2018 zitiert nach Passet-Wittig und Bujard 2021, S. 432). Auch wenn der Beitrag der MAR zur Kohortenfertilität somit als eher niedrig geschätzt wird, leistet sie

[7] Der Begriff Baby-take-home-rate taucht in späteren (D·I·R)® Jahrbüchern nicht mehr auf, d. h. die Erfolgschance wird nicht mehr mit dieser Bezeichnung ausgewiesen.

einen Beitrag zur Erfüllung von Kinderwünschen vor allem bei ungewollter Kinderlosigkeit (Trappe 2016, S. 408).

5.2 Faktoren der Inanspruchnahme

Für Deutschland wurde eine im internationalen Vergleich relativ geringe Nutzungshäufigkeit von Reproduktionstechnologien festgestellt (Präg und Mills 2017b). Dafür lassen sich eine Reihe von Gründen anführen (siehe auch Milewski und Haug 2022). Diese liegen im Zusammenwirken verschiedener kultureller, struktureller und partnerschaftsbezogener Faktoren (Präg und Mills 2017a; Kuhnt und Passet-Wittig 2022), auch in der Kenntnis über Verfahren (technisch, rechtlich, finanziell) und dem mangelnden Wissen über reproduktionsmedizinische Behandlungsmöglichkeiten in der Bevölkerung (Wippermann 2020). Auch die Charakteristika niedriges Einkommen, niedriger sozioökonomischer Status, geringe Bildung oder Fehlen einer Krankenversicherung reduzieren die Wahrscheinlichkeit der Nutzung medizinischer Hilfe zur Erfüllung eines Kinderwunsches (Kuhnt und Passet-Wittig 2022). Generell werden Erfolgsaussichten von assistierter Reproduktion in der Bevölkerung überwiegend als zu hoch eingeschätzt und die emotionale Belastung unterschätzt (Revermann und Hüsing 2010; Trappe 2016).

Soziostrukturelle und soziokulturelle Faktoren, die die Inanspruchnahme von Verfahren assistierter Reproduktion beeinflussen können, sind wenig untersucht. Es ist vorstellbar, dass bei der Behandlung ungewollter Kinderlosigkeit eine Benachteiligung von Personen mit Migrationshintergrund bzw. Angehörigen ethnischer Minoritätengruppen auftreten könnte. Dies wird von uns als ein „reproductive disadvantage“ von Migrantinnen oder „migrant disadvantage“ bezeichnet (Milewski und Haug 2022). Empirische Studien gibt es vor allem zu Minderheiten in den USA (Davis 2020; Feinberg et al. 2006; Greil et al. 2011; Shapiro et al. 2017; Stephen und Chandra 2000; Wiltshire et al. 2019). Weiterhin wurden höhere Zugangsbarrieren zu Angeboten assistierter Reproduktion bei arabischen und allgemein muslimischen Frauen und Männern in den USA belegt (Inhorn et al. 2009). Ein weiterer Aspekt, der unter dem Stichwort „stratified reproduction“ (Colen 1986) diskutiert wird, sind erhöhte Risiken für Infertilität, geringere Behandlungschancen und geringere Erfolgsraten für Angehörige von ethnischen Minoritätengruppen, wobei dieser Nachteil vor allem auf die soziale Schicht zurückzuführen ist, die stark mit Minoritätenstatus bzw. in Europa mit dem Migrationshintergrund korreliert. Kulturelle Besonderheiten und Sprachbarrieren zeigten sich in der klinischen Praxis für Deutschland und Großbritannien (Johnson und

Borde 2009). Insgesamt erscheint es eher so, dass in der europäischen Forschung Minderheiten weitgehend aus Studien zu Infertilität und Reproduktionsmedizin ausgeblendet werden; dies wird auch unter dem Begriff „marginalized reproduction" (Culley et al. 2009) kritisch diskutiert.

6 Wissen über Reproduktionsmedizin

Im folgenden Abschnitt wird die Bekanntheit und das subjektive Wissen über Reproduktionsmedizin betrachtet.

Tab. 2 zeigt, dass Reproduktionsmedizin 2014/2015 allgemein in der Bevölkerung hohe Bekanntheit hat. Ausnahme sind Frauen mit türkischem Migrationshintergrund und muslimische Frauen. Der Anteil der Frauen, die schon einmal etwas über Fortpflanzungsmedizin gehört, gesehen oder gelesen haben, liegt bei Frauen aus der Türkei ebenso wie bei Muslima knapp über 70 %, bei Frauen aus Polen, GUS und ohne Migrationshintergrund über 90 %, und bei Frauen aus Balkanländern bei knapp unter 90 %.

Die Frage in einer Referenzstudie aus dem Jahr 2003 ergab, dass Fortpflanzungsmedizin bei Drei Viertel der Frauen bekannt ist (Stöbel-Richter et al. 2008, 2012), d. h. es lässt sich im Zeitverlauf ein Anstieg beobachten.

Beim selbst eingeschätzten Wissen über Reproduktionsmedizin gemessen mit einer 5-stufigen Skala zeigt sich ebenfalls ein Nachteil der Frauen mit Migrationshintergrund (Abb. 4). Bei einer Betrachtung nach Generationen zeigt sich dieser von uns festgestellte Nachteil von Migrantinnen (Milewski und Haug 2022)

Tab. 2 Haben Sie schon einmal etwas über die Fortpflanzungsmedizin gehört, gesehen oder gelesen? Datenquelle: NeWiRe survey 2014/2015

Herkunftsregion	Deutschland/ ohne MH	Polen	Balkanländer	GUS	Türkei
Ja	92,9	92,4	87,4	92,0	73,3
Nein	7,1	7,6	12,6	8,0	26,7
n	182	187	151	251	187
Religionszugehörigkeit	**Römisch-Katholisch**	**Evangelisch (EKD)**	**Christlich-orthodox**	**Islam**	**Konfessionslos**
Ja	92,1	91,8	95,3	74,3	94,3
Nein	7,9	8,2	4,7	25,7	5,7
n	340	158	85	245	122

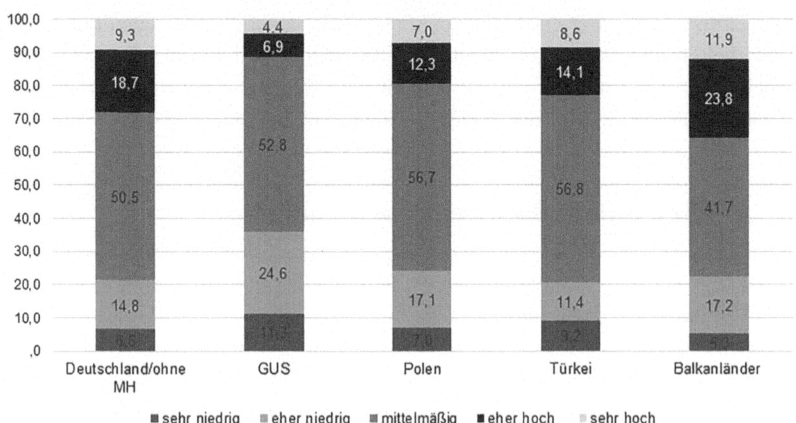

Abb. 4 Wie hoch schätzen Sie selbst Ihren Wissensstand über die Fortpflanzungsmedizin ein? (Daten: NeWiRe survey 2014/2015)

für Frauen mit Migrationshintergrund bei allen Untersuchungsgruppen mit Ausnahme der Frauen der zweiten Generation, deren Eltern aus Balkanländern zuwanderten.

Zu beachten ist, dass es sich hier um eine Selbsteinschätzung handelt. Es liegen keine Angaben vor, inwiefern es sich um „korrektes“ Wissen handelt. Andere Studien (siehe oben) deuten darauf hin, dass zum Beispiel Erfolgschancen falsch eingeschätzt werden. In Milewski und Haug (2022) wurde jedoch auch ein Migrant Disadvantage in Bezug auf Fertility Awareness gefunden mit geringerem Wissen über den altersbedingten Rückgang der Fertilität unter Frauen mit Migrationshintergrund, insbesondere bei Frauen aus der Türkei. Dies korrespondiert mit dem gefundenen Muster zu Wissen über assistierter Reproduktion.

7 Einstellung zur Nutzung von assistierter Reproduktion

Abb. 5 zeigt die bivariaten Ergebnisse und Unterschiede nach Migrationshintergrund für die soziale Norm, Technologien der assistierten Reproduktion in Anspruch zu nehmen. Die Zustimmungsraten sind unter Frauen mit Migrationshintergrund mit mehr als 80 % in jeder Herkunftsgruppe höher als unter den Frauen ohne Migrationshintergrund, von denen nur 66 % zustimmten. Die Ablehnung lag

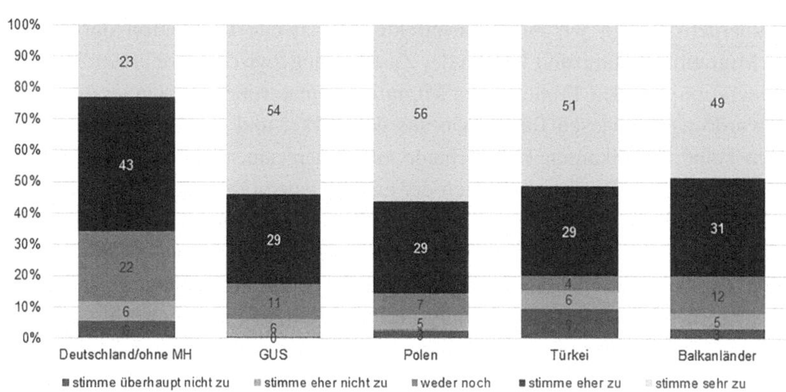

Abb. 5 Ungewollt kinderlose Paare sollten alle Techniken der Fortpflanzungsmedizin nutzen, um leibliche Kinder zu bekommen. (Quelle: NeWiRe survey 2014/2015)

bei Letzteren bei 12 % und bei den Frauen mit türkischem Migrationshintergrund bei 15 %; bei den Frauen der anderen Herkunftsgruppen lagen die Ablehnungsraten der sozialen Norm unter 10 %.

Um Determinanten der Zustimmung zur sozialen Norm einer Nutzung von medizinisch assistierter Reproduktion zu untersuchen, wurde eine multivariable Analyse durchgeführt (siehe ausführlich Haug und Milewski 2018). In das lineare Regressionsmodell wurden neben dem Migrationshintergrund das Alter, der Partnerschaftsstatus, die Schulbildung, die Einstellung zur Familienbildung bzw. die Geschlechterrollen und die Religiosität, gemessen über die Familienplanung nach Vorgaben der Religion (Abb. 2) aufgenommen.

Wir fanden einen Effekt des Herkunftslands. Dabei wurde untersucht, inwieweit die Normen zur Nutzung von Technologien assistierter Reproduktion in den Herkunftsländern bzw. Ländern sich auf die Einstellungen der Frauen auswirken. GUS-Länder werden als liberal, Polen als restriktiv im Hinblick auf medizinisch assistierte Reproduktion betrachtet, während in der Türkei homologe Verfahren erlaubt sind (Gürtin 2011; siehe auch Passet-Wittig und Bujard (2021) zur Rechtslage der medizinisch assistierten Reproduktion in Europäischen Ländern). Dem entsprechend zeigt sich im NeWiRe survey 2014/2015 bei Frauen mit Migrationshintergrund aus der Herkunftsregion GUS die höchste Akzeptanz, aus Polen eine geringere, aber bei Frauen ohne Migrationshintergrund als Referenzkategorie die geringste Akzeptanz.

Außerdem fanden wir Adaptionseffekte. Die zweite Generation der Frauen ohne Migrationshintergrund liegt in der Zustimmung zwischen der ersten Migrantengeneration und den Frauen ohne Migrationshintergrund. Der Generationeneffekt wurde nachgewiesen für Frauen aus der Türkei und aus Balkanstaaten; sie wiesen keine signifikanten Unterschiede zu Frauen ohne Migrationshintergrund auf, aber niedrigere Werte als Frauen der ersten Generation aus den entsprechenden Herkunftsländern. Im Fall Polen und GUS war – entsprechend der historisch später einsetzenden Zuwanderung der ersten Generation Mitte der 1990er Jahre – die Fallzahl der zweiten Generation zu gering für belastbare Aussagen.

Schaut man sich Migrationshintergrund und Religiosität gleichzeitig an, verschwindet der Einfluss des Migrationshintergrundes jedoch nicht. Theoretisch war zu erwarten, dass Unterschiede nach Migrationshintergrund sich unter Kontrolle dieser Faktoren verringern oder ganz verschwinden. Das Muster der Ländereffekte und Generationeneffekte bleibt jedoch bestehen, und die Koeffizienten verändern sich trotz dieser Kontrollvariablen nur geringfügig. Während die Einstellung zu medizinisch assistierter Reproduktion von der Haltung zur Familienbildung beeinflusst wird, lässt sich hier kein Zusammenhang mit der Religiosität feststellen.

Es lässt sich schließen, dass die Einstellung zu medizinisch assistierter Reproduktion weniger von soziodemografischen Merkmalen, sondern vielmehr von soziokulturellen Faktoren, Geschlechterrollen und der Sozialisation in den Herkunftsländern geprägt ist. Der Migrationshintergrund ist dabei ein wesentlicher Faktor, dies vor allem aber in der ersten Generation.

8 Nutzung und Nutzungsbereitschaft

Der Anteil der Frauen, die schon einmal in fortpflanzungsmedizinischer Behandlung gewesen sind, variierten der Stichprobe zwischen 8,5 % bei Frauen mit polnischem Migrationshintergrund und 6,0 % bei Frauen aus den GUS (Frauen ohne Migrationshintergrund 8,2 %, Frauen mit Migrationshintergrund aus Balkanländern 7,9 %, Frauen aus der Türkei 6,4 %). Da wir keine Information darüber haben, wo, wann und warum diese Behandlungen stattgefunden haben, lässt sich die Angabe schwer bewerten. Eine Analyse der gepoolten Daten des Panels „Analysis of Intimate Relationships and Family Dynamics- pairfam" aus Welle 1 (2008–2009) bis Welle 11 (2018–2019) ergab, dass 7,6 % der Paare medizinisch assistierte Reproduktion genutzt haben (Köppen et al. 2021, S. 53). Dabei hatte der Migrationshintergrund keinen signifikanten Einfluss auf die Wahrscheinlichkeit der Nutzung von MAR.

8.1 Nutzungsbereitschaft allgemein

Die überwiegende Mehrheit der Frauen würden laut NeWiRe survey 2014/2015 reproduktionsmedizinische Verfahren nutzen, wobei Frauen mit Migrationshintergrund generell nutzungsbereiter sind als Frauen ohne Migrationshintergrund, aber bei Frauen aus Balkanländern auch ein vergleichsweise hoher Anteil sich gegen eine Nutzung ausspricht (Abb. 6). Die Gruppenunterschiede sind signifikant auf dem 0,05-Niveau.

Eine Darstellung nach der Religionszugehörigkeit zeigt, dass muslimische Frauen mit deutlich höherer Wahrscheinlichkeit als römisch-katholische oder evangelische Frauen sagen, dass sie „ja, sicher" medizinisch assistierte Reproduktion für sich selbst in Betracht ziehen würden (Tab. 3). Frauen ohne Konfessionszugehörigkeit zeigen die geringste Offenheit gegenüber der medizinisch assistierten Reproduktion (13,4 % Ablehnung) (siehe dazu auch Haug et al. 2018, S. 166 und Milewski und Haug 2020).

Zur Untersuchung der Fragestellung, welche Faktoren die allgemeine Nutzungsbereitschaft beeinflussen, wurde eine multivariate binär logistische Regression durchgeführt. Dabei wurde untersucht, inwieweit Migrationshintergrund, Alter, Partnerschaftsstatus, Elternschaft, Schulbildung, Einstellung zu Familienbildung und Religiosität die Nutzungsbereitschaft beeinflussen. Die Nutzungsbereitschaft

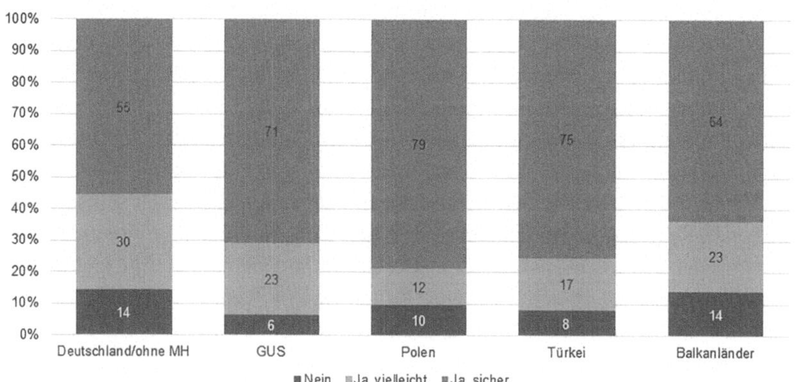

Abb. 6 Einmal angenommen Sie hätten einen Kinderwunsch, könnten aber auf „natürlichem" Wege keine Kinder bekommen. Würden Sie grundsätzlich medizinische Verfahren nutzen, um doch noch ein eigenes Kind bekommen zu können? (Datenquelle: NeWiRe survey 2014/2015)

Tab. 3 Nutzungsbereitschaft medizinisch assistierter Reproduktion nach Religion. (Datenquelle: NeWiRe survey 2014/2015)

Religionszugehörigkeit	Römisch-Katholisch	Evangelisch (EKD)	Christlich-orthodox	Islam	Konfessionslos
„Ja, sicher“	68,8	67,3	75,0	76,0	65,3
„Ja, vielleicht“	21,7	25,0	16,7	15,7	21,5
„Nein“	9,5	7,7	8,3	8,3	13,2
n	336	156	84	242	121

setzt sich zusammen aus den Angaben „ja, vielleicht“ und „ja, sicher“. (siehe ausführlich Haug und Milewski 2018). In Bezug auf das Alter, den Partnerschaftsstatus, eine Elternschaft oder das Schulbildungsniveau zeigt sich kein Effekt.

Ebenso wie bei der allgemeinen Einstellung zu assistierter Reproduktion (siehe Abschn. 5) lässt sich bei der Nutzungsbereitschaft bei differenzierter Betrachtung ein Generationeneffekt finden. Dieser besteht darin, dass die zweite Generation, d. h. die in Deutschland geborenen Frauen mit Migrationshintergrund, sich systematisch von der ersten Generation unterscheiden; bei ihnen lässt sich kein signifikanter Unterschied zu Frauen ohne Migrationshintergrund mehr finden.

Weiterhin zeigt sich, ebenso wie bei der allgemeinen Einstellung zu assistierter Reproduktion, eine höhere Nutzungsbereitschaft bei Frauen, die der Ansicht sind, dass eine Frau für ein erfolgreiches Leben Kinder braucht. Im Unterschied zur Einstellung zu assistierter Reproduktion spielt für die eigene Nutzungsbereitschaft auch die Religiosität eine Rolle. Frauen, die sich in ihrer Alltagspraxis und Familienbildung an Vorgaben einer Religionsgemeinschaft halten, sind in geringerem Maße bereit, Reproduktionsmedizin zu nutzen. Die Nutzungsbereitschaft von Verfahren der assistierten Reproduktion hängt nicht mit klassischen soziodemografischen und soziostrukturellen Merkmalen zusammen, sondern mit soziokulturellen Faktoren, insbesondere Geschlechterrollen und Religiosität. Nicht die Religion und die in der jeweiligen Religionsgemeinschaft vertretene Ansicht wirkt sich aus, sondern die Bedeutung, die die Religion für die eigene Familienplanung hat.

Um die Effekte im Zusammenhang mit der Religion differenzierter zu untersuchen, wurde eine Analyse der Determinanten der allgemeinen Nutzungsbereitschaft mit ordinaler 3-stufiger Skala (multinomiale logistische Regression) durchgeführt (siehe ausführlich Milewski und Haug 2020). Diese ergab, dass die Hauptunterschiede nicht in den Anteilen der Befragten lagen, die medizinisch assistierte Reproduktion ablehnten, sondern vielmehr in den Kategorien, die den Grad der Bereitschaft zur Anwendung widerspiegeln. Im Vergleich zu den muslimischen Frauen gaben die Mitglieder aller religiösen Gruppen und der Konfessionslosen seltener an, dass sie „sicher" bereit wären, medizinisch assistierte Reproduktion zu nutzen, aber häufiger, sie „vielleicht" zu nutzen. In Modell 2 wurde für eine frühere reproduktionsmedizinische Behandlung kontrolliert. Die Befragten, die sich bereits einer reproduktionsmedizinischen Behandlung unterzogen hatten, waren eher bereit, diese zu nutzen. Darüber hinaus wurde nach der Generationenzugehörigkeit und der Einstellung zur Familienbildung kontrolliert. Explorative Analysen hatten gezeigt, dass sich die Einstellungen von Migrantinnen der zweiten Generation nicht signifikant von denen der Frauen ohne Migrationshintergrund unterschieden. Daher wurden diese Befragten in einer einzigen Gruppe „in Deutschland geboren" zusammengefasst. Diese Variablen verringerten die Auswirkungen der Religion geringfügig, aber das Gesamtmuster nach Religion blieb ähnlich wie das in Modell 1 gefundene. Darüber hinaus zeigt sich, dass auch das Herkunftsland die Einstellung der Befragten zu Reproduktionsmedizin beeinflusst. Die Migrantinnen der ersten Generation aus der Türkei, Polen und den GUS-Staaten lehnten die Anwendung signifikant seltener ab und gaben häufiger an, dass sie sie auf jeden Fall" anwenden würden als die einheimischen Frauen und die Frauen der zweiten Generation. Wir untersuchten auch die Unterschiede innerhalb jeder religiösen Gruppe nach Herkunftsland und stellten fest, dass Frauen, die in Deutschland oder in einem Balkanland geboren wurden, mit geringerer Wahrscheinlichkeit sagten, sie würden assistierte Reproduktion nutzen, als Frauen mit derselben Religionszugehörigkeit aus der Türkei, Polen oder einem GUS-Land.

Es zeigte sich, dass Frauen, die der gleichen Religionsgemeinschaft angehören, unabhängig von anderen Faktoren eine ähnliche Nutzungsbereitschaft aufweisen. Frauen gleicher Religionsgemeinschaft aus Deutschland ohne Migrationshintergrund und aus Balkanländern haben eine geringere Akzeptanz als Frauen aus der Türkei, den GUS und aus Polen. Der Migrationshintergrund hat einen von der Religionszugehörigkeit unabhängigen Einfluss auf die Nutzungsbereitschaft reproduktionsmedizinischer Verfahren.

Die Befragten, die der Aussage zustimmten, dass eine Frau ein Kind braucht, um ein erfülltes Leben zu führen, gaben mit viel höherer Wahrscheinlichkeit an, dass sie eine medizinisch assistierte Reproduktion in Anspruch nehmen würden, als diejenigen, die dieser Aussage nicht zustimmten. Die Einstellung zu weiblichen Geschlechterrollen hat, wie bereits oben gezeigt, einen signifikanten Einfluss auf ihre persönliche Einstellung zur Nutzung von Reproduktionsmedizin. Bei den Analysen für die soziodemografischen Variablen Alter und Bildung wurden keine signifikanten Auswirkungen festgestellt. Interessanterweise waren die Frauen, die in nichtehelichen Lebensgemeinschaften lebten, eher bereit, die Anwendung von medizinisch assistierter Reproduktion zu befürworten. Die Einstellung zur eigenen Nutzung von Reproduktionsmedizin nahm nur leicht ab, wenn die Befragten bereits Kinder hatten. Dies deutet darauf hin, dass die Befragten medizinisch assistierte Reproduktion nicht nur bei primärer Unfruchtbarkeit in Erwägung zogen, sondern diese auch nutzen würden, wenn sie schon ein Kind oder Kinder haben und dann Probleme bei der Empfängnis eines weiteren Kindes auftreten würden. Diese Kontrollvariablen änderten jedoch nicht das Gesamtmuster nach Religionszugehörigkeit.

Es lässt sich kein Einfluss soziodemografischer Faktoren feststellen. Katholische Frauen sind entsprechend den Vorgaben der Religionsgemeinschaft (siehe Abschn. 1) am wenigsten und Muslima am häufigsten nutzungsbereit. Allerdings sind katholische Frauen nutzungsbereiter bei heterologen Verfahren als Frauen ohne Konfessionszugehörigkeit (siehe unten). Entscheidender als die Religionszugehörigkeit ist die Einstellung zur Familienbildung und die Geschlechterrollen.

8.2 Nutzungsbereitschaft bei einzelnen Verfahren

In NeWiRe-Survey wurde die Nutzungsbereitschaft von Hormonbehandlung, Insemination und In-vitro-Fertilisation und der heterologen Verfahren Samenspende, Eizellspende und Leihmutterschaft[8] mit der Frage abgefragt: „Ich nenne Ihnen jetzt eine Reihe dieser medizinischen Verfahren. Sagen Sie mir bitte jeweils, ob Sie diese nutzen würden“. Bei einer Unterscheidung der einzelnen Verfahren zeigt sich bei allen Untersuchungsgruppen eine sehr viel höhere Nutzungsbereitschaft bei homologen Verfahren (Tab. 4 und 5). Aber auch heterologe Verfahren würden von einem nicht unerheblichen Teil der Frauen genutzt werden, insbesondere von Frauen mit polnischem Migrationshintergrund oder aus der GUS, aber auch türkischem Migrationshintergrund. Entgegen der Rechtslage in Deutschland, die den Samentransfer erlaubt, den Eizelltransfer hingegen nicht (siehe dazu die Beiträge von Scharf und von Scorna in diesem Sammelband), fällt die Akzeptanz beider Verfahren bei allen Gruppen nahezu gleich aus.

---

[8] Im Fragenbogen wurden die alltagsgebräuchlichen Begriffe Samenspende, Eizellspende und Leihmutterschaft verwendet. Daher wird aus Konsistenzgründen in diesem Text darauf verzichtet, diese durch Samentransfer, Eizelltransfer oder Leihgebären zu ersetzen. Nicht abgefragt wurde die zum Zeitpunkt der Befragung nicht sehr bekannte, aber erlaubte Embryonenspende bzw. der Embryonentransfer.

Tab. 4 Nutzungsbereitschaft ja, einzelne Verfahren nach Migrationshintergrund. (Datenquelle: NeWiRe survey 2014/2015)

	Ohne MH	GUS	Polen	Türkei	Balkanländer
Hormonbehandlung	91,0	66,9	94,7	84,3	80,8
Insemination	92,9	86,0	94,7	88,4	83,8
In-vitro-Fertilisation	71,8	71,6	71,2	75,6	64,6
Samentransfer	12,8	18,2	18,8	14,0	12,3
Eizellspende	9,6	17,4	21.8	12,2	12,3
Leihmutterschaft	6,4	10,2	10,0	5,2	5,4
Mindestens eine heterologe Methode	18,6	27,1	28,8	22,1	20,0
n	156	236	170	172	130

Tab. 5 Nutzungsbereitschaft ja, einzelne Verfahren nach Religionszugehörigkeit. (Datenquelle: NeWiRe survey 2014/2015)

	Römisch-katholisch	Evangelisch	Christlich-orthodox	Islam	Konfessionslos
Hormonbehandlung	91,3	79,3	80,6	85,5	75,8
Insemination	95,4	91,7	94,4	88,8	96,8
In-vitro-Fertilisation	76,0	71,7	87,3	73,4	78,5
Samenspende	18,4	14,4	28,8	13,9	15,1
Eizellspende	19,3	13,2	23,9	14,0	14,4
Leihmutterschaft	8,7	8,3	15,3	4,6	8,9

Es zeigen sich auch Unterschiede in der Nutzungsbereitschaft der Verfahren je nach Religionszugehörigkeit (Tab. 4). Überdurchschnittlich hoch war die Zustimmung bei katholischen, christlich-orthodoxen und konfessionslosen Frauen, unterdurchschnittlich bei Muslima, protestantischen Frauen und anderen. Der Einsatz von IVF wurde von 75 % der Gesamtstichprobe unterstützt. Die Spanne zwischen der minimalen Akzeptanzrate (58 % bei den „anderen" Religionsgemeinschaften) und der maximalen Akzeptanzrate (87 %) war bei der IVF deutlich höher als bei der Insemination. Heterologen Verfahren standen die Befragten deutlich weniger aufgeschlossen gegenüber. Die Zustimmung zu den drei heterologen Verfahren war am höchsten bei Frauen mit christlich-orthodoxer oder auch katholischer Religionszugehörigkeit und am niedrigsten bei Frauen mit anderer Religion (Tab. 5). Bei der Insemination war die Akzeptanzrate bei allen Untersuchungsgruppen am höchsten, wobei Frauen mit christlich-orthodoxer, katholischer oder keiner Religionszugehörigkeit in höchstem Maße nutzungsbereit sind.

Schließlich ist anzumerken, dass die Zustimmungsraten für die Hormonbehandlung zwar recht hoch, aber niedriger als die Zustimmungsraten für die Insemination sind. Die Hormonbehandlung kann eine eigenständige Methode sein oder mit den anderen aufgeführten Verfahren einhergehen. Die geringere Akzeptanz der Hormonbehandlung deutet darauf hin, dass einige der Befragten sie als Einzelverfahren betrachteten, zumal die Hormonbehandlung der erste Punkt in der Liste der Methoden war, die die Befragten in Betracht ziehen sollten. Dieses Ergebnis deutet auch auf die Möglichkeit hin, dass einige der Befragten nicht sehr gut über Verfahren der medizinisch assistierten Reproduktion Bescheid wussten, insbesondere wenn sie diese Methoden nicht selbst zur Behandlung von Fruchtbarkeitsproblemen eingesetzt haben.

Frauen, die kein medizinisches Verfahren nutzen würden, wurden gefragt, was sie dann tun würden. Zur Auswahl standen, ein Kind zu adoptieren, ein Kind in Pflege zu nehmen oder sich mit der Kinderlosigkeit abzufinden. Während 92 % der Frauen ohne Migrationshintergrund sich damit abfinden würden, kommt dies für Frauen mit Migrationshintergrund viel weniger infrage. Frauen aus GUS, die alle medizinischen Verfahren ablehnen, zeigen auch wenig Interesse an einer Adoption oder an Pflegekindern, wohingegen für mehr als 60 % der Frauen mit anderem Migrationshintergrund diese Optionen infrage kommen. Hervor sticht, dass Frauen mit türkischem Migrationshintergrund, die medizinische Verfahren ablehnen, sich zu 85 % für ein Pflegekind entscheiden würden (Haug et al. 2018, S. 120 f.).

Im Weiteren wurde eine multivariate Analyse der Frage durchgeführt, ob mindestens ein heterologes Verfahren persönlich genutzt würde (siehe Haug und Milewski 2018). Bei dem binär logistischen Regressionsmodell bleibt der Einfluss des Migrationshintergrunds sichtbar. Es ist auch ein Generationeneffekt zu beobachten, wobei Frauen der zweiten Generation eine geringere Nutzungsbereitschaft als Frauen der ersten Generation aufweisen.

Bei den soziodemografischen und -strukturellen Variablen Partnerschaftsstatus, Elternschaft und Schulbildung lassen sich keine Effekte nachweisen. Heterologe Verfahren sind jedoch bei älteren Frauen häufiger akzeptiert als bei jüngeren.

Wie bereits bei der allgemeinen Nutzungsbereitschaft sind Frauen mit der Einstellung, dass eine Frau für ein erfolgreiches Leben Kinder braucht, auch bei heterologen Verfahren in höherem Maße nutzungsbereit und religiöse Frauen – gemessen daran, dass sie sich bei Familienplanung an Vorgaben der Religionsgemeinschaft halten – haben eine geringere Akzeptanz heterologer Verfahren.

9 Zusammenfassung und Fazit

Die Ergebnisse der Befragung unterstreichen, dass unter Frauen in der Allgemeinbevölkerung in Deutschland eine Zustimmung zur Nutzung von medizinisch assistierter Reproduktion sehr stark verbreitet ist, wobei die Zustimmung zur sozialen Norm, dass medizinische Verfahren im Fall ungewollter Kinderlosigkeit genutzt werden sollten, größer als die eigene Nutzungsbereitschaft ist. Dies impliziert, dass eine medizinisch assistierte Reproduktion allgemein meist nicht negativ bewertet wird. Damit können also Methoden im Großen und Ganzen als gesellschaftlich akzeptiert angesehen werden. Allerdings scheint die Offenheit gegenüber medizinisch assistierter Reproduktion von der Methode abzuhängen – zumindest variiert die eigene Nutzungsbereitschaft deutlich zwischen homologen und heterologen Methoden.

In den Einstellungen fanden wir zum Teil große Unterschiede zwischen sozio-kulturellen Gruppen. Frauen mit Migrationshintergrund sind einerseits offener gegenüber medizinisch assistierter Reproduktion als Frauen ohne Migrationshintergrund, wobei sich die Zuwanderungsgenerationen voneinander unterscheiden. Frauen mit Migrationshintergrund, die in Deutschland geboren worden sind, ähneln sich in ihrer Einstellung Frauen ohne Migrationshintergrund. Andererseits deuten unsere Ergebnisse auf einen geringeren Wissensstand bei Frauen mit Migrationshintergrund hin (Migrant Disadvantage Hypothese). Die Ergebnisse konnten die Stratifizierungshypothese nicht belegen, d. h. die soziale Ungleichheitsdimension Bildungsschicht stellt keine von anderen Faktoren unabhängige Erklärung für Unterschiede zwischen Frauen mit und ohne Migrationshintergrund dar.

Die Mehrheit der Frauen gab an, dass sie im Bedarfsfall reproduktionsmedizinische Verfahren anwenden würden, wobei es erhebliche Unterschiede zwischen den einzelnen Herkunftsgruppen gibt. Frauen ohne Migrationshintergrund weisen die niedrigsten Akzeptanzraten auf und Migrantinnen aus Polen und der Türkei die höchste Zustimmung. Auch bei der Bewertung der Verfahren medizinisch assistierter Reproduktion gibt es Unterschiede, wobei Migrantinnen heterologe Methoden eher befürworten als Nicht-Migrantinnen. Die Unterschiede zwischen den Herkunftsgruppen verringern sich nur teilweise unter Kontrolle weiterer Variablen wie Geschlechtsrolleneinstellungen, Religiosität und soziodemografischer Merkmale der Befragten.

Die Zugehörigkeit zu einer Religionsgemeinschaft bzw. die Religiosität hat Einfluss auf Einstellungsmuster zu medizinisch assistierter Reproduktion, wobei die religiösen Lehrmeinungen und die Einstellungen der Frauen mit Zugehörigkeit zur jeweiligen Religionsgemeinschaft voneinander abweichen, insbesondere im Fall katholischer Frauen. Die Religionszugehörigkeit ist somit weniger entscheidend als die individuellen Einstellungen zu Familie und Geschlechterrollen sowie die soziale Erwartung zur Familiengründung; dies gilt insbesondere für muslimische Frauen.

Die Ergebnisse zeigen auch, dass die bestehenden rechtlichen Grenzen für die Anwendung von Technologien assistierter Reproduktion (z. B. das Verbot des Eizelltransfers bei erlaubtem Samentransfer) in den Einstellungen der Frauen sich nicht wiederfinden. Auch in Deutschland nicht erlaubte Verfahren würden nach den Befragungsergebnissen von einem (kleinen) Teil der Frauen genutzt. Zentral ist hierbei die hohe Bedeutung eines „eigenen Kindes" für die Befragten.

Nicht dargestellt wurden Analysen zum Wissenstransfer und zu Beratungsangeboten bei unerfülltem Kinderwunsch. Laut NeWiRe-Survey 2014/2015 werden die klassischen Beratungsstellen nur von einem sehr geringen Teil der Frauen als Informationsquelle genutzt. Dies hängt vermutlich damit zusammen, dass Beratungsstellen vor allem im Bedarfsfall genutzt werden, unsere Untersuchung sich aber an die Allgemeinbevölkerung richtete. Fernsehen, kostenlose Zeitungen und das Internet wurden am häufigsten als Informationskanäle angegeben (Haug et al. 2018, S. 178 ff.).

In der Statistik zur Inanspruchnahme von Technologien medizinisch assistierter Reproduktion ist der Migrationshintergrund nicht erhoben. Insgesamt sind auch Studien zu dieser Bevölkerungsgruppe selten, was eine Erforschung von möglichen Nachteilen für Menschen mit Migrationshintergrund in diesem Feld erschwert.

Als Implikationen wurden eine Reihe von Vorschlägen abgeleitet. So sollte die Vielfalt der Einstellungen zu medizinisch assistierter Reproduktion je nach kulturellem Hintergrund in der Forschung und im öffentlichen Diskurs sowie in der Regulierungspolitik berücksichtigt werden. Da der Leidensdruck unter Migrantinnen mit unerfülltem Kinderwunsch höher als bei Frauen ohne Migrationshintergrund sein könnte, ist es besonders wichtig, Zugangs- und Behandlungsbarrieren für ethnische Minderheiten abzubauen. Das Wissen über Reproduktionsmedizin, aber auch Fertilität allgemein sollte erhöht werden. Eventuell erklärt sich ein Teil des Aufschiebens der Geburten in höheres Alter und die hohe Nutzungsbereitschaft von medizinisch assistierter Reproduktion aus mangelndem Wissen. Religiosität und Offenheit gegenüber reproduktionsmedizinischen Technologien müssen sich nicht widersprechen. Dass auch die Haltungen der Angehörigen von

Religionsgemeinschaften facettenreich sind, sollte im öffentlichen Diskurs berücksichtigt werden. Die Akzeptanz von Technologien assistierter Reproduktion ist höher als das legale Angebot in Deutschland. Auch tritt die Rechtslage hinter den Stand der Forschung und der Praxis im internationalen Vergleich zurück. Nicht zuletzt um einem „Reproduktionstourismus" (Bernard 2014) entgegenzutreten, sind Gesetzesänderungen erforderlich. Vorschläge dazu wurden u. a. von der Nationalen Akademie der Wissenschaften Leopoldina und Union der deutschen Akademien der Wissenschaften (2019) vorgelegt. Es sind mehr wissenschaftliche Studien zur Erforschung von Wissen über medizinisch assistierter Reproduktion, aber auch zu Wissen über Risikofaktoren für Infertilität, erforderlich. Es ist notwendig, bei Studien auch marginalisierte Gruppen, wie hier gezeigt, Migrantinnen, in Studien zu reproduktiver Gesundheit einzubeziehen.

Literatur

Ajzen, I., und J. Klobas. 2013. Fertility Intentions: An Approach Based on the Theory of Planned Behavior. *Demographic Research* 29:203–320. https://doi.org/10.4054/DemRes.2013.29.8

Allport, G. W. 1935. Attitudes. In: *Handbook of Social Psychology*, Hrsg. C. Murchison, 798–844. Worcester: Clark University Press.

Bernard, A. 2014. Kinder machen. Samenspender, Leihmütter, Künstliche Befruchtung. Neue Reproduktionstechnologien und die Ordnung der Familie. S. Fischer.

BiB (2022). Durchschnittliches Alter der Mütter bei Geburt ihrer Kinder in Deutschland, West- und Ostdeutschland (1960–2019). Bundesinstitut für Bevölkerungsforschung. https://www.bib.bund.de/DE/Fakten/Fakt/F18-Alter-Muetter-bei-Geburt-Deutschland-West-Ost-ab-1960.html, abgerufen am 05.12.2022.

Colen, S. 1986. With respect and feelings: Voices of West Indian child care and domestic workers in New York City. In: *All American Women: Lines That Divide, Ties That Bind*, Hrsg. J. B. Cole, 46–70. New York: Free Press.

David, M., und I. Ilkilic. 2010. Religiöser Glaube – Islam. *Gynäkologe* 43(1):53–57.

Davis, D.-A. 2020. Reproducing while Black: The crisis of Black maternal health, obstetric racism and assisted reproductive technology. *Reproductive Biomedicine & Society Online* 11:56–64. https://www.ncbi.nlm.nih.gov/pmc/articles/PMC7710503/

Deutsches IVF-Register e.V. (D I R) e.V. 2018. Jahrbuch 2017. Krause & Pachernegg GmbH, Verlag für Medizin und Wirtschaft.

Deutsches IVF-Register e. V. (D I R) e.V. 2022. Jahrbuch 2021. Krause & Pachernegg GmbH, Verlag für Medizin und Wirtschaft.

Destatis – Statistisches Bundesamt. 2019. Statistisches Jahrbuch – Deutschland und Internationales 2019. Statistisches Bundesamt. https://www.destatis.de/DE/Themen/Querschnitt/Jahrbuch/statistisches-jahrbuch-2019-dl.pdf, abgerufen am 05.12.2022.

Destatis – Statistisches Bundesamt. 2022a. Fachserie 1, Reihe 2.2, Bevölkerung und Erwerbstätigkeit. Bevölkerung mit Migrationshintergrund – Ergebnisse des Mikrozensus

2021. Statistisches Bundesamt, https://www.destatis.de/DE/Themen/Gesellschaft-Umwelt/Bevoelkerung/Migration-Integration/Publikationen/Downloads-Migration/migrationshintergrund-2010220217004.pdf, abgerufen am 05.12.2022.

Destatis – Statistisches Bundesamt. 2022b. Daten zum durchschnittlichen Alter der Geburt der Mutter bei Geburt insgesamt und 1. Kind nach Bundesländern. Statistisches Bundesamt. https://www.destatis.de/DE/Themen/Gesellschaft-Umwelt/Bevoelkerung/Geburten/Tabellen/geburten-mutter-alter-bundeslaender.html, abgerufen am 05.12.2022.

Feinberg, E.C., F. W. Larsen, W. H. Catherino, J. Zhang, A. Y. Armstrong. 2006. Comparison of assisted reproductive technology utilization and outcomes between Caucasian and African American patients in an equal-access-to-care setting. *Fertility and Sterility* 85:888–894. https://doi.org/10.1016/j.fertnstert.2005.10.028

Culley, L., Hudson, N. & van Rooij, F. (Hrsg.). 2009. *Marginalized Reproduction: Ethnicity, Infertility and Reproductive Technologie*s. Routledge. https://doi.org/10.4324/9781849771931

Gabriel, K. 2015. Christen in Deutschland – zunehmend marginalisierte Randgruppe oder „systemrelevanter Akteur"? In: *Handbuch Christentum und Islam in Deutschland*, 2. Aufl., Hrsg. M. Rohe, H. Engin, M. Khorchide, Ö. Özsoy, und H. Schmid, 14–38. Freiburg: Herder.

De Geyter, C., C. Calhaz-Jorge, M. S. Kupka, C. Wyns, E. Mocanu, T. Motrenko, G. Scaravelli, J. Smeenk, S. Vidakovic, V. Goossens, und European IVF-monitoring Consortium for the European Society of Human Reproduction and Embryology. 2018. ART in Europe, 2014: Results generated from European registries by ESHRE. *Human Reproduction* 33 (9):1586–6010. https://doi.org/10.1093/humrep/dey242

Greil, A.L., J. McQuillan, K. M. Shreffler, K.M. Johnson, K.S. Slauson-Blevins. 2011. Race-ethnicity and medical services for infertility: Stratified reproduction in a population-based sample of U.S. Women. *Journal of Health and Social Behavior* 52:493–509. https://doi.org/10.1177/0022146511418236

Gürtin, Z. B. 2011. Banning reproductive travel: Turkey's ART legislation and third-party assisted reproduction. *Reproductive BioMedicine* Online 23(5):555–564. https://doi.org/10.1016/j.rbmo.2011.08.004

Haug, S. 2017. Migration und migrationsbedingte Veränderungen der Bevölkerungsstruktur in Deutschland. In *Die transformative Macht der Demographie*, Hrsg. T. Mayer, 257–277. Wiesbaden: Springer VS. https://doi.org/10.1007/978-3-658-13166-1_34

Haug, S., und N. Milewski. 2018. Women's Attitudes toward Assisted Reproductive Technologies – A Pilot Study among Migrant Minorities and Non-migrants in Germany. *Comparative Population Studies* 43. https://doi.org/10.12765/CPoS-2019-06

Haug, S., S. Müssig, und A. Stichs. 2009. Muslimisches Leben in Deutschland. Forschungsbericht 6. Bundesamt für Migration und Flüchtlinge. https://www.bamf.de/SharedDocs/Anlagen/DE/Forschung/Forschungsberichte/fb06-muslimisches-leben.pdf, abgerufen am 05.12.2022.

Haug, S., K. Weber, M. Vernim, M., und E. Currle. 2018. *Wissen über Reproduktionsmedizin, Wissenstransfer und Einstellungen im Kontext von Migration und Internet.* Stuttgart: Franz Steiner Verlag.

Huinink, J. 2016. Kinderwunsch und Geburtenentwicklung in der Bevölkerungssoziologie. In *Handbuch Bevölkerungssoziologie,* Hrsg. Y. Niephaus, M. Kreyenfeld, und R. Sackmann, 227–251. Wiesbaden: Springer VS. https://doi.org/10.1007/978-3-658-01410-0_11

Humpert, A., und K. Schneiderheinze, K. 2000. Stichprobenziehung für telefonische Zuwandererumfragen. Einsatzmöglichkeiten der Namensforschung. *ZUMA-Nachrichten* 24 (47):36–63.

Inhorn, M. C., R. Ceballo, und R. Nachtigall. 2009. Marginalized, Invisible, and Unwanted: American Minority Struggles with Infertility and Assisted Conception. In *Ethnicity, Infertility and Reproductive Technologies*, Hrsg. L. Culley, N. Hudson, und F. B. van Rooij, 181-197. London: Routledge.

Johnson M., und T. Borde. 2009. Representation of ethnic minorities in research – Necessity, opportunity and adverse effects. In *Marginalized Reproduction Ethnicity, Infertility and Reproductive Technologies*, Hrsg. L. Culley, N. Hudson, und F. van Rooij, 64–79. London: Routledge. https://doi.org/10.4324/9781849771931

Köppen, K., H. Trappe, und C. Schmitt. 2021. Who can take advantage of medically assisted reproduction in Germany? *Reproductive biomedicine & society online* 13:51-61. https://doi.org/10.1016/j.rbms.2021.05.002.

Kuhnt, A., und J. Passet-Wittig. 2022. Familie und Reproduktionsmedizin. In *Handbuch Familiensoziologie*, Hrsg. A. Becker, 1–29. Wiesbaden: Springer VS. https://doi.org/10.1007/978-3-658-35215-8_25-1

Mayer-Lewis, B., und M. Rupp (Hrsg.). 2015. *Der unerfüllte Kinderwunsch. Interdisziplinäre Perspektiven*. Berlin: Budrich Verlag.

Milewski, N., und S. Haug. 2020. Religious Diversity and Women's Attitudes Toward Using Assisted Reproductive Technologies – Insights from a Pilot Study in Germany. *Journal of Religion and Demography* 7 (1):50–168. https://doi.org/10.1163/2589742X-12347104

Milewski, N., und S. Haug. 2022. At risk of reproductive disadvantage? Exploring fertility awareness among migrant women in Germany. *Reproductive biomedicine & society online* 14:226–238. https://doi.org/10.1016/j.rbms.2021.11.007

Nationale Akademie der Wissenschaften Leopoldina und Union der deutschen Akademien der Wissenschaften (Hrsg.) 2019. Fortpflanzungsmedizin in Deutschland – für eine zeitgemäße Gesetzgebung. Nationale Akademie der Wissenschaften Leopoldina und Union der deutschen Akademien der Wissenschaften. https://www.leopoldina.org/uploads/tx_leopublication/2019_Stellungnahme_Fortpflanzungsmedizin_web_01.pdf, abgerufen am 05.12.2022

Passet-Wittig, J., und M. Bujard. 2021. Medically assisted reproduction in developed countries: Overview and societal challenges. In *Research handbook on the sociology of the family,* Hrsg. N. Schneider, und M. Kreyenfeld, 417–438. Northampton: Edward Elgar Publishing. https://doi.org/10.4337/9781788975544.00039

Pfündel, K., A. Stichs, und K. Tanis 2021. Muslimisches Leben in Deutschland 2020. Bundesamt für Migration und Flüchtlinge. https://www.bamf.de/SharedDocs/Anlagen/DE/Forschung/Forschungsberichte/fb38-muslimisches-leben.pdf, abgerufen am 05.12.2022

Präg, P., und M. C. Mills. 2017a. Cultural determinants influence assisted reproduction usage in Europe more than economic and demographic factors. *Human Reproduction* 32(11):2305–2314. https://doi.org/10.1093/humrep/dex298

Präg, P., und M. C. Mills. 2017b. Assisted Reproductive Technology in Europe: Usage and Regulation in the Context of Cross-Border Reproductive Care. In: *Childlessness in Europe: Contexts, Causes, and Consequences*, Hrsg. M. Kreyenfeld, D. Konietzka, 289–309. Basel: Springer International Publishing. https://doi.org/10.1007/978-3-319-44667-7_14

Rainer, H., S. Geethanjali, und D. Ulph. 2011. Assisted reproductive technologies (ART) in a model of fertility choice. *Journal of Population Economics* 24(3):1101–1132. https://doi.org/10.1007/s00148-010-0320-1

Revermann, C., und B. Hüsing. 2011. *Fortpflanzungsmedizin. Rahmenbedingungen, wissenschaftlich technische Fortschritte und Folgen*. Berlin: edition sigma.

Sallam, H. N., und N. H. Sallam. 2016. Religious aspects of assisted reproduction. *Facts, Views & Vision in Obstretics, Gynaecology and Reproductive Health* 8(1):33–48.

Schenker, J. G. 2000. Women's reproductive health: Monotheistic religious perspectives. *International Journal of Gynecology & Obstetrics* 70(1):77–86. https://doi.org/10.1016/S0020-7292(00)00225-3

Schenker, J. G. 2005. Assisted reproduction practice: religious perspectives. *Reproductive BioMedicine Online* 10(3):310–319. https://doi.org/10.1016/s1472-6483(10)61789-0

Serour, G.I. 2008. Islamic perspectives in human reproduction. *Reproductive BioMedicine Online* 17(3):34–38. https://doi.org/10.1016/S1472-6483(10)60328-8

Shapiro, A. J., S. K. Darmon, D. H. Barad, D. F. Albertini, N. Gleicher, V.A. Kushnir. 2017. Effect of race and ethnicity on utilization and outcomes of assisted reproductive technology in the USA. *Reproductive Biomedicine & Society Online* 15:44. https://www.ncbi.nlm.nih.gov/pmc/articles/PMC5465464/

Sobotka, T. 2004. Is Lowest-Low Fertility in Europe Explained by the Postponement of Childbearing? *Population and Development Review* 30(2):195–220. https://doi.org/10.1111/j.1728-4457.2004.010_1.x

Stephen, E.H., und A. Chandra. 2000. Use of infertility services in the United States: 1995. *Family Planning Perspectives* 32:132–137.

Stichs, A. 2016. Wie viele Muslime leben in Deutschland? Eine Hochrechnung über die Anzahl der Muslime in Deutschland zum Stand 31. Dezember 2015. Working Paper 71. Bundesamt für Migration und Flüchtlinge. https://www.bamf.de/SharedDocs/Anlagen/DE/Forschung/WorkingPapers/wp71-zahl-muslime-deutschland.pdf, abgerufen am 05.12.2022.

Stöbel-Richter, Y., K. Geue, A. Borkenhagen, E. Braehler, und K. Weidner. 2012. What do you know about reproductive medicine? – Results of a German representative survey. *PLoS ONE* 7(12). https://doi.org/10.1371/journal.pone.0050113

Stöbel-Richter, Y., S. Goldschmidt, A. Borkenhagen, U. Kraus, und K. Weidner. 2008. Entwicklungen in der Reproduktionsmedizin – mit welchen Konsequenzen müssen wir uns auseinandersetzen? *Zeitschrift für Familienforschung* 20(1):34–61. https://doi.org/10.20377/jfr-267

Trappe, H. 2016. Reproduktionsmedizin: Rechtliche Rahmenbedingungen, gesellschaftliche Relevanz und ethische Implikationen. In: *Handbuch Bevölkerungssoziologie,* Hrsg. Y. Niephaus, M. Kreyenfeld, und R. Sackmann, 393–413. Wiesbaden: Springer VS. https://doi.org/10.1007/978-3-658-01410-0_11

Wippermann, C. 2020. Ungewollte Kinderlosigkeit 2020. Leiden – Hemmungen – Lösungen. Bundesministerium für Familie, Senioren, Frauen und Jugend. https://www.delta-sozialforschung.de/cms/upload/pdf/Ungewollte-kinderlosigkeit-2020.pdf, abgerufen am 05.12.2022

Wiltshire, A., L. M. Brayboy, K. Phillips, R. Matthews, F. Yan, und D. McCarthy-Keith. 2019. Infertility knowledge and treatment beliefs among African American women in an urban community. *Contraception and Reproductive Medicine* 4:1–7. https://doi.org/10.1186/s40834-019-0097-x

Wischmann, T. 2012. *Einführung Reproduktionsmedizin. Medizinische Grundlagen, Psychosomatik, psychosoziale Aspekte*. Basel, München: Ernst Reinhardt Verlag UTB. https://doi.org/10.36198/9783838537573

Elterliche Verantwortung als moralischer Bewertungsmaßstab reproduktionsmedizinischer Verfahren

Clemens Heyder

In einer liberalen und demokratischen Gesellschaft ist jeder Mensch frei, seinen Lebensplan nach eigenen Vorstellungen zu gestalten und nach eigenem Willen zu handeln. Das Recht auf individuelle Selbstbestimmung wird nicht verhandelt, sondern vorausgesetzt (Art. 2 Abs. 1 i. V. m. Art. 1 Abs. 1 GG). Dementsprechend müssen Freiheitseinschränkungen stets begründet werden. Das gilt grundsätzlich für alle Lebensbereiche – auch für die Fortpflanzung.

Die Entscheidung ein Kind zu bekommen, ist eine höchst private Angelegenheit und Teil der Identität. Es ist eine individuelle Lebensentscheidung, die wir als Gesellschaft (weitgehend) akzeptieren. Daher unterliegen Fortpflanzungsentscheidungen keiner staatlichen Kontrolle. Es wäre kaum vorstellbar, müsste man sich vor einer Behörde rechtfertigen oder gar einen Antrag stellen, um ein Kind zu bekommen.

Ganz im Gegenteil: Kinder zu bekommen, ist ein Anliegen, welches gesellschaftlich gefördert wird. Es gibt zahlreiche staatliche Angebote, die Menschen helfen sollen, eine Familie zu gründen. Dazu gehören Kindergeld und steuerliche Vergünstigungen ebenso wie Zugang zu Kindergärten und Schulen. Diese Angebote sind in finanzieller und gesellschaftlicher Hinsicht eine wertvolle Unterstützung für Menschen, die es sich sonst vielleicht nicht leisten könnten, ein Kind großzuziehen, und sichern zugleich die Einhaltung grundlegender Rechte des Kindes. Dahinter lässt sich ein doppelter Zweck erkennen. Zum einen ist es

C. Heyder (✉)
Institut für Ethik und Geschichte der Medizin, Universitätsmedizin Göttingen, Göttingen, Deutschland
E-Mail: clemens.heyder@medizin.uni-goettingen.de

V. Rolfes et al. (Hrsg.), *Reproduktionszukünfte,* Technikzukünfte, Wissenschaft und Gesellschaft / Futures of Technology, Science and Society, https://doi.org/10.1007/978-3-658-46300-7_4

Ausdruck einer kulturellen Anerkennung der Fortpflanzung als Teil der individuellen Lebensgestaltung, zum anderen ein sozialer Schutzmechanismus, um das Funktionieren und Fortbestehen einer Gesellschaft zu gewährleisten.

Aufgrund der besonderen individuellen und sozialen Bedeutung der Fortpflanzung ist der Schutz der Familie grundgesetzlich verankert. Pflege und Erziehung der Kinder sind sowohl das Recht als auch die Pflicht der Eltern (Art. 6 Abs. 2 GG). Die Familie ist eine eigenständige Einheit, in deren Gestaltung sich der Staat grundsätzlich nicht einmischt. Es ist davon auszugehen, dass sich hieraus ein (zumindest negatives) Grundrecht auf Fortpflanzung ableiten lässt. Denn „der Schutz der Familie wäre ein merkwürdiger, wenn nicht einmal die Gründung einer eigenen Familie davon erfasst wäre" (Koppernock 1997, S. 141).[1]

Dennoch gibt es zahlreiche Fortpflanzungsarten, die moralisch umstritten und gesetzlich verboten sind. Während sich die Sterilisation von einwilligungsunfähigen Menschen (§ 1830 BGB) und das Verbot inzestuöser Handlungen (§ 173 StGB) nur indirekt auf die Fortpflanzung beziehen, untersagt das Embryonenschutzgesetz (ESchG) konkrete Reproduktionstechniken. Darunter zählen nicht nur experimentelle Methoden wie Ektogenese (§ 2 Abs. 2 ESchG) und Keimbahntherapie (§ 5 ESchG). Selbst gängige Methoden der künstlichen Befruchtung wie Eizellspende (§ 1 Abs. 1. Nr. 1 ESchG), Leihmutterschaft (§ 1 Abs. 1 Nr. 6 f. ESchG) und postmortale Samenspende (§ 4 Abs. 1 Nr. 3 ESchG) sind in Deutschland unter Androhung von Strafe verboten. Wie aber lassen sich solche Einschränkungen in einer liberalen Gesellschaft, die von persönlicher Selbstbestimmung und individueller Handlungsfreiheit gekennzeichnet ist, überhaupt rechtfertigen?

1 Über den Schutz des Kindeswohls

Das in der gesellschaftspolitischen Debatte häufigste und wohl auch griffigste Argument für die Einschränkung der Fortpflanzungsfreiheit ist der Schutz des Kindeswohls. Bereits in der entstehungsgeschichtlichen Debatte um das ESchG wurde dessen besondere Schutzwürdigkeit betont (vgl. Heyder 2011). Der Gesetzgeber erachtete es als besondere Gefahr, wenn die genetische Mutter (von der das Kind abstammt) und die biologische Mutter (die das Kind austrägt) nicht

[1] Jedoch ist in der Rechtswissenschaft umstritten, inwiefern der Grundrechtsschutz auf die biologische Dimension abstellt und die Schutznorm des Art. 6 GG auch auf die medizinisch assistierte Fortpflanzung anwendbar ist (Coester-Waltjen 2013, S. 226).

identisch sind. Im Zusammenhang mit diesem als *gespaltene Mutterschaft* bezeichneten Phänomen wurde befürchtet, „daß dem jungen Menschen, der sein Leben gleichsam drei Elternteilen zu verdanken hat, die eigene Identitätsfindung wesentlich erschwert sein wird“ (Bundesregierung 1989, BT-Drs. 11/5460, S. 7). Weiterhin vermutete der Gesetzgeber, dass sich mögliche Konflikte zwischen beiden Frauen negativ auf die seelische Entwicklung des Kindes auswirken können (Bundesregierung 1989, BT-Drs. 11/5460, S. 7).

Um negative Auswirkungen auf das kindliche Wohlbefinden zu vermeiden, erachtete es der Gesetzgeber als notwendig, die gespaltene Mutterschaft zu verhindern und die entsprechenden Fortpflanzungsmethoden zu verbieten: „Mit Freiheitsstrafe bis zu drei Jahren oder mit Geldstrafe wird bestraft, wer [...] es unternimmt, eine Eizelle zu einem anderen Zweck künstlich zu befruchten, als eine Schwangerschaft der Frau herbeizuführen, von der die Eizelle stammt“ (§ 1 Abs. 1 Nr. 2 ESchG). Das betrifft die Eizellspende, die Leihmutterschaft sowie die geplante Embryospende.[2]

Ähnliche Begründungen finden sich auch für das Verbot der Keimbahntherapie, die zumindest in der Experimentierphase nicht „mit dem objektiv-rechtlichen Gehalt des Grundrechts auf Leben und körperliche Unversehrtheit (Art. 2 Abs. 2 Satz 1 GG)“ (Bundesregierung 1989, BT-Drs. 11/5460, S. 11) zu vereinbaren sei oder in Bezug auf die postmortale Samenspende, wenn vermutet wurde, dass es Kinder nur schwer verkraften, von einem Toten abzustammen. Letztere könne ebenso wie die gespaltene Mutterschaft die Identitätsfindung erschweren und verletze zudem den Anspruch des Kindes auf beide Eltern (Günther et al. 2014, § 4 Abs. 1 Nr. 3 Rn. 27 f.). Wenngleich es immer möglich ist, dass der Vater bereits vor der Geburt des Kindes verstirbt, maß der Gesetzgeber einer bewussten post-mortem-Befruchtung ein besonderes Gewicht zu (allerdings ohne damals schon zu wissen, dass eine langfristige Kryokonservierung geeignet ist, die natürliche Generationenabfolge durcheinander zu bringen).

Dem Kindeswohl kommt eine ausgeprägte Bedeutung zu, indem es als Kriterium zur rechtlichen und moralischen Bewertung herangezogen wird. Schließlich sind Kinder aufgrund ihrer Vulnerabilität in besonderem Maße schützenswert. Das gilt prima facie auch für zukünftige Kinder. Demnach ist es erforderlich, die Fortpflanzungsfreiheit einzuschränken, wenn die Fortpflanzung negative Folgen

[2]An dieser Stelle ist hervorzuheben, dass lediglich geplante Embryospenden unzulässig sind. Der Gesetzgeber hat eine Regelungslücke gelassen, damit überzählige Embryonen (z. B. bei Behandlungsabbruch oder nach Tod einer Kinderwunschpatientin) nicht verworfen werden müssen.

für das Kind hätte. Eine Einschränkung der Fortpflanzungsfreiheit im Sinne des ESchG kann daher aus moralphilosophischer Sicht mit den Grundzügen einer liberalen Ethik vereinbar sein, sofern sie dem Schutz des Kindeswohls dient.

Wenn in diesem Zusammenhang von Fortpflanzungsfreiheit oder reproduktiver Autonomie gesprochen wird, ist dies weniger im kantischen Sinne als sittliche Autonomie zu verstehen, die es dem Menschen ermöglicht, sich selbst ein Gesetz zu geben (Kant 1903 [1785], GMS, AA IV, S. 440). Der freiheitliche Autonomiebegriff steht „weit mehr in der liberalen Tradition eines John Stuart Mill" (Schöne-Seifert 2007, S. 40), dessen Anliegen die moralische Rechtfertigung individuellen Handelns war (Jennings 2007, S. 72 f.).

In *On liberty* begründete Mill das Recht auf selbstbestimmtes Handeln. Indem er die persönliche Selbstbestimmung als Teil unserer Individualität auffasst, welche sich nur in Abwesenheit von äußerem Zwang frei entfalten kann, wird diese zu einem konstituierenden Element des Menschseins.[3] Daher ist jeder Mensch grundsätzlich frei, nach eigenem Willen zu handeln. Um aber einen Naturzustand zu vermeiden, in dem der Mensch des Menschen Wolf ist[4] und jede jederzeit um ihr Leben fürchten muss, sind bestimmte Einschränkungen notwendig. Die Begrenzung der Handlungsfreiheit begründet sich aus sich selbst heraus, da die Anerkennung der eigenen Freiheit immer auch die Anerkennung der Freiheit anderer bedingt. Das heißt, die eigene Freiheit endet notwendigerweise dort, wo die Freiheit anderer beginnt.

Vor diesem Hintergrund versuchte Mill ein Prinzip zu finden, welches das Verhältnis von Individuum und Gemeinschaft regelt. Um eine „Tyrannei der Mehrheit" (Mill 2004a [1859], S. 9) zu verhindern, bettete er in Abgrenzung zu etatistischen und totalitären Gesellschaftskonzeptionen Autonomie in den politischen Kontext ein. Ausgehend von einem moralischen Recht auf Selbstbestimmung darf sich die Gesellschaft nicht in die privaten Angelegenheiten ihrer Mitglieder einmischen, außer zum Schutz der Freiheit selbst. Daher lautet dieses Prinzip: „daß der einzige Grund, aus dem die Menschheit, einzeln oder vereint, sich in die Handlungsfreiheit eines ihrer Mitglieder einzumengen befugt ist, der ist: sich selbst zu schützen. Daß der einzige Zweck, um dessentwillen man Zwang gegen

---

[3] „Wer die Welt oder sein Milieu einen Lebensplan für sich wählen lässt, braucht dazu nichts als affenhafte Nachahmungskunst. Wer seinen Plan für sich selbst aussucht, benötigt dazu alle seine Fähigkeiten" (Mill 2004a [1859], S. 81).

[4] Thomas Hobbes prägte den Ausdruck „Homo homini Lupus" als Kurzformel für die Beschreibung des Menschen, die (in seiner Konzeption des Naturzustands) nicht in Frieden miteinander leben können (Hobbes 2017 [1642/1658], Widmung, S. 3).

den Willen eines Mitglieds einer zivilisierten Gemeinschaft rechtmäßig ausüben darf, der ist: die Schädigung anderer zu verhüten" (Mill 2004a [1859], S. 16).

Wenn es das *harm principle* (auch Schadensprinzip) erlaubt, die Handlungsfreiheit einzelner Menschen einzuschränken, dann ist es naheliegend, dieses auch bei einer möglichen Gefährdung des Kindeswohls anzuwenden. Kinder und speziell Neugeborene können ihre Interessen nicht selbst vertreten und sind auf den Schutz anderer angewiesen. Die moralische Relevanz ergibt sich aus ihrer besonderen Vulnerabilität, die zugleich ihr Schutzbedürfnis definiert. Eine ebensolche Schutzfunktion kommt dem ESchG zu, dessen erklärtes Ziel es ist, das Wohlergehen von Embryonen zu schützen. Allerdings zeigt sich bei näherer Betrachtung, dass die Anwendung des harm principle zur Bewertung von Fortpflanzungsentscheidungen mit zwei zentralen Problemen verbunden ist.

Erstens stehen die genannten Fortpflanzungsverbote des ESchG im Verdacht, den Grundsatz der Verhältnismäßigkeit zu verletzen. Damit eine Freiheitseinschränkung durch das harm principle gerechtfertigt sein kann, darf die Einschränkung der Freiheit keinen größeren Schaden hervorrufen als der Schaden, der dadurch verhindert werden soll. Ein allgemeines Verbot Auto zu fahren, um andere vor Verkehrsunfällen zu schützen, wäre ebenso unangemessen, wie das Verbot chirurgischer Eingriffe, um Menschen vor Operationsrisiken zu bewahren. Dieser Verhältnismäßigkeitsgrundsatz gilt ebenso für die Einschränkung der Fortpflanzungsfreiheit.

Es ist höchst fraglich, ob ein seelischer Konflikt wirklich ein so großer Schaden ist, dass dessen Vermeidung einen Eingriff in die Fortpflanzungsfreiheit rechtfertigt. Erschwerend kommt hinzu, dass der Gesetzgeber lediglich angenommen hat, dass eine Identitätsfindungsstörung eintreten könnte bzw. es schwer zu verkraften sein könnte, von einem Toten abzustammen. Dabei ist ebenso strittig, ob bereits die Aussicht auf eine potenzielle Gefährdung ein moralisch relevanter Schaden im Sinne des harm principle ist. Auf diese Weise ist es nämlich nicht möglich, neue Erkenntnisse gewinnen zu können, was stets die Gefahr birgt, die Entwicklung neuer Technologien dauerhaft zu verhindern (Graham und Hsia 2002, S. 379).

Unabhängig davon erweist sich zweitens das harm principle als ungeeignet zur moralischen Bewertung von Fortpflanzungshandlungen, da sich in Bezug auf zukünftige Menschen nicht sinnvoll von einem Schaden sprechen lässt. Üblicherweise bezeichnet ein Schaden eine Herabsetzung von einem Zustand in einen schlechteren Zustand. Für eine Bewertung sind zwei Zustände erforderlich, die sich miteinander vergleichen lassen. Da aber die eigentlich schädigende Handlung die Fortpflanzung selbst ist, ist der vermeintliche Schaden zugleich die Existenzbedingung. Die einzige Alternative zu einer möglichen

Identitätsfindungsstörung besteht darin, nicht gezeugt zu werden. Das ist allerdings nur schwerlich als echte Alternative zu verstehen. Verzichtet man auf die Zeugungshandlung, würde es dem zukünftigen Kind nicht besser gehen, sondern es würde bloß nicht existieren (Feinberg 1987, S. 99 f.).

Daher mutet es ziemlich paradox an, wenn der Gesetzgeber die Interessen zukünftiger Menschen zu schützen versucht, indem er deren Zeugung verhindert. Existenz und Nicht-Existenz sind keine gegeneinander abwägbaren Zustände (Heyd 1992, S. 32). Selbst wenn eine Person sich wünschen würde, niemals existiert zu haben, bedeutet das nicht, dass es ihr besser ginge, wenn sie niemals existiert hätte. Nicht-Existenz hat keinen Wert (Meyer 2005, S. 44). Da Interessenschutz nicht das Gleiche wie Interessenvermeidung ist, ist das ESchG kein Gesetz, das Embryonen schützt, und müsste korrekterweise Embryonenverhinderungsgesetz heißen.

Um dem Nichtidentitätsproblem (Parfit 1986, Kap. 16) zu entgehen, haben einige Autorinnen vorgeschlagen, negative Auswirkungen auf das Kindeswohl nicht als Schaden im Sinne einer Schlechterstellung zu betrachten, sondern als Unrecht aufzufassen, welches dem Kind angetan wird. Hierbei lassen sich zwei Zugangsweisen unterscheiden. Die erste basiert auf der Annahme eines moralischen Rechts auf ein (einfach formuliert) gelingendes Leben (u. a. Strong 2005, S. 507; Feinberg 1980). Geht man davon aus, dass sich die Reproduktionsmethode negativ auf die psychosoziale Entwicklung des Kindes auswirkt und das Leben dadurch weniger gut gelingen kann, wäre dies eine Verletzung dieses Rechts.

Viele Menschen finden es intuitiv falsch, ein Kind mit (ernsthaften) Beeinträchtigungen auf die Welt zu bringen. Aus dieser Perspektive ist es nachvollziehbar, ein solches Recht anzunehmen, um dieser Intuition Ausdruck zu verleihen. Allerdings bestehen Zweifel daran, ob es ein solches Recht geben kann – zumindest nicht in dem Sinne, in dem wir üblicherweise Rechte verstehen. Zum einen dienen Rechte dazu, die ihnen korrespondierenden Interessen zu schützen (Raz 1988, S. 166). Dies setzt wiederum voraus, Interessen von zukünftigen Menschen anzunehmen, was einfacher erscheint als es tatsächlich ist. Zweifelsohne haben Menschen in der Zukunft Interessen, zu deren Schutz wir in der Gegenwart beitragen können (z. B. das Interesse an Trinkwasser und sauberer Luft). Es ist hingegen problematisch, konkrete Interessen eines konkreten Menschen anzunehmen. Sofern ein Mensch noch nicht existiert, gibt es auch kein Interesse, das verletzt werden kann.

Zum anderen stellt sich die Frage, wie sich dieses Recht umsetzen lässt bzw. was aus einer Rechtsverletzung folgt. Wenn man nicht annehmen möchte, dass das Kind als Kläger gegen seine eigene Existenz auftreten kann (was recht widersprüchlich erscheint), würde das bedeuten, dass eine Verletzung dieses Rechts besser ist als nicht zu existieren.

Alternativ zur Konzeption eines moralischen Rechts könnte umgekehrt eine moralische Pflicht der Eltern angenommen werden, dem Kind ein gutes Leben zu ermöglichen. Laura Purdy (1978, S. 28) argumentiert, „we ought to try to provide for every child a normal opportunity for a good life", Steinbock und McClamrock (1994, S. 17) halten es für unfair, wenn Eltern „cannot give them a decent chance to a happy life" und selbst Mill (2004a [1859], S. 148) stellte fest, dem Kind nicht „wenigstens die gewöhnlichen Chancen auf ein wünschenswertes Leben zu bieten, ist ein Verbrechen gegen dieses Wesen."

Ein auf elterlichen Pflichten basierender Ansatz ist gegenüber einem rechtebasierten Ansatz zumindest begründungstheoretisch im Vorteil. Es erweist sich als einfacher, elterliche Pflichten zu begründen, als Rechte aus Interessen abzuleiten, die es noch gar nicht gibt. Allerdings ist auch bei diesem Konzept unklar, welche Folgen eine Pflichtverletzung haben kann, insbesondere wenn das Kind erst durch die Pflichtverletzung entsteht.

Unabhängig von der normativen Begründung stellt sich die Frage nach der inhaltlichen Ausgestaltung. Bei beiden Ansätzen ist gleichermaßen unklar, wie das Wohlergehen von zukünftigen Kindern zu bestimmen ist, aus dem sich bestimmte Rechte bzw. Pflichten ableiten. Hierfür bedarf es einer Klärung, was unter „decent chance", „gewöhnlichen Chancen" oder „normal opportunity" zu verstehen ist. Oder: Was bedeutet eigentlich Kindeswohl?

2 Auf der Suche nach dem Kindeswohl

Das Kindeswohl ist ein hohes Gut, zu dessen Schutz der Staat aufgefordert ist, im Falle einer Verletzung in die elterliche Erziehungsfreiheit einzugreifen (§ 1666 BGB). Es ist sowohl Eingriffslegitimation als auch Entscheidungsmaßstab für staatliches Handeln (Coester 1985, S. 35). Dennoch ist das Kindeswohl ein unbestimmter Rechtsbegriff. Es findet sich im deutschen Recht keine Legaldefinition, die bestimmt, was das Kindeswohl ist und wodurch es verletzt wird. Wenngleich das auf den ersten Blick ungewöhnlich und hinderlich erscheint, ist das für die Rechtsprechung sehr sinnvoll. Durch eine fehlende Definition wird bei der Auslegung des Kindeswohls ein großer Interpretationsspielraum eingeräumt, der eine Abwägung unterschiedlicher Situationen erlaubt. In der Rechtsprechung ist es üblicherweise nicht relevant, ob etwas gut oder schlecht ist, sondern welche von zwei (oder mehr) Optionen besser oder schlechter für das Kind ist. Es wäre redundant festzustellen, dass eine Situation schlecht für das Kind ist, wenn mögliche Handlungsalternativen noch schlechter sind.[5]

Für die Bewertung reproduktionsmedizinischer Vorhaben erweist sich ein solcher Interpretationsspielraum jedoch als ungünstig. Zum einen gibt es keine gegeneinander abwägbaren Optionen. Die einzige Alternative zur Fortpflanzung ist keine Fortpflanzung. Daher bleibt lediglich zu entscheiden, ob die Anwendung eines Verfahrens moralisch zulässig ist oder nicht. Die Beantwortung dieser Frage wird zum anderen dadurch erschwert, dass Eizellspende und postmortale Samenspende umstrittene Verfahren sind. Es handelt sich um eine Art Graubereich, in dem es widerstreitende Positionen gibt. In diesem Fall wäre es nicht zielführend, die Interpretation und damit die moralische Bewertung allein der subjektiven Perspektive zu überlassen. Gleichzeitig ist es aufgrund der auseinandergehenden Meinungen ebenso wenig möglich, die Interpretation dem Common Sense zu unterstellen.

Um eine Aussage darüber treffen zu können, ob eine Fortpflanzungsmethode moralisch unzulässig und eine Einschränkung reproduktiver Autonomie gerechtfertigt ist, ist es daher notwendig, den Begriff des Wohlergehens selbst in den Blick zu nehmen. Hierbei lässt sich zwischen einer subjektiven und objektiven Bestimmung des Wohlergehens unterscheiden (Parfit 1986, App. I).

Subjektive Wohlergehenstheorien basieren auf der Annahme, dass Wohlergehen individuell unterschiedlich wahrgenommen wird und sich die Bestimmung des Wohlergehens deshalb am Gefühls- bzw. Gemütszustand einer Person orientieren muss. Geht man davon aus, dass Menschen lieber Freude empfinden und Leid vermeiden wollen, bemisst sich Wohlergehen an dem Maß, an dem die Freude das Leid überwiegt. Eine Handlung ist dann moralisch richtig, wenn sie mehr Freude als Leid produziert. Diese bereits aus der griechischen Antike bekannte hedonistische Interpretation des Wohlergehens wurde in der neuzeitlichen Philosophie insbesondere durch Jeremy Benthams Konzeption des Utilitarismus bekannt. Danach ist es moralisch richtig, von zwei Handlungen diejenige vorzuziehen, die insgesamt mehr Freude hervorruft (Bentham 1970 [1789]).

Problematisch ist allerdings, darauf hat Mill wenige Jahre später hingewiesen, dass Freuden von unterschiedlicher Qualität sein können. Während Bentham Freude rein quantitativ erfasst hat, erkannte Mill einen qualitativen Unterschied zwischen animalischen Freuden (z. B. sexuelles Vergnügen) und den Freuden des

[5] Wenn Eltern viel rauchen, gefährden sie die Gesundheit des Kindes. Dennoch rechtfertigt das kaum eine Inobhutnahme, da es für die Gesamtentwicklung des Kindes (vermutlich) besser ist, bei rauchenden Eltern als bei nichtrauchenden Pflegeeltern aufzuwachsen.

Verstandes (z. B. ein Buch zu lesen). Er pointierte: „Es ist besser, ein unzufriedener Mensch zu sein als ein zufrieden gestelltes Schwein; besser ein unzufriedener Sokrates als ein zufriedener Narr" (Mill 2004b [1861], S. 18).

Eine alternative Lesart vermeidet dieses grundlegende Problem hedonistischer Theorien und erkennt an, dass es neben der Freude andere Aspekt des Wohlergehens geben kann (z. B. Liebe, Freundschaft, das Erreichen von Zielen). Daher lässt sich Wohlergehen nicht nur am Grad der Freude bemessen, die ein Mensch erlebt, sondern muss sich allgemein an der Erfüllung von Wünschen und Interessen orientieren. Davon ausgehend ist das Wohlergehen einer Person dann am größten, wenn ihre Interessen angemessen befriedigt sind. Auf diese Weise entgeht man dem gegen Bentham vorgebrachten Vorwurf der Schweinephilosophie (Carlyle 1850), steht aber gleichzeitig vor einer neuen Herausforderung, die ebenso von utilitaristischen Konzeptionen bekannt ist. Aufgrund der Unsicherheit von Zukunftsprognosen ist es möglich, dass, obwohl ein Wunsch erfüllt wird, man sich nicht darüber freut. Wer sich als Kind einmal den Bauch mit Süßigkeiten vollgeschlagen hat und Bauchschmerzen bekam, weiß um den Unterschied zwischen rationalen und emotionalen Präferenzen. Gleiches gilt für kurzfristige und langfristige bzw. aktuale und informierte Präferenzen.[6]

Zwar wäre es möglich, die Bemessung des Wohlergehens auf die Befriedigung informierter Präferenzen zu beschränken, jedoch wäre das tendenziell lebensfremd. Wenn wir Entscheidungen im Alltag treffen, holen wir uns selten umfangreiche Informationen ein oder versuchen die langfristigen Folgen abzuschätzen, sofern diese überhaupt vorhersehbar sind. Noch problematischer erweist sich der Versuch, das Wohlergehen von Kindern anhand ihrer informierten Präferenzen zu bemessen. Gerade kleine Kinder können nicht zwischen kurz- und langfristigen Präferenzen unterscheiden, weil sie noch nicht über die Fähigkeiten zur Bewertung ihrer Präferenzen verfügen (Raghavan und Alexandrova 2015, S. 895). Allerdings wäre es auch nicht angemessen, die Perspektive von Kindern durch eine Erwachsenenperspektive zu ersetzen. Das hätte nur wenig mit dem tatsächlichen Wohlergehen des Kindes zu tun.

Dieses Problem verschärft sich noch, wenn es nicht nur um das Wohlergehen von Kindern, sondern dem von zukünftigen Kindern geht. Es ist schlichtweg

[6] Harry Frankfurt beschreibt einen Unterschied zwischen verschiedenrangigen Wünschen. Während ‚first-order desires' einfache Wünsche sind (z. B. das Verlangen zu rauchen) beziehen sich ‚second-order desires' auf andere Wünsche und sind von langfristigen Grundüberzeugungen begleitet (z. B. der Wunsch kein Verlangen zu rauchen zu haben) (Frankfurt 1971, S. 12).

unmöglich herauszufinden, inwiefern das persönliche Wohlergehen eines zukünftigen Kindes dadurch beeinflusst wird, dass es zwei Mütter hat oder von einem verstorbenen Samenspender abstammt. Aufgrund der Tatsache, dass subjektive Wohlergehenstheorien auf der subjektiven Einschätzung des Wohlergehens basieren, sind sie trotz ihrer hohen Anfangsplausibilität nicht für die moralische Bewertung reproduktiver Entscheidungen geeignet.

Im Unterschied dazu lassen sich objektive Kriterien aufstellen, von denen man annehmen kann, dass diese allgemein zur Verwirklichung des Wohlergehens beitragen. Ansätze dafür finden sich insbesondere in gerechtigkeitstheoretischen Überlegungen. Unter anderem argumentierte John Rawls (1971, S. 92) dafür, dass Rechte, Freiheiten, Chancen, Einkommen und Vermögen zu den sozialen Grundgütern gehören, die gerecht verteilt werden müssen. Ganz ähnlich nahm Martha Nussbaum (2006, S. 76 f.) an, dass der Besitz bestimmter Fähigkeiten (z. B. sich guter Gesundheit zu erfreuen, alle fünf Sinne zu haben) eine notwendige Voraussetzung dafür ist, ein gutes Leben führen zu können.

Objektive Wohlergehenstheorien basieren nicht auf subjektivem Empfinden, sondern auf anthropologischen Annahmen. Dies erweist sich mit Blick auf zukünftige Menschen klarerweise als Vorteil. Zweifelsohne lassen sich Bedingungen der menschlichen Existenz benennen und Kriterien bestimmen, die zum Überleben wichtig sind. Und sicherlich lassen sich auch verallgemeinernde Annahmen über das gute Leben machen, wie wir sie als Basis fundamentaler Rechte nutzen. Das Recht auf Gesundheit basiert wesentlich auf der Annahme, dass jeder Mensch das Interesse hat, gesund zu sein, ebenso wie das Recht auf Bildung auf der Annahme basiert, dass jeder Mensch ein grundsätzliches Interesse hat, in die Schule zu gehen.

Allerdings ist ein Nachteil einer Konzeption, die auf verallgemeinernden Aussagen beruht, ebenso offensichtlich. Es ist in der Realität höchst unwahrscheinlich, dass die zugrunde liegenden Annahmen auf alle Menschen gleichermaßen zutreffen. Zum einen teilen nicht alle Menschen die gleichen Interessen, egal wie grundlegend sie sind. Selbst das Interesse zu leben kann in bestimmten Lebenssituationen nachrangig sein. Aufgrund der menschlichen Individualität sind verallgemeinerbare und allgemeingültige Aussagen nur schwer möglich, weshalb hier eine Diskrepanz zwischen individuellem Wohlbefinden und objektivem Wohlergehen entstehen kann. Was als objektiv gut angesehen wird, muss nicht von allen Menschen gleichermaßen als gut empfunden werden.

Doch selbst wenn sich eine Liste grundlegender Interessen aufstellen ließe, die alle Menschen gleichermaßen teilen, kann es zum anderen unterschiedliche Ansichten darüber geben, wie diese erfüllt werden können. Stellt man die Frage, wie ein Kind aufwachsen sollte, wird man verschiedene Antworten erhalten. Möglicherweise besteht weitgehend Einigkeit darüber, dass es das Beste für das Kind ist, in einem liebevollen Elternhaus aufzuwachsen. Hingegen gibt es sehr unterschiedliche Ansichten darüber, wodurch sich ein liebevolles Elternhaus auszeichnet, ob es genau einen Vater und eine Mutter haben sollte, ob es bei zwei Müttern oder zwei Vätern ebenso gut aufgehoben sein kann, oder ob es nicht sogar besser wäre, drei Elternteile zu haben (vgl. Schneider et al. 2015).

Hieran wird deutlich, dass sich mit Blick auf menschliches Wohlbefinden nur schwerlich von objektiven Kriterien sprechen lässt. Letztlich ist Objektivität nur ein Synonym für eine Art Konsens. Würde weithin Einigkeit darüber bestehen, dass es das Beste für ein Kind ist, wenn es einen Vater und eine Mutter hat, wäre die Sache klar. Doch gerade in gesellschaftlich umstrittenen Bereichen, wie der Reproduktion, ist ein solcher Konsens nicht in Sicht. Vielmehr besteht eine Art Grauzone, innerhalb dieser sich nicht eindeutig bestimmen lässt, was gut für ein Kind ist und was nicht. Doch trotz dieser Schwierigkeiten scheint dieser Zugang gegenüber subjektiven Wohlergehenstheorien die bessere Ausgangsposition zur Bewertung reproduktiven Handelns zu bieten, da letztere unmittelbar an die individuelle Perspektive gebunden sind und sich nicht auf zukünftige Menschen anwenden lassen.

Eine Möglichkeit objektive Wohlergehenstheorien nutzbar zu machen, besteht darin, Wohlergehen als eine Art Ideal zu verstehen, an dem man sich im täglichen Handeln orientieren kann (Kopelman 1997, S. 278 f.). Es bedarf demnach keines Kriteriums, das eindeutig angibt, wann das Kindeswohl gefährdet oder verletzt ist, sondern einer Zielvorstellung, anhand der sich bestimmen lässt, was im besten Interesse des Kindes ist. Dies entspricht im Wesentlichen auch der Praxis der Rechtsprechung. Wenn ein Gericht entscheidet, ein Kind in Obhut zu nehmen, wird kaum jemand bezweifeln, dass die Inobhutnahme nicht gut für das Kind ist. Dennoch kann es in der gegenwärtigen Situation besser für das Kind sein, in einer Einrichtung untergebracht zu werden, als bei seinen Eltern zu bleiben, welche es vernachlässigen. In diesem Fall ist die Beeinträchtigung des Kindeswohls durch die Inobhutnahme bzw. die Trennung von den Eltern geringer als durch die Vernachlässigung der Eltern.

Ein Verständnis des Kindeswohls als wegweisendes Ideal setzt einen Interpretationsspielraum voraus. Das erlaubt zwar die gegebenen Umstände bei der Bestimmung des Kindeswohls zu berücksichtigen, ermöglicht aber gleichzeitig, dass die gleiche Situation von unterschiedlichen Menschen unterschiedlich interpretiert werden kann. Wenn eine Richterin in einem Sorgerechtsstreit das Kind der Mutter zuspricht, kann eine andere Richterin bei gleicher Ausgangslage das Kind dem Vater zusprechen. In der Realität lässt nicht immer eindeutig bestimmen, was das Beste für das Kind. Sehr häufig wird dies je nach Perspektive unterschiedlich ausgelegt, sodass nicht nur diejenige Handlung moralisch richtig ist, die im besten Interesse des Kindes ist, sondern alle Handlungen, die gut genug für das Kind sind. Wenn es aber mehrere moralisch richtige Handlungen gibt, gilt es weniger zu fragen, was im besten Interesse des Kindes ist, als vielmehr, ob wir überhaupt tun sollten, was im besten Interessen des Kindes ist.

Der *best interest standard* ist ein weit verbreitetes handlungsleitendes Prinzip, das insbesondere aus der Medizin bekannt ist.[7] Wenn eine Patientin nicht selbst über eine medizinische Maßnahme entscheiden kann (z. B. weil sie bewusstlos ist) und ihr mutmaßlicher Wille nicht bekannt ist, muss die Entscheidung im besten Interesse der Patientin getroffen werden. Dieses Prinzip lässt sich auch auf den Umgang mit zukünftigen Menschen anwenden. Angesichts des bereits genannten Interpretationsspielraums ist eine Handlung dann moralisch richtig, wenn sie (aus der Interpretationsperspektive der handelnden Person) im besten Interesse der Betroffenen ist. Danach ist diejenige Handlung zu wählen, die das Wohlergehen der betreffenden Personen am meisten befördert. Wenngleich dies intuitiv sehr überzeugend erscheint, erweist sich die Anwendung dieses Prinzips, das auf die Maximierung des Wohlergehens ausgerichtet ist, als problematisch.

Wäre ausschließlich diejenige Handlung moralisch richtig, die im besten Interesse des Kindes ist, wäre das weder sinnvoll noch gerecht. Elterliches Handeln allein an den Interessen des Kindes ausrichten, würde erstens bedeuten, die Interessen anderer systematisch auszublenden, d. h. die eigenen Interessen und die Interessen anderer zugunsten des Kindes zurückzustellen. Ein Prinzip, welches die moralische Richtigkeit einer Handlung lediglich an ihrem Beitrag zum Wohlergehen bemisst, aber nichts darüber aussagt, wie dieser Beitrag geleistet wurde, neigt zweitens dazu aufzufordern, die Rechte anderer zu verletzen, wenn dies der Befriedigung der Interessen des Kindes dient.[8] Ein moralisches Prinzip, das zu selbstaufopfernden Handlungen und zur Verletzung moralischer Standards anlei-

[7] Auch wenn sich der Begriff *best interest standard* erst im Laufe der Jahre etabliert hat, wurden zentrale Aspekte zur stellvertretenden Entscheidung für nicht-einwilligungsfähige Patientinnen bereits 1983 von einer durch den US-amerikanischen Präsidenten eingesetzten Kommission entwickelt (President's Commission 1983, S. 121–136).

[8] Ein Prinzip, das die moralische Richtigkeit einer Handlung lediglich an ihrem Beitrag zum Wohlergehen bemisst, sagt nichts darüber aus, wie dieser Beitrag geleistet wurde. Um aber nicht zu ungerechten Handlungen aufzufordern, bedarf es eines zusätzlichen Kriteriums, welches die Handlung mit Blick auf eine Theorie des Rechten bewertet (Rawls 1971, S. 31).

tet, kann jedoch nicht überzeugen. Mit Blick auf die Fortpflanzung ergibt sich darüber hinaus noch eine weitere Schwierigkeit.

In einer strengen Auslegung würde dies bedeuten, dass es moralisch falsch ist, Kinder unter nicht idealen Bedingungen zur Welt zu bringen (Pennings 1999, S. 1147). Doch solange man die elterliche Veranlagung zu Haarausfall, Bluthochdruck, Diabetes oder Mukoviszidose erbt, ist es schwer, von einem idealen Leben zu sprechen, welches von Krankheiten geprägt ist und mit dem Tod endet. Es ist ohnehin fraglich, inwiefern sich angesichts von Klimakrise, globaler Ungerechtigkeit, Kriegen und Hungersnöten von idealen Lebensbedingungen sprechen lässt. Vor dem Hintergrund dieser Überlegungen ist eine strenge Auslegung dieses Prinzips nicht realisierbar und würde unweigerlich in einen Antinatalismus führen (vgl. Benatar 2006).

In einer abgeschwächten Version des Wohlergehensmaximierungsprinzips ist die Fortpflanzung dann moralisch richtig, wenn das Kind unter bestmöglichen Bedingungen gezeugt bzw. geboren wird (Pennings 1999, S. 1147). Diese Idee scheint auf den ersten Blick nicht abwegig. Viele Menschen verschieben ihren Kinderwunsch aus sozialen, beruflichen oder ökonomischen Gründen und warten auf die richtige Partnerin oder einen guten Job. Diese Entscheidung basiert auf der Idee, dem Kind ein bestmögliches Leben bieten zu können.

Aufgrund des Nichtidentitätsproblems lässt sich diese Interpretation des Prinzips nicht sinnvoll auf Fortpflanzungsentscheidungen anwenden. Ein Kind kann nicht zu einem anderen Zeitpunkt gezeugt werden (sonst wäre es ein anderes Kind). Es kann nur gezeugt oder nicht gezeugt werden. Daher sind die jeweiligen Bedingungen, die zum Zeitpunkt der Zeugung vorherrschen, notwendigerweise die bestmöglichen Bedingungen, unter denen ein Kind entstehen kann. Das Problem dieses Prinzips ist, dass es lediglich eine Aussage treffen kann, welche von zwei Handlungsoptionen die moralisch bessere ist, aber nicht, ob sie überhaupt moralisch gut ist. Jedoch deckt sich die Aussage, dass Fortpflanzungsentscheidungen immer moralisch richtig sind, nicht mit unseren moralischen Intuitionen.

Diese Überlegungen haben deutlich werden lassen, dass ein moralisches Prinzip, welches die Fortpflanzung an ihrem Beitrag zum Wohlergehen des zukünftigen Kindes bemisst, sich nicht an relativen Standards orientieren kann. Da aber eine Erfassung des Kindeswohls in all seinen Dimensionen nicht möglich ist und es an einem gesellschaftlichen Konsens mangelt, was gute Elternschaft ausmacht bzw. was das Beste für das Kind ist, lassen sich auch keine absoluten Standards zur Bestimmung des Kindeswohls benennen. Von der Idee ausgehend, dass es einfacher sein kann, einen Konsens darüber zu finden, was moralisch falsch ist, als darüber, was moralisch richtig ist, schlägt Guido Pennings deshalb vor, allgemeingültige Kriterien zu benennen, unter denen die Fortpflanzung inakzeptabel ist (Pennings 1999, S. 1147).

Pennings ist insoweit zuzustimmen, dass es höchst unwahrscheinlich ist, einen Konsens darüber zu erreichen, welche moralischen Bedingungen erfüllt sein müssen, um ein Kind zu bekommen, aber es bestimmte Grenzen gibt, über die weitgehend Einigkeit besteht. Dazu gehört beispielsweise die Ablehnung von Keimbahneingriffen oder des Klonens. Dennoch ist es aufgrund der großen Grauzone im Bereich der Fortpflanzung, in dem divergierende Ansichten zusammenkommen, nicht minder schwer, minimale Standards zu definieren, die auf einem breiten Konsens basieren. Allerdings, und das erweist sich als Vorteil dieses Zugangs, ist ein solcher Konsens nicht erforderlich. Die Festlegung minimaler Standards muss nicht notwendigerweise auf sozialer Anerkennung basieren. Eine der Objektivität nahekommende Grenze solcher Mindeststandards sind die Bedingungen des Lebens bzw. der physischen Existentialität. Demnach wäre die Fortpflanzung dann moralisch falsch, wenn das Kind nicht in der Lage wäre zu leben bzw. es ein äußerst leidvolles Leben erwartet, von dem man sich wünschen würde, niemals geboren worden zu sein.[9]

Wenngleich dies eine sehr markante und aufgrund ihrer Bedeutung für die Existenz normativ gut zu begründende Grenze ist, erweist sich auch dieser Zugang als nicht geeignet zur moralischen Bewertung von Fortpflanzungsentscheidungen. Selbst wenn die gespaltene Mutterschaft zu einer Identitätsfindungsstörung führen würde oder es schwer zu verkraften wäre, von einem Toten abzustammen, ist dies nicht schlimmer, als nicht geboren worden zu sein. Weder die Eizellspende noch die postmortale Samenspende bedrohen die Existenz des Kindes. Letztlich liegt die Schwelle so niedrig, dass sie durch keine der gängigen Reproduktionsmethoden unterschritten wird, was zugleich bedeutet, dass jede Art der Fortpflanzung moralisch zulässig ist.

Mit Blick auf unsere moralischen Intuitionen scheint es recht unbefriedigend, wenn der einzige legitime Grund zur Einschränkung reproduktiver Autonomie der ist, das Kind vor einem Leben zu bewahren, das schlechter ist, als nicht geboren worden zu sein. Wie aber lässt sich dieser Konflikt zwischen moralischen Urteilen und moralischen Intuitionen auflösen?

---

[9] Aus der Diskussion um sogenannte wrongful life-Konzeptionen ist bekannt, dass auch Untergrenzen nicht unumstritten sind. Dennoch ist der Graubereich deutlich kleiner bzw. lässt sich eher einen Konsens darüber finden, was ein äußerst leidvolles Leben ist, als was ein gutes Leben ausmacht.

3 Das eigentliche Problem: Autonomie

Bei näherer Betrachtung der Debatte über Fortpflanzungsfreiheit, Rechte und Interessen fällt auf, dass diese auf dem Konzept der Autonomie beruht. Das ist insofern problematisch, da Autonomie im Sinne individueller Freiheit und Selbstbestimmung auf einem politischen Verständnis von Menschen basiert, die sich fremd sind. Die politische Philosophie stellt sich die Frage, wie einander fremde Menschen gut miteinander leben können und setzt eine strikte Trennung des privaten vom öffentlichen Leben voraus – die Andere ist zugleich auch die Fremde (Benhabib 1995, S. 168–175). Das ist zweifelsohne ein sinnvoller Ausgangspunkt, um moralische Regeln für eine Gesellschaft aufzustellen, die ein gutes Zusammenleben ermöglichen sollen. Daraus folgt aber nicht, dass dieser Ansatz ebenso geeignet ist, das Verhältnis einander nahestehender Menschen zu regeln.

In der Realität findet Moral zwischen Menschen statt, die biographisch nicht fest situiert sind. Die Menschen sind keine voneinander abgegrenzten Individuen, sondern existieren miteinander. Moralische Konflikte entstehen nicht durch den Kontakt zu anderen, sondern erst aus diesem Kontakt heraus, während sich die einzelnen Subjekte in ihrer Biographie bereits aufeinander beziehen (Wiesemann 2006, S. 11).

Soziale Nahbeziehungen sind nicht von einem reziproken und distanzierten Anerkennungsverhältnis geprägt, in welchem Individuen versuchen, ihre Interessen durchzusetzen. Sie folgen nicht Prinzipien wie Autonomie, Freiheit und Gerechtigkeit, sondern sind vielmehr von Liebe, Akzeptanz und Intimität gekennzeichnet (Murray 2002, S. 43). Wenn wir eine persönliche Beziehung eingehen, übernehmen wir Verantwortung füreinander. Das spielt insbesondere in der Eltern-Kind-Beziehung eine tragende Rolle.

Zweifellos haben Kinder Rechte und es ist wichtig, diese anzuerkennen und zu schützen. Ebenso haben Eltern ihrem Kind gegenüber die Pflicht, jene Rechte zu wahren.[10] Dennoch sind Rechte und Pflichten nicht die wesentlichen Elemente, durch welche sich eine Eltern-Kind-Beziehung auszeichnet. Zum einen ist elterliches Handeln nicht unmittelbar von Pflichtbewusstsein geprägt. Wenn Eltern für ihr Kind sorgen, es füttern, eine Gutenachtgeschichte vorlesen oder in die Schule

[10] Angesichts zahlreicher Missbrauchsfälle innerhalb familiärer Beziehungen sind Rechte von Kindern nach wie vor ein notwendiger Bestandteil des Kindeswohls. Daher wäre es nicht angemessen, Kinder ausschließlich als Teil der Beziehung zu betrachten. Sowohl Eltern als auch Kinder sind eigenständige Individuen mit ihnen individuell zustehenden Grundrechten (Wapler 2017, S. 34 f.).

bringen, machen sie es, weil sie es wollen, nicht weil sie sich dazu verpflichtet fühlen.[11] Zum anderen gibt es kindliche Interessen, die sich nicht in der Sprache von Rechten und Pflichten ausdrücken lassen. Sicherlich hat das Kind ein Interesse, von seinen Eltern geliebt zu werden, doch gibt es weder ein Recht darauf, noch sind Eltern dazu verpflichtet, ihr Kind zu lieben.

Rechte und Pflichten sind Elemente der politischen Philosophie, die sich nicht ohne Weiteres auf die Eltern-Kind-Beziehung übertragen lassen. Diese ist keine reziproke Beziehung, in der sich die beteiligten Akteurinnen auf Augenhöhe gegenüberstehen (Arneil 2002, S. 88). Sie ist vielmehr eine asymmetrische Beziehung, in der kindliche und elterliche Interessen ineinander übergehen, wenn das Wohlergehen des Kindes zum Teil des elterlichen Interesses wird. Es geht nicht darum, zwischen widerstreitenden Interessen zu vermitteln, weshalb es nicht die Aufgabe der Ethik ist, mögliche Machtunterschiede auszugleichen und für ein gleichberechtigtes Miteinander zu sorgen. Aus diesem Grund lässt sich die Sprache von Rechten und Pflichten nicht sinnvoll auf die Eltern-Kind-Beziehung anwenden (O'Neill 2002, S. 459–463). Wenn es aber nicht das Ziel der Elternschaft ist, elterliche Pflichten zu erfüllen, zeichnen sich gute Eltern nicht durch die Erfüllung jener Pflichten aus. Für eine moralische Bewertung der Elternschaft bedarf es daher eines anderen Kriteriums.

4 Eine Ethik der Elternschaft

Moralische Konflikte, die aus einer Beziehung heraus entstehen, lassen sich nicht durch Prinzipien einer liberalen Ethik lösen, die diese Beziehung nicht angemessen erfassen können. Wenn grundlegende moralische Fragen (wie sie hier aufkommen) erst durch die Art der Beziehung entstehen, muss diese selbst als Grundlage ethischer Reflexion herangezogen und die Lösung der Konflikte in jener Beziehung gesucht werden. Es ist daher erforderlich, eine beziehungsethische Perspektive einzunehmen, deren moralisches Bewertungskriterium sich am Gelingen der Beziehung orientiert (Wiesemann 2006, S. 107). Um herauszufinden, wie diese gelingen kann, lohnt sich ein Blick auf die Beziehung selbst, wobei zwei wesentliche Aspekte herausstechen.

[11] Möglicherweise resultieren einzelne elterliche Handlungen aus einem Pflichtgefühl, dennoch ist das nicht der Kern der Elternschaft. Wesentlich ist die freie Entscheidung, ein Kind zu bekommen und Verantwortung dafür übernehmen zu wollen.

Erstens lässt sich die Beziehung zwischen Eltern und Kind als ein regressives Abhängigkeitsverhältnis beschreiben, das darauf ausgelegt ist, das Kind auf dem Weg von der vollständigen Abhängigkeit bis zur Selbstständigkeit zu begleiten. Anfangs besitzen Kinder lediglich vitale Fähigkeiten und sind vollständig auf die Hilfe ihrer Eltern angewiesen. Wahrnehmung, Bewusstsein und kontrolliertes Handeln entwickeln sich erst im Laufe der Zeit. Nach und nach entstehen weitere Fähigkeiten und es bildet sich ein eigener Wille. Mit dieser Entwicklung verändert sich das Machtgefälle. Kinder werden selbständiger und die Fremdbestimmung durch die Eltern lässt nach. Es lässt sich daher als Ziel der Eltern-Kind-Beziehung formulieren, das Kind in seiner Angewiesenheit zu unterstützen und jene Kompetenzen zu vermitteln, die es benötigt, um ein selbstbestimmtes Leben führen zu können.[12]

Zweitens ist die Eltern-Kind-Beziehung eine besondere Form der sozialen Nahbeziehung, die sich von Freundschaften und Liebesbeziehungen unterscheidet. Während wir jene eingehen, weil wir unser Gegenüber genau so schätzen wie es ist, ist die Beziehung zwischen Eltern und Kind von einer (zumindest anfänglichen) Blindheit geprägt. Eltern lieben ihr Kind üblicherweise nicht aufgrund besonderer Merkmale, sondern einfach nur, weil es ihr Kind ist. Ausschlaggebend für die elterliche Liebe ist die Beziehung zum Kind, nicht dessen Eigenschaften.

Diesbezüglich unterscheidet sich die elterliche Fürsorge zugleich von professionellen Fürsorgebeziehungen (Wiesemann 2015, S. 223). Die moralische Leistung besteht nicht darin, das Kind zu wickeln, zu füttern und in die Schule zu bringen. Der normative Gehalt der Elternschaft besteht in einer von Zuneigung und Liebe getragenen Fürsorgebeziehung. Indem das Kind in seiner existenziellen Hilflosigkeit und Angewiesenheit mit blindem Vertrauen reagiert, wird das Vertrauen selbst zur moralischen Praxis (Wiesemann 2016). Wir halten es für richtig, Vertrauen nicht zu enttäuschen. Daher lautet die moralisch richtige Antwort der Eltern, dem vom Kind entgegengebrachten Vertrauen, mit Liebe und Zuneigung zu begegnen. Das Ziel ist eine persönliche Beziehung, innerhalb der das Kind als moralisches Subjekt wahrgenommen wird, welches diese Beziehung mitgestaltet (Wiesemann 2015).

Das Projekt Elternschaft ist grundsätzlich von einer gewollten Verantwortungsübernahme gekennzeichnet, deren Ziel es ist, das Kind in einer von Liebe

---

[12] Dies ist freilich eine romantisierte und verklärte Vorstellung des Erwachsenwerdens, die der Realität nicht gerecht wird. Dennoch genügt diese schematische Darstellung, um das wesentliche Ziel dieser Beziehung zu veranschaulichen, welches darin besteht, Autonomie zu erlangen.

und Fürsorge getragenen Beziehung auf dem Weg zum Erwachsenwerden zu begleiten. Wenngleich sich an dieser Stelle keine Aussage darüber treffen lässt, wie Eltern sein müssen, um von guten Eltern sprechen zu können, lassen sich drei normative Kriterien elterlicher Verantwortung benennen, die erfüllt sein müssen, damit die Eltern-Kind-Beziehung gelingen kann: Wollen, Können und Sollen (Heyder 2023, S. 141–145).

(1) Das erste Element ist so naheliegend, dass es leicht übersehen wird. Wenn das Projekt Elternschaft eine gewollte Verantwortungsbeziehung ist, dann setzt dies das Wollen der Eltern zur Übernahme dieser Verantwortung voraus. Fortpflanzungsentscheidungen sind bewusste Entscheidungen. Sie lassen sich nicht aufschieben und sind von einem Wählenmüssen geprägt (Haker 2002, S. 84). Die Beziehung zum Kind beginnt mit der Annahme des Kindes, d. h. mit der Bereitschaft eine Fürsorgebeziehung einzugehen und auf das entgegengebrachte Vertrauen zu antworten.

(2) Ebenso wichtig ist es, die elterliche Verantwortung übernehmen zu können. Damit Eltern Fortpflanzungsentscheidungen treffen können, müssen sie zumindest hinreichend kompetent sein, langfristige Folgen ihrer Entscheidung abzuschätzen und mögliche Optionen gegeneinander abzuwägen. Möglicherweise sollten Eltern hinreichend empathiefähig und emotional stabil sein, eine langfristige, äußerst intime und durchaus anstrengende Beziehung einzugehen. Es ist aber nicht erforderlich, dass Eltern bestimmte Voraussetzungen erfüllen, um gesellschaftlichen Leitbildern guter Elternschaft gerecht zu werden. Unabhängig davon, dass klassische Familienbilder durch die Pluralisierung der Lebens- und Familienformen an Bedeutung verloren haben (vgl. Peuckert 2019), wären normative Leitbilder in einer liberalen Gesellschaft nur schwer begründbar. Letztlich steht es den Eltern frei, wie sie ihr Kind erziehen wollen. Und nur sie allein können entscheiden, ob sie mit den ihnen zur Verfügung stehenden Mitteln und Möglichkeiten das Kind nach ihren Vorstellungen großziehen können (Wiesemann 2006, S. 102). Schließlich ist es nicht irgendein Kind, sondern ihr Kind.

(3) Soziale (Nah-)Beziehungen sind von einer gewissen Ambivalenz gekennzeichnet. Einerseits gelten innerhalb sozialer Beziehungen besondere moralische Regeln für deren Mitglieder, andererseits sind sie als Individuen zugleich Mitglied einer politischen Gemeinschaft, für die wiederum andere moralische Regeln gelten. Das gilt gleichermaßen für die Eltern-Kind-Beziehung. Wenngleich die Interessen der Eltern konstitutiv für das Wohlergehen des Kindes sind, genügt es nicht, dieses bloß als Bestandteil einer Beziehung zu betrachten, weshalb elterliche Verantwortung ebenfalls den Aspekt des Sollens beinhaltet. Kinder sind nicht nur Teil der Beziehung, sondern auch Mitglieder der Gesellschaft, die sie mit grundlegenden Rechten ausstattet. „Die Einbettung des Kindeswohls in

intersubjektive Zusammenhänge rechtfertigt es daher nicht, seine Individualität in kollektiven Bezügen aufgehen zu lassen" (Wapler 2017, S. 36). Das Kind ist ein moralisches Subjekt, dessen Anerkennung es nicht erlaubt, das Kindeswohl lediglich als Attribut von Liebe und Fürsorge aufzufassen. Letztlich ist das Gelingen der Eltern-Kind-Beziehung nicht unabhängig von grundrechtlichen Standards. Aus diesem Grund genügt eine Beziehungsethik allein nicht zur moralischen Bewertung der Elternschaft, sondern muss stets um Aspekte einer autonomieorientierten Ethik ergänzt werden.

5 Wer sind die Eltern?

Während die bisherigen Überlegungen aufgezeigt haben, welche moralischen Elemente konstitutiv für die Elternschaft sind, stellt sich noch die Frage, wer die Eltern sind. In den allermeisten Fällen ist die Antwort unstrittig: Eltern sind diejenigen, die das Kind gezeugt haben und bei denen es aufwächst. Unser Alltagsverständnis ist weitgehend vom Bild der kleinbürgerlichen Familie geprägt, wie sie sich bereits im 19. Jahrhundert entwickelt hat. Allerdings bröckelt jenes Verständnis mit der Zunahme individualisierter Lebensformen (vgl. Peuckert 2019, Kap. 3). Trennungen und erneute Bindungen erhöhen die Komplexität sozialer Beziehungen. Noch schwieriger lässt sich das Phänomen Elternschaft fassen, wenn mehrere Menschen an der Fortpflanzung beteiligt sind und das Kind zwei Mütter hat oder der Samenspender bereits verstorben ist. Aus unserem Alltagsverständnis lässt sich nicht einfach beantworten, wer in diesen Fällen die Eltern sind bzw. wer die elterliche Verantwortung trägt. Ein Blick auf die moralischen Grundlagen der Elternschaft soll helfen, diese Fragen zu klären.[13]

Die erste Möglichkeit der Zuschreibung der Elternschaft basiert auf *der genetischen Zugehörigkeit*. Demnach sind diejenigen die Eltern, von denen das Kind abstammt. Das entspricht weitgehend dem euro-amerikanischem Verständnis von Familie, das sich historisch auf einer genetischen Verbindung gründet (vgl. Goody 2002, bes. Kap. 3). Um dabei einen Sein-Sollens-Fehlschluss zu vermeiden, bedarf es zusätzlich einer normativen Komponente, die sich beispielsweise aus der Eigentumstheorie ableiten lässt. Sofern wir Eigentumsrechte an unseren Keimzellen haben, erwerben wir automatisch das Eigentum an daraus entstandenen Produkten (Hall 1999, S. 79).

[13] Die folgende Darstellung basiert auf Bayne und Kolers (2021).

Was auf den ersten Blick recht naheliegend erscheint, erweist sich bei näherer Betrachtung als problematisch, da ein eigentumsrechtliches Verständnis von Elternschaft gängigen moralischen Überzeugungen widerspricht. Für die Zuschreibung von Eigentumsrechten an Körperteilen ist eine Trennung zwischen der Person als Subjekt und der Person als Objekt erforderlich, was wiederum nicht mit unserem Verständnis von Leiblichkeit, d. h. der Zusammengehörigkeit von Körper und Geist vereinbar ist (Herrmann 2007, S. 177 f.). Eine solche Auffassung könnte zu unerwünschten Folgen führen, wenn es aufgrund dieser Trennung möglich wäre, die Eigentumsrechte am eigenen Körper zu veräußern und diese in den Verfügungsbereich anderer gelangen (Andrews 1986, S. 29). Darüber hinaus würde eine Auffassung des Kindes als Eigentum der Eltern dessen moralischen Status als Subjekt ignorieren.

Alternativ zur genetischen Abstammung ließe sich als zweite Möglichkeit die *produktive Tätigkeit* in den Blick nehmen. Das Verdienst- bzw. Leistungsprinzip ist weithin anerkannt und vermag die Probleme einer eigentumsbasierten Zugehörigkeit zu vermeiden. Wenn Leonardo da Vinci die Farben für seine Mona Lisa gestohlen hätte, würde man kaum sagen, dass das Bild rechtmäßig der Farbenhändlerin gehöre. Dies lässt sich in ähnlicher Weise auf die Fortpflanzung übertragen. Angesichts der besonderen Leistung der Schwangeren, ist der Beitrag des genetischen Anteils eher gering (Gheaus 2012, S. 447). Indem der Fokus auf die verrichtete Arbeit gelegt wird, ist diese mit einer besonderen Würdigung verbunden. Dies erweist sich allerdings zugleich als Nachteil, da dieser Zugang lediglich die Mutterschaft begründen kann, die Vaterschaft aufgrund der bloß passiven Beteiligung aber nicht (Bayne und Kolers 2003, S. 231 f.). Das deckt sich nicht mit gegenwärtigen Vorstellungen der Elternschaft und es ist nicht zu erwarten, dass es gesellschaftlich akzeptiert wird, die elterliche Verantwortung allein der Mutter zuzuschreiben.

Unabhängig von genetischem Status und verrichteter Arbeit bietet es sich drittens an, auf die *Ursache* der Fortpflanzung zu schauen. Gemäß dem moralischen Grundsatz, dass jeder Mensch für sein Handeln verantwortlich ist, sind diejenigen die Eltern, die für die Entstehung des Kindes verantwortlich sind und es gezeugt haben. Dies entspricht auch unserer gegenwärtigen Rechtsauffassung. Die Mutter ist diejenige Frau, die das Kind (gezeugt und) geboren hat (§ 1591 BGB). Als Vater gilt (unter Annahme ehelicher Monogamie) automatisch der Mann, der mit der Mutter verheiratet ist (§ 1592 Abs. 1 BGB). An dieser Stelle zeigen sich zugleich unterschiedliche Aspekte elterlicher Verantwortung. Selbst wenn ein Elternteil keine soziale Verantwortung für das Kind übernehmen kann oder möchte, entbindet das nicht von unterhalts- und erbrechtlichen Ansprüchen. Schließlich ist es nicht vorgesehen, die rechtliche Elternschaft ablegen zu können. Sie kann lediglich auf Adoptiveltern übertragen werden.

Wenngleich diese Begründung unserem Alltagsverständnis von Elternschaft sehr nahekommt, ist es nicht geeignet, um reproduktionsmedizinische Fortpflanzung zu erfassen. Wenn all denjenigen, die für die Entstehung des Kindes verantwortlich sind, gleichermaßen soziale Verantwortung zukäme, wären Eizellspenderinnen und Samenspender gleichberechtigte Elternteile. Es ist aber nicht zu erwarten, dass das im Interesse der Beteiligten ist. Viele Eltern wählen anonyme Spenderinnen, um den Anschein einer ‚normalen' Familie aufrechtzuerhalten oder eine mögliche Einmischung zu vermeiden (Laruelle et al. 2011). Ganz ähnlich nutzen (insbesondere kommerzielle) Spenderinnen die Anonymität, um sich vor sozialen und finanziellen Ansprüchen zu schützen (Melo-Martín et al. 2018).

Unabhängig davon zeichnen sich reproduktionsmedizinische Behandlungen durch eine Besonderheit aus. Ursächlich für die Entstehung des Kindes sind weder die Eltern noch die Spenderin, sondern die Labormitarbeiterin, die die Eizelle befruchtet bzw. die Ärztin, die den Embryo in die Gebärmutter einsetzt. Die Kausalkette ließe sich beliebig fortführen, was auf ein Problem transitiver Relationen hindeutet. Wäre die Reproduktionsklinik nie gebaut und die Ärztin nicht geboren worden, hätte die Befruchtung nicht stattfinden können. Letztlich sind Patrick Steptoe und Robert Edwards maßgeblich verantwortlich für die Entwicklung der modernen Reproduktionsmedizin. Dennoch möchte man nicht behaupten, dass sie die Verantwortung für alle daraus entstandenen Kinder übernehmen müssen oder gar deren Eltern sind. Ein solches Verständnis von Verantwortung würde zu einer Überforderung führen und moralisches Handeln unmöglich machen. Das impliziert, dass sich aus kausaler Verantwortung nicht notwendigerweise eine moralische Verantwortung ableiten lässt (Fuscaldo 2005, S. 67 f.).

Um am Grundsatz der moralischen Verantwortung festzuhalten, bietet es sich viertens an, Verantwortung an die *Handlungsintention* zu binden. Verantwortlich für die Folgen einer Handlung sind diejenigen, die die Handlung intendiert haben. Wenn Kinderwunschpaare reproduktionsmedizinische Hilfe aufsuchen, verfolgen sie das Ziel, ein Kind bekommen zu wollen. Hingegen verfolgen die Ärztin und die Spenderin das Ziel, dem Paar dabei behilflich zu sein, ohne selbst Sorge für das Kind tragen zu wollen. Mit Blick auf die Reproduktionsmedizin erscheint dieser Ansatz sehr praxisnah und eignet sich insbesondere für die Begründung von drei oder mehr Eltern. Darüber hinaus lassen sich auf diese Weise auch nicht-konventionelle Familientypen wie Adoptiv- und Stieffamilien erfassen, bei denen die elterliche Verantwortung von denjenigen getragen wird, die sich dazu entschieden haben, die Verantwortung für das Kind tragen zu wollen.[14]

Daraus folgt aber nicht, dass Spenderinnen, Ärztinnen und anderen Beteiligten keine Verantwortung zukommt. Nur weil sie nicht die Eltern des Kindes sind und keine elterliche Verantwortung tragen, entbindet sie das nicht von (anderen) Verantwortlichkeiten, die sich aus ihrem Handeln ergeben. Das betrifft insbesondere Spenderinnen, in deren Verantwortungsbereich es liegt, ehrliche Angaben über ihren gesundheitlichen Zustand und ihre familiäre Krankheitsgeschichte zu machen, ihre registrierten Daten für eine spätere Kontaktaufnahme zu aktualisieren und ggf. ihre eigenen Kinder über mögliche Halbgeschwister aufzuklären (Heyder 2023, S. 166–174).

6 Das Konzept elterlicher Verantwortung in der Praxis

Es ist grundsätzlich die freie Entscheidung eines Menschen, ob, wann, wo, mit wem und wie man ein Kind bekommen möchte. All diese Faktoren sind Teil der reproduktiven Autonomie. Obwohl Autonomie ihre Grenze an der Selbstbestimmung anderer Menschen findet und es in einer liberalen Gesellschaft weitgehend anerkannt ist, dass die individuelle Freiheit eingeschränkt werden kann, um einen Schaden von anderen abzuwenden, lässt sich dieses Konzept nicht auf den Bereich der Fortpflanzung anwenden. Es lässt sich kaum von einem Schaden sprechen, wenn das vermeintliche Schadensereignis zugleich Existenzbedingung ist. Würde das Kind nicht gezeugt werden, könnte es zwar nicht geschädigt werden, aber dadurch würde es dem Kind nicht besser gehen, es würde nämlich nicht existieren.

Dennoch lassen sich Bedingungen formulieren, unter denen es inakzeptabel ist, ein Kind zu bekommen. Diese orientieren sich an den Bedingungen menschlicher Existenz. Demnach wäre es moralisch falsch, ein Kind zu bekommen, das

[14] Ein intentionales Verständnis von Elternschaft bietet sich insbesondere im Kontext reproduktionsmedizinischer Fortpflanzung an, da es die Möglichkeit beinhaltet, elterliche Verantwortung unabhängig der genetischen-biologischen Beziehung zu betrachten und Mehrelternfamilien anzuerkennen. Jedoch ist dieser Zugang für die Erfassung ungeplanter Schwangerschaften nicht geeignet. Für eine umfassende Begründung von Elternschaft, die alle Fortpflanzungsarten abdeckt, bedarf es eines pluralistischen Zugangs wie ihn u. a. Wiesemann (2006, S. 145) und Bayne und Kolers (2003) vorgeschlagen haben.

ein äußerst leidvolles Leben erwartet, welches schlechter ist, als nicht geboren worden zu sein. Ergänzend dazu muss die Beziehung zwischen Eltern und Kind in den Blick genommen werden. Unter Berücksichtigung beziehungsethischer Aspekte ist eine Einschränkung reproduktiver Autonomie nur dann gerechtfertigt, wenn eine realistische Gefahr besteht, dass die Eltern ihre Verantwortung nicht erfüllen können und die Eltern-Kind-Beziehung zu misslingen droht.

Unter Berücksichtigung einer autonomieorientierten als auch einer beziehungsethischen Perspektive lässt sich feststellen, dass es in einer liberalen Gesellschaft nicht gerechtfertigt ist, reproduktive Autonomie hinsichtlich gängiger Fortpflanzungsmethoden einzuschränken. Weder die Eizellspende noch die postmortale Samenspende führen zu einem Leben, von dem sich das Kind wünschen würde, nicht geboren worden zu sein. Ebenso wenig ist die Eltern-Kind-Beziehung durch die Art der Fortpflanzung beeinträchtigt oder gar gefährdet. Die Entstehungsbedingungen sagen nichts über die Qualität der Elternschaft aus. Ob eine Eltern-Kind-Beziehung gelingt, ist nicht davon abhängig, wie das Kind entstanden ist, sondern von der Bereitschaft, eine von Liebe und Fürsorge getragene persönliche Beziehung zum Kind einzugehen. Diesbezüglich ist es irrelevant, ob ein Kind zwei Mütter hat oder der Samenspender bereits vor der Zeugung verstorben ist.

Hinsichtlich experimenteller Fortpflanzungsmethoden ist jedoch festzustellen, dass diese mit den moralischen Grundsätzen der Fortpflanzung nicht vereinbar sind. Weder die Ektogenese noch die Keimbahntherapie sind so weit entwickelt, dass hieraus eine stabile Eltern-Kind-Beziehung entstehen kann. Für die Erforschung dieser Technologien müssen zahlreiche Embryonen erzeugt werden, die niemals geboren werden. Wenn ein Kind aber kein Leben erwartet, dann sind die Mindestanforderungen nicht erfüllt und die Fortpflanzung moralisch nicht zulässig. Allerdings ließe sich an dieser Stelle einwenden, dass die zur Entwicklung notwendigen Laborexperimente einen reproduktiven Charakter missen lassen. Um von einer echten Fortpflanzung zu sprechen, die der individuellen und sozialen Bedeutung entspricht, ist es zumindest notwendig, dass diese auch mit einer realistischen Aussicht auf Erfolg verbunden ist. Daher wäre es nicht angemessen, experimentelle Verfahren an den moralischen Maßstäben der Fortpflanzung zu messen.

Mit Blick auf klinische Versuche vermag dieser Einwand jedoch nicht vollständig zu überzeugen. Wenngleich bei den ersten Versuchen kaum eine Chance auf eine erfolgreiche Schwangerschaft oder gar erfolgreiche Geburt zu erwarten ist, zielen diese dennoch darauf ab, einen Menschen zur Welt zu bringen. Insofern die Möglichkeit einer erfolgreichen Geburt besteht, müssen ethische Aspekte der Fortpflanzung stets bedacht werden, selbst wenn der Aspekt der Forschung im Vordergrund steht. In Anbetracht neuer technischer Möglichkeit verschärft sich dieses Problem noch, wenn beispielsweise ein per Zellkerntransfer klonierter Embryo in einer künstlichen Gebärmutter heranreifen soll. Daher ist zukünftig zu prüfen, inwiefern andere (z. B. forschungsethische) Perspektiven zu einer umfassenden Bewertung zukünftiger reproduktionsmedizinischer Methoden beitragen können.

Literatur

Andrews, L. B. 1986. My body, my property. *The Hastings Center Report* 16(5):28–38.

Arneil, B. 2002. Becoming versus being: a critical analysis of the child in liberal theory. In *The moral and political status of children*, Hrsg. D. Archard, und C. M. Macleod, 70–93. Oxford University Press.

Bayne, T., und A. Kolers. 2003. Toward a pluralist account of parenthood. *Bioethics* 17(3):221–242.

Bayne, T., und A. Kolers. 2021. Parenthood and procreation. In *The Stanford Encyclopedia of Philosophy: Summer 2021 Edition*, Hrsg. E. N. Zalta. Stanford: Metaphysics Research Lab Philosophy Department Stanford University.

Benatar, D. 2006. *Better never to have been. The harm of coming into existence.* Clarendon Press.

Benhabib, S. 1995. Der verallgemeinerte und der konkrete Andere: Die Kohlberg/Gilligan-Kontroverse aus der Sicht der Moraltheorie. In *Selbst im Kontext: Kommunikative Ethik im Spannungsfeld von Feminismus, Kommunitarismus und Postmoderne*, Hrsg. S. Benhabib, 161–191. Frankfurt am Main: Suhrkamp.

Bentham, J. 1970 [1789]. *An introduction to the principles of morals and legislation.* Athlone Press.

Bundesregierung. 1989. *Entwurf eines Gesetzes zum Schutz von Embryonen* (Embryonenschutzgesetz – ESchG). 25.10.1989. BT-Drs. 11/5460.

Carlyle, T. 1850. Jesuitism. In *Latter-day pamphlets*, Hrsg. T. Carlyle, 249–286. Chapman and Hall.

Coester, M. 1985. Das Kindeswohl als Rechtsbegriff. In *Sechster Deutscher Familiengerichtstag: Vom 9. bis 12. Oktober 1985 in Brühl. Ansprachen und Referate, Berichte und Ergebnisse der Arbeitskreise*, Hrsg. Deutscher Familiengerichtstag e. V., 35–51. Gieseking.

Coester-Waltjen, D. 2013. Reproduktive Autonomie aus rechtlicher Sicht. In *Patientenautonomie: Theoretische Grundlagen. Praktische Anwendungen*, Hrsg. C. Wiesemann, und A. Simon, 222–236. mentis.

Feinberg, J. 1980. The child's right to an open future. In *Whose child?: Children's rights, parental authority, and state power*, Hrsg. W. Aiken, und H. LaFollette, 124–153. Littlefield.

Feinberg, J. 1987. *The moral limits of the criminal law. Vol. 1: harm to others.* Oxford University Press.

Frankfurt, H. G. 1971. Freedom of the will and the concept of a person. *The Journal of Philosophy* 68(1):5.

Fuscaldo, G. F. 2005. *Genetic Ties: Are They Morally Binding?* Dissertation, University of Melbourne, Melbourne. http://claradoc.gpa.free.fr/doc/201.pdf. Zugegriffen: 16. Aug. 2023.

Gheaus, A. 2012. The right to parent one's biological baby. *Journal of Political Philosophy* 20(4):432–455.

Goody, J. 2002. *Geschichte der Familie.* C. H. Beck.

Graham, J. D., und S. Hsia. 2002. Europe's precautionary principle: promise and pitfalls. *Journal of Risk Research* 5(4):371–390.

Günther, H.-L., J. Taupitz, und P. Kaiser. 2014. *Embryonenschutzgesetz. Juristischer Kommentar mit medizinisch-naturwissenschaftlichen Grundlagen*, 2. Aufl. Kohlhammer.

Haker, H. 2002. *Ethik der genetischen Frühdiagnostik. Sozialethische Reflexionen zur Verantwortung am Beginn des menschlichen Lebens.* mentis.

Hall, B. 1999. The origin of parental rights. *Public Affairs Quarterly* 13(1):73–82.

Herrmann, B. 2007. Die normative Relevanz der körperlichen Verfasstheit zwischen Selbst- und Fremdverfügung. In *Kommerzialisierung des menschlichen Körpers*, Hrsg. J. Taupitz, 174–184. Springer.

Heyd, D. 1992. *Genethics. Moral issues in the creation of people.* University of California Press.

Heyder, C. 2011. *Das Verbot der heterologen Eizellspende. Eine Analyse der zugrunde liegenden Argumente aus ethischer Perspektive.* Halle (Saale): MER.

Heyder, C. 2023. *Familiengründung mittels Eizellspende. Zur Ethik einer reproduktionsmedizinischen Praxis in der liberalen Gesellschaft.* de Gruyter.

Hobbes, T. 2017 [1642/1658]. *Vom Bürger. Dritte Abteilung der Elemente der Philosophie. Vom Menschen. Zweite Abteilung der Elemente der Philosophie.* Felix Meiner.

Jennings, B. 2007. Autonomy. In *The Oxford handbook of bioethics*, Hrsg. B. Steinbock, 72–89. Oxford University Press.

Kant, I. 1903 [1785]. Grundlegung zur Metaphysik der Sitten. In *Kant's gesammelten Schriften* (Akademie Ausgabe, Band IV), Hrsg. Königlich Preußische Akademie der Wissenschaften, 385–463. Georg Reimer.

Kopelman, L. M. 1997. The best-interests standard as threshold, ideal, and standard of reasonableness. *The Journal of Medicine and Philosophy* 22(3):271–289.

Koppernock, M. 1997. *Das Grundrecht auf bioethische Selbstbestimmung. Zur Rekonstruktion des allgemeinen Persönlichkeitsrechts.* Baden-Baden: Nomos.

Laruelle, C., I. Place, I. Demeestere, Y. Englert, und A. Delbaere. 2011. Anonymity and secrecy options of recipient couples and donors, and ethnic origin influence in three types of oocyte donation. *Human Reproduction* 26(2):382–390.

Melo-Martín, I. de, L. R. Rubin, und I. N. Cholst. 2018. „I want us to be a normal family": Toward an understanding of the functions of anonymity among U.S. oocyte donors and recipients. *AJOB Empirical Bioethics* 9(4):235–251.

Meyer, L. H. 2005. *Historische Gerechtigkeit.* de Gruyter.

Mill, J. S. 2004a [1859]. *Über die Freiheit.* Reclam.

Mill, J. S. 2004b [1861]. *Der Utilitarismus.* Reclam.

Murray, T. 2002. What are families for?: Getting to an ethics of reproductive technology. *The Hastings Center Report* 32(3):41–45.

Nussbaum, M. C. 2006. *Frontiers of justice. Disability, nationality, species membership.* Belknap Press of Harvard University Press.
O'Neill, O. 2002. *Autonomy and trust in bioethics.* Cambridge University Press.
Parfit, D. 1986. *Reasons and persons.* Oxford University Press.
Pennings, G. 1999. Measuring the welfare of the child: in search of the appropriate evaluation principle. *Human Reproduction* 14(5):1146–1150.
Peuckert, R. 2019. *Familienformen im sozialen Wandel*, 9. Aufl. Springer VS.
President's Commission for the Study of Ethical Problems in Medicine and Biomedical and Behavioral Research (President's Commission). 1983. *Deciding to forego life-sustaining treatment. Ethical, medical, and legal issues in treatment decisions.* Washington.
Purdy, L. M. 1978. Genetic diseases: Can having children be immoral? In *Genetics now: Ethical issues in genetic research*, Hrsg. J. J. Buckley, 25–39. University Press of America.
Raghavan, R., und A. Alexandrova. 2015. Toward a theory of child well-being. *Social Indicators Research* 121(3):887–902.
Rawls, J. 1971. *A theory of justice.* Belknap Press of Harvard University Press.
Raz, J. 1988. *The morality of freedom.* Clarendon Press.
Schneider, N. F., S. Diabaté, und K. Ruckdeschel (Hrsg.). 2015. *Familienleitbilder in Deutschland. Kulturelle Vorstellungen zu Partnerschaft, Elternschaft und Familienleben.* Barbara Budrich.
Schöne-Seifert, B. 2007. *Grundlagen der Medizinethik.* Kröner.
Steinbock, B., und R. McClamrock. 1994. When is birth unfair to the child? *The Hastings Center Report* 24(6):15–21.
Strong, C. 2005. Harming by conceiving: a review of misconceptions and a new analysis. *The Journal of Medicine and Philosophy* 30(5):491–516.
Wapler, F. 2017. Das Kindeswohl: individuelle Rechtsverwirklichung im sozialen Kontext: Rechtliche und rechtsethische Betrachtungen zu einem schwierigen Verhältnis. In *Der Streit ums Kindeswohl*, Hrsg. F. Sutterlüty, und S. Flick, 14–51. Beltz Juventa.
Wiesemann, C. 2006. *Von der Verantwortung, ein Kind zu bekommen. Eine Ethik der Elternschaft.* C. H. Beck.
Wiesemann, C. 2015. Natalität und die Ethik von Elternschaft und Familie. *Zeitschrift für Praktische Philosophie* 2(2):213–236.
Wiesemann, C. 2016. Vertrauen als moralische Praxis – Bedeutung für Medizin und Ethik. In *Autonomie und Vertrauen*, Hrsg. v. H. Steinfath, und C. Wiesemann, 69–99. Springer VS.

Was war, was ist und was werden könnte: Frauenpaare in der Reproduktionsmedizin in Deutschland

Anna Scharf

1 Hinführung

Aktuelle Berechnungen anhand des Mikrozensus (Stand 2013) zeigen, dass der Anteil an zusammenwohnenden gleichgeschlechtlichen Paaren zwischen 0,6 % und 1,1 % liegt, der von Frauenpaaren zwischen 0,5 % bis 0,7 % (Lengerer und Bohr 2019, S. 146–47). Die Zunahme kohabitierender Frauenpaare wird u. a. auf „stärkere ökonomische Unabhängigkeit sowie die verbesserte Möglichkeit, einen Kinderwunsch auch in einer gleichgeschlechtlichen Partnerschaft zu realisieren", zurückgeführt (Lengerer und Bohr 2019, S. 154). „In Deutschland steht die Auseinandersetzung mit geplanten lesbischen Familien [in der Forschung; AS] noch am Anfang" (Dionisius 2021, S. 23). Zur Realisierung des gemeinsamen (teil-) leiblichen Kinderwunsches brauchen Frauenpaare, insofern sie nicht auf eine

Der Beitrag basiert auf dem Vortrag „Was war, was ist und was werden könnte – Frauen in der Reproduktionsmedizin in Deutschland" von Anna Scharf auf der Tagung „In-vitro-Gametogenese (IVG) und artifizieller Uterus (AU) – Problemauslöser oder Problemlöser? Ethische, soziale und rechtliche Aspekte zukünftiger reproduktionsmedizinischer Verfahren" (19.-23.09.2022) im Rahmen des Projekts „In-vitro-Gametogenese und artifizieller Uterus. Problemauslöser oder Problemlöser? (IVG-AU-PP, gefördert durch das Bundesministerium für Bildung und Forschung, Förderkennzeichen 01GP2185) an der Ostbayerischen Technischen Hochschule Regensburg am 21.09.2022

A. Scharf (✉)
Institut für Sozialforschung und Technikfolgenabschätzung (IST), Ostbayerische Technische Hochschule Regensburg, Regensburg, Deutschland
E-Mail: anna.scharf@oth-regensburg.de

V. Rolfes et al. (Hrsg.), *Reproduktionszukünfte,* Technikzukünfte, Wissenschaft und Gesellschaft / Futures of Technology, Science and Society, https://doi.org/10.1007/978-3-658-46300-7_5

private Samenspenden und eine selbst durchgeführte Insemination im häuslichen Umfeld zurückgreifen, Reproduktionsmedizin. Darunter versteht man:

„Als **assistierte Reproduktion** wird die ärztliche Hilfe zur Erfüllung des Kinderwunsches durch medizinische Behandlungen und Methoden bezeichnet, die die Handhabung menschlicher Keimzellen (Ei- und Samenzellen), Keimzellgewebe (Bundesärztekammer 2022, 3–4, H. n. i. O.) oder Embryonen zum Zwecke der Herbeiführung einer Schwangerschaft umfassen". Die hierbei möglichen Methoden (siehe Kap. 3.2) werden als **assistierte reproduktive Techniken (ART)** bezeichnet.

Doch wie sieht die Realität von Frauenpaaren in der Reproduktionsmedizin in Deutschland aus? In 2019 wurden 345 Behandlungszyklen bei Frauenpaaren im deutschen IVF-Register dokumentiert (Blumenauer et al. 2020, S. 223). 2021 verzeichnete das Embryonenschutzgesetz (ESchG)[1] sein 20-jähriges Bestehen. Zuletzt geändert wurde es vor über zehn Jahren. Darüber, ob Deutschland ein neues, umfassendes und modernes Reproduktionsmedizingesetz braucht und wie es ausgestaltet werden soll, sind sich selbst Reproduktionsmediziner*innen untereinander nicht einig. Eine Empfehlung mit großer Reichweite stammt von der Nationalen Akademie der Wissenschaften Leopoldina und Union der deutschen Akademien der Wissenschaften (2019), an der sich auch der Koalitionsvertrag, welcher zwischen der Sozialdemokratischen Partei Deutschlands (SPD), dem Bündnis 90/Die Grünen (B'90/Grüne) und den Freien Demokraten (FDP) am 07.12.2021 geschlossen wurde (SPD et al. 2021), zu orientieren scheint (Kentenich et al. 2022). Eine Reform des ESchG im Hinblick auf Dreierregel, Eizelltransfer und heterologem Embryotransfer[2] fordert auch die Bundesärztekammer (2020). Unbestritten ist, dass das ESchG sowie weitere (gesetzliche) Regelungen in der Vergangenheit und auch heute die Familienwerdung mithilfe von ART für Frauenpaare in Deutschland erschweren.

Ziel des Beitrags ist es, die vergangenen und aktuellen Einschränkungen und Möglichkeiten der Familienwerdung im Kontext von ART für Frauenpaare zu betrachten. Hierzu werden die Gesetzestexte und Richtlinien in ihrer jeweils gültigen Fassung (Stand September 2022) herangezogen. Auf Basis der Partei-

[1] Embryonenschutzgesetz vom 13. Dezember 1990 (BGBl. I S. 2746), das zuletzt durch Artikel 1 des Gesetzes vom 21. November 2011 (BGBl. I S. 2228) geändert worden ist. Online verfügbar unter: https://www.gesetze-im-internet.de/eschg/ESchG.pdf (09.08.2022).

[2] Die Embryonenspende wird auch „Embryonenadoption" genannt. Beide Begrifflichkeiten stehen jedoch aus Sicht der Familienbildung in der Diskussion (Thorn et al. 2017, S. 73). Daher wird anstelle dessen der Begriff „heterologer Embryonentransfer" verwendet.

programme zur Bundestagswahl 2021 der amtierenden Regierungsparteien SPD, B'90/Grüne und FDP sowie der anderen im Bundestag vertretenen Parteien der Christlich Demokratischen Union (CDU), der Christ-lich Sozialen Union (CSU), Die Linke und Alternative für Deutschland (AfD) auf der einen Seite und des Koalitionsvertrags zwischen SPD, B'90/Grüne und FDP auf der anderen Seite wird ein Ausblick vorgenommen.

Zur Eingrenzung des Themas entschied sich die Autorin für die ausschließliche Betrachtung von Cis-Frauenpaaren. Daher wird im vorliegenden Beitrag der Begriff **Frauenpaare** ohne Asterisk (Frauen*paare) verwendet. Zu Trans*-Personen in der Reproduktionsmedizin soll hier auf den Beitrag von Kandlbinder in diesem Sammelband verwiesen werden.

2 Was war, …

Die vergangene Lage von Frauenpaaren in der Reproduktionsmedizin hat bis heute Auswirkungen. Dargestellt wird diese Situation anhand der Entwicklung der Leitlinie zu assistierter Reproduktion der Bundesärztekammer und der Entwicklung rechtlicher Elternschaft für gleichgeschlechtliche (Ehe-)Paare.

2.1 Die Entwicklung der Leitlinie der Bundesärztekammer

Vor 2006 war es Frauenpaaren nach der damaligen Fassung der Leitlinie der Bundesärztekammer verboten, sich reproduktionsmedizinisch behandeln zu lassen. Auch nach Überarbeitung des Leitfadens der Ärztekammer von 2006 war eine solche Behandlung für Frauenpaare nicht vorgesehen. Kritiker*innen argumentierten auf Grundlage des § 2 GG gegen diesen Leitfaden, da aus deren Sicht der Kinderwunsch gleichgeschlechtlicher Paare einen Teil des allgemeinen Persönlichkeitsrechts darstelle (Ratzel 2017, S. 387–88). Doch die Bundesärztekammer hielt vorerst weiter an der ausschließlichen Behandlung heterosexueller Paare fest (Thorn 2010, S. 73–74). Im Oktober 2017 beschloss die Bundesärztekammer die „Richtlinie zur Entnahme und Übertragung von menschlichen Keimzellen im Rahmen der assistierten Reproduktion" (Bundesärztekammer 2018). Mit der Herausgabe dieser neuen Richtlinie wurde die oben genannte Musterrichtlinie von 2006 nicht überarbeitet, sondern ein neuartiger Leitfaden ohne berufsrechtliche Aspekte formuliert. Grund dafür ist u. a., dass die einzelnen Landesärztekammern die (Muster-)Richtlinie von 2006 unterschiedlich, wenn überhaupt, in ihre jeweilige Berufsordnung übernahmen (Richter-Kuhlmann 2018, S. 1050). Im Jahr 2022 gab die Bundesärztekammer eine Fortschreibung der Leitlinie heraus (Bundesärztekammer 2022). Auch in dieser Fortschreibung sind keine berufsrechtlichen Aspekte bzgl. der Behandlung von Frauenpaaren genannt. Das bedeutet, dass seitens der Bundesärztekammer keine Angaben gemacht werden, welche Personen(gruppen) behandelt werden dürfen bzw. von einer Behandlung ausgeschlossen werden.

2.2 Die Entwicklung rechtlicher Elternschaft

Die Entwicklung der rechtlichen Elternschaft bei gleichgeschlechtlichen Partner*innenschaften wird nachfolgend anhand der Reformen des Lebenspartnerschaftsgesetzes (LPartG) und der Öffnung der Ehe dargestellt. Zentral hierbei ist die damit verbundene Entwicklung des Adoptionsrechts.

Das Gesetz über die **eingetragene Lebenspartnerschaft** (Lebenspartnerschaftsgesetz, LPartG) trat am 01.08.2001 in Kraft.[3] Seitdem haben gleichgeschlechtliche Paare die Möglichkeit, sich rechtlich zu binden. Zeitgleich erfolgte die Änderung diverser Gesetzestexte, um die Begrifflichkeit „Ehegatten“ durch „Lebenspartner“ zu erweitern. Im Rahmen dieser Gesetzesänderungen wurde jedoch die Möglichkeit zu einer Stiefkindadoption oder gemeinschaftlichen Adoption gleichgeschlechtlichen Lebenspartner*innen verwehrt.[4] Jedoch ist es der*dem einen Lebenspartner*in nach § 9 LPartG möglich gemacht worden, in Angelegenheiten des täglichen Lebens von leiblichen Kindern der*des anderen Lebenspartner*in mitzuentscheiden. Allerdings gilt dieses sogenannte „Kleine Sorgerecht“ für das Stiefelternteil nur, wenn der leibliche Elternteil die alleinige elterliche Sorge innehat (Dethloff 2016, S. 181). Das „Kleine Sorgerecht“ erlischt bei einer dauerhaften Trennung der Lebenspartner*innen nach § 9 Abs. 4 LPartG.

Nach Normkontrollanträgen der Sächsischen Staatsregierung, der Landesregierung des Freistaats Thüringen und der Bayerischen Staatsregierung, dass das LPartG nicht mit der Verfassung vereinbar sei, entschied das Bundesverfassungsgericht

[3] Gesetz über die Eingetragene Lebenspartnerschaft (Lebenspartnerschaftsgesetz) in der Fassung der Bekanntmachung vom 16. Februar 2001 (BGBl. I S. 226). Online verfügbar unter: http://www.bgbl.de/xaver/bgbl/start.xav?startbk=Bundesanzeiger BGBl&-jumpTo=bgbl101s0266.pdf (15.07.2022).

[4] Die Annahme eines Kindes ist weiterhin nur Personen möglich, welche die Voraussetzungen nach § 1741 Abs. 2 i. V. m. § 1743 BGB erfüllen.

(BVerfG) am 17.07.2002[5]: die eingetragene Lebenspartnerschaft verletzt Art. 6 Abs. 1 GG nicht: Der besondere Schutz von Ehe und Familie steht in keinem Zusammenhang mit der Einführung der Institution der eingetragenen Lebenspartnerschaft für gleichgeschlechtliche Paare. Im Urteil vom 19.02.2013 des BVerfG bzgl. der Sukzessivadoption (siehe unten) wurde explizit festgeschrieben, dass eine eingetragene Lebenspartnerschaft mit leiblichen oder angenommen Kindern eine zu schützende Familie nach Art 6 Abs. 1 GG darstellt.[6]

Das „Gesetz zur Überarbeitung des Lebenspartnerschaftsrechts" trat am 01.01.2005 in Kraft.[7] Dabei wurde u. a. § 9 LPartG durch die Absätze 5 bis 7 erweitert. Dadurch wurde u. a. die **Stiefkindadoption** (Annahme des Kindes die*des Lebenspartner*in, § 9 Abs. 7 LPartG) ermöglicht. Die schrittweise oder gemeinschaftliche Annahme eines Kindes blieb eingetragenen Lebenspartner*innen jedoch weiter vorenthalten.

Das BVerfG schreibt in seinem Urteil vom 19.02.20136, dass die bis zum damaligen Zeitpunkt verwehrte Möglichkeit der **Sukzessivadoption** für gleichgeschlechtliche Lebenspartner*innen durch § 9 Abs. 7 LPartG (siehe oben) i. V. m. Art. 3 Abs. 1 GG[8] als verfassungswidrig gilt. Jedoch würden nach der damaligen Gesetzeslage das leibliche Kind einer*s Lebenspartner*in durch die*den anderen Lebenspartner*in angenommen werden können, ein adoptiertes Kind hingegen nicht. Das BVerfG setzte aufgrund des Verstoßes dem Gesetzgeber die Frist, bis zum 30.06.2014 eine verfassungsgemäße Neuregelung zu beschließen. Bis zu diesem Zeitpunkt soll § 9 Abs. 7 LPartG im folgenden Maße angewendet werden: Nimmt ein*e Lebenspartner*in ein Kind an, so kann das Kind zu einem späteren Zeitpunkt ebenso durch die*den eingetragene*n Lebenspartner*in angenommen werden. Am 20.06.2014 wurden die Änderungen der betroffenen Gesetze beschlossen; am darauffolgenden Tag, den 21.06.2014, traten sie in Kraft.[9]

[5] BVerfG, Urteil des Ersten Senats vom 17. Juli 2002–1 BvF 1/01 -, Rn. 1–147. Online verfügbar unter: http://www.bverfg.de/e/fs20020717_1bvf000101.html (15.07.2022).

[6] BVerfG, Urteil des Ersten Senats vom 19. Februar 2013–1 BvL 1/11 -, Rn. 1–110. Online verfügbar unter: http://www.bverfg.de/e/ls20130219_1bvl000111.html (15.07.2022).

[7] Gesetz zur Überarbeitung des Lebenspartnerschaftsrechts vom 15. Dezember 2004 (BGBl. I S. 3396). Online verfügbar unter: http://www.bgbl.de/xaver/bgbl/start.xav?startbk=Bundesanzeiger BGBl&jumpTo=bgbl104s3396.pdf (15:07:2022).

[8] „Alle Menschen sind vor dem Gesetz gleich."

[9] Gesetz zur Umsetzung der Entscheidung des Bundesverfassungsgerichts zur Sukzessivadoption durch Lebenspartner vom 20. Juni 2014 (BGBl. I S. 786). Online verfügbar unter: http://www.bgbl.de/xaver/bgbl/start.xav?startbk=Bundesanzeiger BGBl&jumpTo = bgbl114s0786.pdf (15.07.2022).

Am 20.07.2017 verabschiedete der Bundestag das „Gesetz zur Einführung des Rechts auf Eheschließung für Personen gleichen Geschlechts".[10] Die darin enthaltenen Gesetzesänderungen traten zum 01.10.2017 in Kraft. Seit diesem Tag können zwei Personen gleichen Geschlechts die Ehe eingehen. Zur Realisierung dieser Möglichkeit wurden u. a. im Bürgerlichen Gesetzbuch (BGB) (siehe Kap. 3.1) und im LPartG Änderungen vorgenommen. Im LPartG wurde der § 20a LPartG eingefügt, der besagt, dass eine eingetragene Lebenspartnerschaft in eine Ehe umgewandelt werden kann. Seit dem Inkrafttreten der Gesetzesänderungen können keine eingetragenen Lebenspartnerschaften mehr eingegangen werden.

3 … was ist, …

Die aktuellen Reglementierungen zu Reproduktionsmedizin begründen sich u. a. auf das Grundgesetz (siehe insbesondere die Entwicklungen in Kap. 2), das Fünfte Sozialgesetzbuch, das Bürgerliche Gesetzbuch und das Gewebe- und Embryonenschutzgesetz. Darüber hinaus gibt es Richtlinien der Ärztekammern sowie von Bund und Ländern. Ein „modernes Fortpflanzungs- und Medizingesetz" (Katzorke und Wehrstedt 2017, S. 28), welches alle rechtlichen Regelungen bündelt und vor dem Hintergrund sich stetig wandelnder gesellschaftlicher Lebensrealitäten und dazugehöriger Änderung und Neufassung rechtlicher Rahmenbedingungen sowie der Fort- und Neuentwicklung reproduktionsmedizinischer Verfahren verfasst wurde, gibt es jedoch nicht.

3.1 Regelungen im Bürgerlichen Gesetzbuch[11]

Seit dem 01.10.2017 können gleichgeschlechtliche Paare die Ehe eingehen. § 1353 Abs. Satz 1 BGB wurde hierzu wie folgt neu gefasst: „Die Ehe wird von zwei Personen verschiedenen oder gleichen Geschlechts auf Lebenszeit

[10] Gesetz zur Einführung des Rechts auf Eheschließung für Personen gleichen Geschlechts vom 20. Juli 2017 (BGBl. I S. 2787). Online verfügbar unter: http://www.bgbl.de/xaver/bgbl/start.xav?startbk=Bundesanzeiger BGBl&jumpTo=bgbl117s2787.pdf (15.07.2022).

[11] Bürgerliches Gesetzbuch in der Fassung der Bekanntmachung vom 2. Januar 2002 (BGBl. I S. 42, 2909; 2003 I S. 738), das zuletzt durch Artikel 4 des Gesetzes vom 15. Juli 2022 (BGBl. I S. 1146) geändert worden ist. Online verfügbar unter: https://www.gesetze-im-internet.de/bgb/BGB.pdf (09.08.2022).

geschlossen". Dadurch ist es gleichgeschlechtlichen Paaren nach § 1741 BGB möglich, nach ihrer Eheschließung gemeinsam Kinder zu adoptieren. Durch das Urteil des BVerfG vom 26.03.2019[12] ist seit 31.03.2020 zudem eine Stiefkindadoption durch unverheiratete zusammenlebende Paare nach § 1766a BGB möglich.

Ebenso ist die Abstammung im BGB geregelt. „Mutter eines Kindes ist die Frau, die es geboren hat" (§ 1591 BGB). Vaterschaft hingegen entsteht nach § 1562 BGB entweder durch eine Eheverhältnis mit der Mutter zum Zeitpunkt der Geburt, durch Anerkennung oder durch gerichtliche Feststellung. „Die Anerkennung [der Vaterschaft; AS] ist schon vor der Geburt des Kindes zulässig" (§ 1594 Abs. 4 BGB), bedarf jedoch der Zustimmung der Mutter (§ 1595 Abs. 1 BGB). Die Anerkennung einer zweiten Mutterschaft ohne Adoptionsverfahren der (Ehe-)Partnerin der gebärenden Frau sowie eine gespaltene Mutterschaft (zu den Segmenten von Elternschaft siehe u. a. Vaskovics 2009 sowie Scorna in diesem Sammelband) sieht das BGB zum aktuellen Zeitpunkt nicht vor.

3.2 (Nicht) erlaubte assistierte reproduktive Techniken

Im Folgenden werden die ARTs donogene Insemination, In-Vitro-Fertilisation, Intrazytoplasmatische Spermieninjektion, Eizelltransfer, heterologer Embryonentransfer, und Reception-of-Oocytes-from-Partner-Methode vorgestellt und aufgezeigt, welche Relevanz diese für Frauenpaare haben bzw. hätten, wenn sie erlaubt wären. Obgleich die Leitlinie der Bundesärztekammer die reproduktive Behandlung von Frauenpaaren nicht mehr ausschließt (siehe Abschn. 2.1), unterscheiden sich die Leitlinien der Landesärztekammern bis heute, sodass Frauenpaare keine flächendeckenden reproduktionsmedizinischen Behandlungsmöglichkeiten erfahren (LSVD e. V. 2021).

Donogene Insemination[13] **(DI)** ist die Verwendung von Spendersamen (heterologen Samenzellen) zur Befruchtung der weiblichen Eizelle, d. h. zwischen der zu be-handelnden Frau und dem Samenspender liegt keine Intimbeziehung vor (Bundesärztekammer 2022, 4). Da eine Schwangerschaft durch homologen

---

[12] BVerfG, Beschluss des Ersten Senats vom 26. März 2019–1 BvR 673/17 -, Rn. 1–134, http://www.bverfg.de/e/rs20190326_1bvr067317.html (09.08.2022).

[13] „Insemination bezeichnet das Einbringen nicht be- oder verarbeiteter Samenzellen (Nativsperma) in die Zervix (intrazervikale Insemination) oder aufbereiteter Samenzellen in den Uterus (intrauterine Insemination) oder in den oder die Eileiter (intratubare Insemination)" (Bundesärztekammer 2022, 4).

Samen (Samenzellen des (Ehe-)Partners der zu behandelnden Frau (Bundesärztekammer) für Cis-Frauenpaare qua biologischen Geschlechts nicht möglich ist, stellt die DI eine Möglichkeit zur Erfüllung des gemeinsamen Kinderwunsches dar. Zwei Urteile des Bundesfinanzhofs vom 05.10.2017[14] belegen, dass die Behandlung einer Frau in einer gleichgeschlechtlichen Partnerschaft mit Spendersamen und somit generell die Vornahme einer künstlichen Befruchtung nicht gegen das ESchG oder die Leitlinien der Berufsordnungen der Reproduktionsmediziner*innen verstoßen.

In-Vitro-Fertilisation (IVF) wird auch extrakorporale Befruchtung genannt (Bundesärztekammer 2022, S. 4). Dabei werden der Frau Eizellen, welche zuvor mit Hormonen stimuliert worden sind, durch Punktion aus dem Körper entnommen. In einem Reagenzglas bzw. einer Petrischale werden diese mit homo-/heterologen Samen inkubiert. Wenige Tage nach der Inkubation werden der Frau ein bis maximal drei befruchtete Eizellen in ihre Gebärmutter rücktransferiert. Mit der Rückführung von mehr als einem Embryo erhöht sich zwar die Schwangerschaftsrate, jedoch steigt auch das Risiko für eine ungewollte Mehrlingsgeburt oder auch einer Frühgeburt. Aus medizinischer Sicht bewährt sich der Rücktransfer einer einzelnen befruchteten Eizelle (Haug et al. 2018, S. 24). Die IVF stellt in Kombination mit der Verwendung von donogenem Samen für Frauenpaare eine Option zur Erfüllung des Kinderwunsches dar.

Die **Intrazytoplasmatische Spermieninjektion (ICSI)** ist ein nahezu analoges Verfahren zur IVF. Jedoch entscheidet bei der ICSI nicht wie bei der IVF der Zufall, welche Samenzelle welche Eizelle befruchtet. Bei der ICSI obliegt die Entscheidung einem Menschen, welches Spermium unter dem Mikroskop direkt in eine Eizelle injiziert wird (Haug et al., S. 24–25). Die ICSI stellt mit der Verwendung von donogenem Samen für Frauenpaare eine Option zur Erfüllung des Kinderwunsches dar.

Der **Eizelltransfer** ist nach § 1 Abs. 1 Nr. 1, 2 ESchG in Deutschland verboten. Bei einer Eizelltransfer wird eine mit hetero-/homologem Samen extrakorporal befruchtete Eizelle einer Frau einer anderen Frau eingepflanzt (Nationale Akademie der Wissenschaften Leopoldina und Union der deutschen Akademien der Wissenschaften 2019, S. 65). Zwar scheint das Verbot der Eizelltransfer in Bezug

[14] BFH, Urteil vom 05. Oktober 2017, VI R 47/15. Online verfügbar unter: https://www.bundesfinanzhof.de/de/entscheidung/entscheidungen-online/detail/STRE201710301/ (10.08.2022); BFH, Urteil vom 05. Oktober 2017, VI R 47/15. Online verfügbar unter: https://www.bundesfinanzhof.de/de/entscheidung/entscheidungen-online/detail/STRE201750320/ (10.08.2022).

auf Frauenpaare zunächst wenig Relevanz zu haben. Jedoch folgen daraus Konsequenzen für den heterologen Embryonentransfer (siehe nachfolgend) und die Reception-of-Oocytes-from-Partner-Methode (siehe nachfolgend) – zwei ART mit Relevanz für Frauenpaare.

Bei einem **heterologer Embryonentransfer** geben Paare nach einer erfolgreichen Kinderwunschbehandlung kryokonservierte Embryonen, die während dieser Behandlung entstanden sind und nicht mehr benötigt werden, unentgeltlich für einen heterologen Transfer frei (Frommel et al. 2010, S. 103–4). Heterologe Embryonentransfers erfolgen in Deutschland über das Netzwerk Embryonenspende Deutschland e. V. an Paare, die auf natürliche oder reproduktionsmedizinische Art ungewollt kinderlos geblieben sind (Netzwerk Embryonenspende Deutschland e. V. o. J.).

In welchem Stadium befruchteten Eizellen heterolog transferiert werden dürfen, war u. a. Gegenstand des Urteils des Oberlandesgerichts (OLG) München vom 04.11.2020[15]. Imprägnierte Eizellen, die sich zum Zeitpunkt der Kryokonservierung im Vorkernstadium (2-PN-Stadium) befanden, dürfen nach § 1 Abs. 1 Nr. 2 ESchG nicht heterolog transferiert werden. Hat sich die imprägnierte Eizelle bereits zu einem Embryo weiterentwickelt, besteht kein Tatbestand nach § 1 Abs. 1 Nr. 2 ESchG. Das OLG München widerspricht mit der Entscheidung zum Transfer imprägnierter Eizellen im Vorkernstadium dem Urteil der Vorinstanz, dem Landgericht (LG) Augsburg, vom 13.12.2018[16]. Das LG Augsburg hat hierbei den objektiven Tatbestand nach § 1 Abs. 1 Nr. 2 ESchG als nicht erfüllt angesehen. Im aktuellen Koalitionsvertrag steht wiederum konträr zum Urteil des OLG München geschrieben (wobei es sich hierbei um keine rechtskräftige Aussage handelt, sondern um eine Absichtsbekundung für eine mögliche zukünftige Politikentwicklung): „Wir stellen klar, dass Embryonenspenden im Vorkernstadium legal sind“ (SPD et al., S. 92). Unabhängig der Auslegung des § 1 Abs. 1 Nr. 2 ESchG stellt der heterologe Embryonentransfer generell für Frauenpaare eine Option zur Erfüllung des Kinderwunsches dar.

Die Reception-of-Oocytes-from-Partner-Methode (ROPA-Methode) ist dem Namen nach eine Eizelltransfer innerhalb von Frauenpaaren. Die ROPA-Methode ist u. a. in Spanien und den Niederlanden möglich (Dionisius 2020, S. 307), da dort Eizelltransfers legal sind (Nationale Akademie der Wissenschaften Leopoldina und Union der deutschen Akademien der Wissenschaften 2019, S. 68).

[15] BayObLG München, Urteil v. 04.11.2020–206 St RR 1459/19–1461/19.

[16] LG Augsburg, Urteil v. 13.12.2018–16 Ns 202 Js 143.548/14.

In Deutschland ist die ROPA-Methode dagegen nach § 1 Abs. 1 Nr. 1, 2 ESchG nicht erlaubt.

Peukert et al. (2020) stellen exemplarisch anhand eines qualitativen Interviews dar, wie sich ein Frauenpaar den gemeinsamen Kinderwunsch durch ROPA in Spanien erfüllt und wie es Mutter- bzw. Elternschaft wahrnimmt. Das Paar benennt im Interview, „dass sie quasi **wie heterosexuelle** Paare gemeinsam als Paar eine genetische und biologische Verwandtschaft zu ihrem Kind herstellen können" (Peukert et al. 2020, S. 69, H. i. O.). Die Entscheidung für die geteilte Mutterschaft bedeutet in diesem Fall, dass aufgrund spanischen Rechts die Anonymität des Samenspenders in Kauf genommen werden muss (Peukert et al. 2020, S. 70–71).

3.3 Fördermöglichkeiten in der assistierten Reproduktionsmedizin

Es werden finanzielle Fördermöglichkeiten durch Krankenkassen sowie durch Bund und Länder generell sowie der Anspruch für Frauenpaare darauf dargestellt.

Krankenkassen

Das 5. Sozialgesetzbuch (SGB V)[17] beinhaltet alle Regelungen, welche die **gesetzlichen Krankenkassen** (GKV) betreffen. § 27a SGB V regelt die Kostenbeteiligung der GKV an ART und definiert hierfür u. a. folgende Voraussetzung: Für die ART dürfen lediglich Ei- und Samenzellen des Ehepaares, welches sich der Kinderwunschbehandlung unterzieht, verwendet werden (§ 27a Abs. 1 Nr. 4 SGB V). Dadurch werden Frauenpaare von der Kostenbeteiligung der GKV generell ausgeschlossen. Das Urteil des Bundessozialgerichts vom 10.11.2021[18] beinhaltet, dass diese Voraussetzung aufrechterhalten wird.

Private Krankenversicherungen (PKV) sind nicht an den § 27a SGB V gebunden. In der Vergangenheit hat sich die (Teil-)Kostenübernahme durch PKV auf heterosexuelle Ehepaare sowie auch heterosexuelle unverheiratete Paare

[17] Das Fünfte Buch Sozialgesetzbuch – Gesetzliche Krankenversicherung – (Artikel 1 des Gesetzes vom 20. Dezember 1988, BGBl. I S. 2477, 2482), das zuletzt durch Artikel 8 des Gesetzes vom 28. Juni 2022 (BGBl. I S. 969) geändert worden ist. Online verfügbar unter: https://www.gesetze-im-internet.de/sgb_5/SGB_5.pdf (11.07.2022).

[18] BSG, Urteil vom 10.11.2021, B 1 KR 7/21 R. Online verfügbar unter: https://www.bsg.bund.de/SharedDocs/Pressemitteilungen/DE/2021/2021_29.html (11.07.2022).

beschränkt (Feibner und Khaschei 2012, S. 127–28). Der LSVD e. V. (2021) schreibt Stand 29.11.2021, dass ihrer Auffassung nach „auch einer empfängnisunfähigen Frau, die in einer gleichgeschlechtlichen Beziehung lebt oder alleinstehend ist, ein Anspruch gegen ihre privaten Krankenversicherungen zu[steht]. […] Frauenpaare, die wir als Beistand begleitet haben, haben ihre privaten Krankenversicherungen schon wiederholt zu solchen Erstattungen bewegen können. Die Versicherungen haben jeweils im Vergleichsweg eingelenkt" (LSVD e. V. 2021).

Richtlinien des Bundes und der Länder

Im Hinblick auf die Richtlinien ist voranzustellen, dass es sich dabei um theoretisch mögliche finanzielle Fördermöglichkeiten handelt, aus denen sich jedoch kein Rechtsanspruch ableitet. Im Folgenden werden die Richtlinien, welche Stand September 2022 in Kraft waren, auf die generelle Nutzungsmöglichkeit für Frauenpaare dargestellt.

Die „Richtlinie des Bundesministeriums für Familie, Senioren, Frauen und Jugend über die Gewährung von Zuwendungen zur Förderung von Maßnahmen der assis-tierten Reproduktion"[19] trat am 29.03.2012 in Kraft und wurde zuletzt am 23.12.2015 geändert. Die Änderungsfassung trat zum 07.01.2016 in Kraft (Nr. 9).

Obgleich es „[d]er Bundesregierung […] ein wichtiges Anliegen [ist], die Situation von Paaren mit unerfülltem Kinderwunsch in unserer Gesellschaft deutlich sichtbar zu machen, das Thema künstliche Befruchtung zu enttabuisieren und zu einer Akzeptanz und Entstigmatisierung kinderloser Frauen und Paare beizutragen" (Nr. 1. Abs. 4 Satz 3), erfolgt bei der Ausgestaltung der Richtlinie eine Orientierung am § 27a SGB V (Nr. 1. Abs. 4 Satz 1). Dies zeigt sich insbesondere am Festhalten an der Gruppe heterosexueller Paare als Zuwendungsempfangende (Nr. 4). Darüber hinaus müssen die übrigen Voraussetzungen des § 27a SGB V erfüllt sein (Nr. 5 Abs. 1 a.).

Den Ländern bleibt es vorbehalten, Regelungen unabhängig des § 27a SGB V zu treffen (Nr. 1. Abs. 4 Satz 2). Im Folgenden werden die geöffneten Richtlinien von Berlin, Bremen, Rheinland-Pfalz und Saarland dargestellt. Als Beispiel einer Richtlinie, die eng an der des Bundes orientiert ist, dient jene aus Bayern.

[19] Richtlinie des Bundesministeriums für Familie, Senioren, Frauen und Jugend über die Gewährung von Zuwendungen zur Förderung von Maßnahmen der assistierten Reproduktion in der Fassung der Bekanntmachung vom 29. März 2012, zuletzt geändert am 23. Dezember 2015. Online verfügbar unter: http://www.verwaltungsvorschriften-im-internet.de/bsvwvbund_29032012_41487300000105.htm (08.07.2022).

Bayern. Die „Richtlinie zur Förderung von Kinderwunschbehandlungen (Kinderwunsch-Richtlinie)“[20] trat zum 01.11.2020 in Kraft und tritt nach dem 31.12.2024 außer Kraft (Nr. 9.). Wie bereits angeführt, orientiert sich die Bayerische Richtlinie sehr an der des Bundes. So sind auch hier als Zuwendungsempfangende nur heterosexuelle (Ehe-)Paare vorgesehen (Nr. 3.). Zudem müssen erneut die übrigen Voraussetzungen des § 27a SGB V erfüllt sein (Nr. 4.1.2).

Berlin. Die „Richtlinie über die Gewährung von Zuwendungen zur Förderung der Maßnahmen der assistierten Reproduktion“[21] trat zum 01.07.2021 in Kraft und tritt nach dem 30.06.2026 außer Kraft (Nr. 8). „Ziel ist es, Paare, deren Kinder-wunsch aus medizinischen Gründen unerfüllt ist, von den Behandlungskosten, die sonstige Leistungsträger […] nicht übernehmen, teilweise zu entlasten“ (Nr. 1 Satz 2). Die Förderung wird auch gleichgeschlechtlichen weiblichen (Ehe-) Paaren bzw. eingetragenen Lebenspartnerinnen (Nr. 3) gewährt. Bei medizinischer Indikation ist die Verwendung heterologen Samens zulässig (Nr. 4d). „Bei gleichgeschlechtlichen weiblichen Paaren wird ausschließlich die Eizelle von der Partnerin verwendet, die sich der reproduktionsmedizinischen Behandlung unterzieht“ (Nr. 4e).

Bremen. Die „Bekanntmachung der Senatorin für Gesundheit, Frauen und Ver-braucherschutz über die Gewährung von Zuwendungen zur Förderung von Maßnahmen der assistierten Reproduktion“[22] trat zum 01.01.2022 in Kraft und tritt nach dem 31.12.2023 außer Kraft (Nr. 12.). Zuwendungsberechtigt sind auch gleichgeschlechtliche (Ehe-)paare und Lebenspartner*innen, „bei denen mindestens eine Person über weibliche Fortpflanzungsorgane verfügt“ (Nr. 4. Abs. 1 a, b, c). „Für die Behandlung von gleichgeschlechtlichen Paaren gilt § 27a Absatz 1 Nr. 4 dahingehend, dass ausschließlich die Eizelle der Zuwendungsempfängerin, die sich der reproduktionsmedizinischen Behandlung unterzieht, verwendet werden darf“ (Nr. 5. Abs. 2).

[20] Richtlinie zur Förderung von Kinderwunschbehandlungen (Kinderwunsch-Richtlinie) in der Fassung der Bekanntmachung des Bayerischen Staatsministeriums für Familie, Arbeit und Soziales vom 8. Oktober 2020, Az. IV1/6541.01–1/630 (BayMBl. 2020 Nr. 610).

[21] Richtlinie über die Gewährung von Zuwendungen zur Förderung der Maßnahmen der assistierten Reproduktion in der Fassung der Bekanntmachung vom 31. Mai 2021 (Abl. (Amtsblatt für Berlin) Nr. 24, S. 2055).

[22] Bekanntmachung der Senatorin für Gesundheit, Frauen und Verbraucherschutz über die Gewährung von Zuwendungen zur Förderung von Maßnahmen der assistierten Reproduktion vom 17. Dezember 2021 (Brem.ABl. S. 1315).

Rheinland-Pfalz. Die „Richtlinie über die Gewährung von Zuwendungen zur Förderung von Maßnahmen der assistierten Reproduktion durch das Land Rheinland-Pfalz“[23] trat am 01.03.2021 in Kraft (Nr. 7). Zuwendungsberechtigt sind auch gleichgeschlechtlichen weiblichen (Ehe-)Paaren bzw. eingetragene Lebenspartnerinnen (Nr. 3). Wie in den vorausgehenden Richtlinien sieht auch diese vor, dass „bei gleichgeschlechtlichen weiblichen Paaren ausschließlich Eizellen der Frau verwendet werden, die sich der künstlichen Befruchtung unterzieht“ (Nr. 4.1e).

Saarland. Die „Richtlinie zur Unterstützung von Paaren im Saarland bei der Erfüllung ihres Kinderwunsches“[24] sowie die „Ergänzungsrichtlinie zur Unterstützung von Paaren im Saarland bei der Erfüllung ihres Kinderwunsches“[25] traten am 01.01.2022 in Kraft und treten am 31.12.2025 außer Kraft (jeweils Nr. 9). Die Ergänzungsrichtlinie hat zum Ziel, „gleichgeschlechtliche weibliche [(Ehe-)] Paare dabei zu unterstützen, die Inanspruchnahme medizinischer Maßnahmen der assistierten Reproduktion zu finanzieren“ (Nr. 3. Satz 1). Ebenfalls dürfen „ausschließlich Eizellen der Frau verwendet werden, die sich der künstlichen Befruchtung unterzieht“ (Nr. 5, 2. Aufzählung).

4 ... was werden könnte

Die Betrachtung zukünftiger Entwicklungen im Hinblick auf Frauenpaare in der as-sistierten Reproduktionsmedizin erfolgt auf Basis der Wahlprogramme zur Bundestagswahl 2021 der amtierenden Regierungsparteien und der anderen im Bundestag vertretenen Parteien sowie des aktuellen Koalitionsvertrags. Aktuelle politische Bestrebungen werden in Kapitel 5 angeführt.

---

[23] Richtlinie über die Gewährung von Zuwendungen zur Förderung von Maßnahmen der assistierten Reproduktion durch das Land Rheinland-Pfalz (Förderrichtlinie Assistierte Reproduktion) in der Fassung der Bekanntmachung des Ministeriums für Soziales, Arbeit, Gesundheit und Demografie vom 25. Januar 2021(3422–0001–0601 639) (MinBl 2021, S. XX).

[24] Richtlinie zur Unterstützung von Paaren im Saarland bei der Erfüllung ihres Kinderwunsches (RL-SL-Kinderwunsch) in der Fassung der Bekanntmachung vom 26.11.2021.

[25] Ergänzungsrichtlinie zur Unterstützung von Paaren im Saarland bei der Erfüllung ihres Kinderwunsches (ErgRL-SL-Kinderwunsch) in der Fassung der Bekanntmachung vom 26.11.2021.

4.1 Wahlprogramme zur Bundestagswahl 2021

Sozialdemokratische Partei Deutschlands (SDP)

Obgleich die Ehe eine wichtige Institution für die SPD darstellt, erkennt sie: „In der Familie wird füreinander Verantwortung übernommen. […] Verantwortung hängt nicht am Trauschein" (SPD 2021, S. 43). Sie möchte auch Sorge tragen für die Absicherung vielfältiger Familienmodelle auch über Zweielternfamilien hinaus:

„Mit der Verantwortungsgemeinschaft unterstützen wir beispielsweise Regenbogenfamilien zusätzlich darin, füreinander Sorge zu tragen und Verantwortung zu übernehmen, wenn sich mehrere Menschen mit oder anstelle der biologischen Eltern um Kinder kümmern. Wir schaffen ein modernes Abstammungsrecht. Wir setzen uns ein für gleiche Rechte von gleichgeschlechtlichen Partner*innen in der Ehe, insbesondere bei Adoptionen" (SPD 2021).

Darüber hinaus befürwortet die SPD „zwei Wochen Elternschaftszeit direkt nach Geburt eines Kindes, auf die jeder Vater bzw. der/die Partner*in kurzfristig und sozial abgesichert Anspruch hat" (SPD 2021, S. 39). Zudem möchte die SPD „[d]as Diskriminierungsverbot wegen der geschlechtlichen und sexuellen Identität […] in Art. 3 Abs. 3 GG aufnehmen" (SPD 2021, S. 44).

Bündnis 90/Die Grünen (B'90/Grüne)

B'90/Grüne schreibt im Kapitel „Wir fördern Kinder, Jugendliche und Familien" (B'90/Grüne 2021, S. 97) im Abschnitt „Absicherung für alle Familienformen" (B'90/Grüne 2021, S. 102) wie folgt:

„Ob Alleinerziehende, Patchwork-, Stief- oder Regenbogenfamilie – Familien sind vielfältig und diese Vielfalt muss ein modernes Familienrecht auch abbilden. […] Mit der Weiterentwicklung des „kleinen Sorgerechts" hin zu einem Rechtsinstitut der elterlichen Mitverantwortung, die, auch schon vor Zeugung, auf Antrag beim Jugendamt auf bis zu zwei weitere Erwachsene neben den leiblichen Eltern über-tragen werden kann, geben wir allen Beteiligten mehr Sicherheit und stärken Mehr-Eltern-Familien und soziale Elternschaft. Zwei-Mütter-Familien sollen nicht mehr durch das Stiefkindadoptionsverfahren müssen […]. Bei Kinderwunsch sollen alle Paare […] die Möglichkeit einer Kostenerstattung für die künstliche Befruchtung erhalten. […] Mit dem Pakt für das Zusammenleben werden wir eine neue Rechts-form schaffen, die das Zusammenleben zweier Menschen, die füreinander Verant-wortung übernehmen, unabhängig von der Ehe rechtlich absichert" (B'90/Grüne 2021, S. 102–3).

Damit setzt sich B'90/Grüne für die rechtliche Absicherung vielfältiger Familienmodelle und die Abschaffung der Adoption durch die Co-Mutter bei Zwei-Mütter-Familien sowie Partner*innenschaften zweier Personen jenseits der Ehe ein. Zudem möchte die Partei die finanzielle Unterstützung bei reproduktionsmedizinischen Behandlungen über die heterosexuelle Ehe hinaus ausweiten. Darüber hinaus möchte auch B'90/Grüne „den Schutz von Menschen aufgrund ihrer sexuellen und ge-schlechtlichen Identität durch die Ergänzung des Artikels 3 Absatz 3 des Grundgesetzes sicherstellen" (B'90/Grüne 2021, S. 192).

Freie Demokratische Partei (FDP)

Die FDP schreibt von einem „[m]oderne[m] Recht für starke Familien" (FDP 2021, S. 33). Hierbei möchte die FDP u. a. ein „[m]odernes Fortpflanzungsmedizingesetz schaffen […] [u]ngewollt Kinderlose unterstützen […] [,] Mehrelternschaft und Elternschaftsvereinbarungen rechtlich anerkennen […] [, ein] Adoptionsrecht für alle […] [und die] Verantwortungsgemeinschaft einführen" (FDP 2021, S. 33–34). In Bezug auf ein Fortpflanzungsmedizingesetz fordert die FDP die Legalisierung von Eizelltransfer und heterologem Embryonentransfer sowie Regelungen bezüglich nichtkommerziellem Leihgebären (FDP 2021, S. 33). Zudem schreibt die FDP:

„Die Möglichkeiten der Reproduktionsmedizin sollen allen Menschen unabhängig vom Familienstand und der sexuellen Orientierung zugänglich sein. […] Die Bun-desförderung [von ART] darf nicht mehr von einer Landesbeteiligung abhängig sein. Langfristig sollen die gesetzlichen Krankenkassen die Kosten bei Vorlage einer medizinischen Indikation wieder vollständig übernehmen. Auch Paare ohne Trauschein […] sollen einen Anspruch auf Förderung haben" (FDP 2021, S. 33).

Die genannten Elternschaftsvereinbarungen sollen der FDP zufolge bereits vor der Geburt rechtswirksam geschlossen werden können. Die Mehrelternschaft ist auf vier Elternteile beschränkt. Auch die FDP plädiert für eine automatische Elternschaft der Co-Mutter in einer Zwei-Mütter-Familie. Zudem soll eine Adoption generell auch für unverheiratete Paare möglich sein. Für zwei oder mehrere Erwachsene spricht sich die FDP für die Übernahme einer Verantwortungsgemeinschaft jenseits der Ehe aus, die hinsichtlich Rechten und Pflichten individuell ausgestaltet werden kann (FDP 2021, S. 33–34).

Christlich Demokratische Union/Christlich Soziale Union (CDU/CSU)

Aus dem Wahlprogramm 2021 der CDU/CSU lassen sich viele Aussagen nur indirekt ableiten. So klare Aussagen hinsichtlich Familie und Reproduktion wie in den übrigen vorgestellten Wahlprogrammen werden nicht formuliert (CDU und CSU 2021). Folgende Passagen werden zur nachfolgenden Skizzierung der Familienpolitik der CDU/CSU in Bezug auf die vorliegende Fragestellung herangezogen und im Anschluss interpretiert:

- „Wir wollen, dass Deutschland eine starke Heimat bleibt, in der möglichst viele Menschen nach ihrem persönlichen Glück streben können. […] Wir haben für diese Aufgabe die richtigen Werte und Prinzipien: […] Respekt statt Bevormundung für Familien, christliches Menschenbild und gesellschaftliche Vielfalt statt vorgefertigter Lebensentwürfe für jeden Einzelnen" (CDU und CSU 2021, S. 4–5).
- „Bei all unseren Ansätzen wollen wir insbesondere Frauen und Mädchen stärken. Wir setzen uns für ihr Recht auf Selbstbestimmung und Familienplanung ein" (CDU und CSU 2021, S. 14).
- „Unser Unionsversprechen: Wir werden es unseren Familien leichter machen. Wir werden sie finanziell entlasten und ihnen geben, was für alle wichtig ist: Zeit füreinander, Sicherheit, mehr finanzielle Spielräume, gute Schulen und Kitas" (CDU und CSU 2021, S. 75).
- „Wir wollen die Partnermonate beim Elterngeld um weitere zwei auf insgesamt 16 Monate ausweiten, wenn sowohl Vater als auch Mutter Elternzeit nehmen" (CDU und CSU 2021, S. 75).
- „Wir sind der Überzeugung, dass es für Kinder in aller Regel am besten ist, wenn beide Elternteile gemeinsam Verantwortung für Erziehung und Entwicklung übernehmen" (CDU und CSU 2021, S. 77).

Obgleich die CDU/CSU „Deutschland als Chancen- und Familienland" (CDU und CSU 2021, S. 75) sieht, zeigt sich in den Auszügen ein klares Bild von Familie: Vater, Mutter, Kind(er). An gewissen Stellen werden Alleinerziehende mitgedacht, jedoch nicht Regenbogenfamilien oder Familien mit mehr als zwei Elternteilen. Darüber hinaus zeigen die Passagen durch fehlende gendergerechte Sprache, dass die CDU/CSU an einem heteronormativen Weltbild festhält. „Der Schutz der Familie unter sich wandelnden Bedingungen ist eine Grundkonstante einer vom christlichen Menschenbild geleiteten Politik" (CDU und CSU 2021, S. 75). Somit beziehen sich alle Aussagen zur Förderung von Familien auf diese eine Familienform, mit der Ausnahme von Alleinerziehenden.

Unter „Neue Sichtweisen willkommen – Vielfalt fördern" (CDU und CSU 2021, S. 102) versteht die CDU/CSU somit keine Schaffung neuer rechtlicher Rahmenbedingungen für vielfältige Familienformen. Die CDU/CSU strebt dabei „eine höhere Durchlässigkeit zwischen öffentlichem Dienst und Privatwirtschaft für den wechselseitigen, auch zeitlich limitierten Austausch von Mitarbeitern" (CDU und CSU 2021, S. 102) und die Einbindung von beruflich Quereinsteigenden in den öffentlichen Dienst. Darüber hinaus soll die Vielfalt in diesem Bereich durch dort arbeitende Elternteile und pflegende Angehörige abgebildet werden (CDU und CSU 2021).

Die Linke

Die Linke schreibt, dass ihre Familienpolitik darauf ausgerichtet sei, „allen Menschen ein gutes, planbares Leben ohne Zukunftsangst zu ermöglichen – für alle Familienformen, unabhängig der Herkunft, sexuellen Orientierung und geschlechtlichen Identität" (Die Linke 2021, S. 29). Darüber hinaus ist Die Linke nach eigener Angabe der Auffassung: „Jeder Mensch ist gleich viel wert und »All genders are beautiful«" (Die Linke 2021, S. 101).

Die Linke verspricht sich für „[r]eproduktive Gerechtigkeit: Freie Entscheidung für ein Leben mit und ohne Kinder für alle" (Die Linke 2021, S. 106) einzusetzen: „Wir wollen, dass alle Menschen entscheiden können, ob und wie sie mit Kindern leben möchten. Erst dann können wir reproduktive, körperliche und sexuelle Selbstbestimmung für Frauen und queere Menschen erreichen" (Die Linke 2021, S. 106). Hierzu zählt die selbstbestimmte Familienplanung: „Künstliche Befruchtung muss allen Menschen kostenfrei durch Kostenübernahme der Krankenkasse zur Verfügung stehen, auch nicht-verheirateten, lesbischen, Singlefrauen, Trans* und queeren Menschen" (Die Linke 2021, S. 106).

Darüber hinaus spricht sich Die Linke für ein „Wahlverwandtschaftsrecht" aus (Die Linke 2021, S. 107), durch welches auch mehr als zwei Personen füreinander rechtliche Verantwortung übernehmen können. Diesen Gemeinschaften soll u. a. auch das Adoptionsrecht zuteilwerden. Ebenso befürwortet Die Linke eine Reform des Abstammungsrechts, um so rechtliche Co-Mutterschaft bzw. Co-Elternschaft automatisch zu ermöglichen und ebenso rückwirkend geltend zu machen (Die Linke 2021).

Alternative für Deutschland (AfD)

Der Abschnitt des Kapitels Familienpolitik zu „Familie stärken und fördern" (AfD 2021, S. 104) des vergangenen Wahlprogramms der AfD beginnt wie folgt:

„Die AfD bekennt sich zur Familie als Keimzelle unserer Gesellschaft. Sie besteht aus Vater, Mutter und Kindern. Familie bedeutet Sicherheit, Obhut, Heimat, Liebe und Glück. Dieses Werte- und Bezugssystem wird von Generation zu Generation weitergegeben. Von linksgrüner Seite jedoch wird die Institution Familie aus ideologischer Motivation heraus diskreditiert, um sie durch andere Leitbilder zu erset-zen. Wir fordern dagegen die Wiederherstellung des grundgesetzlich garantierten, besonderen Schutzes der Familie“ (AfD 2021).

Damit zeigt die AfD auf, wie sich eine Familie aus ihrer Sicht zusammensetzen und entstehen soll: aus Vater, Mutter und Kindern, die genetisch von ihren beiden Eltern abstammen. Andere Familienkonstellationen lehnt sie ab und sieht sie als Gefahr für das von ihr vertretene Familienbild. Weiter schreibt die AfD in ihrem Wahlprogramm 2021: „Wir wenden uns strikt gegen die Kommerzialisierung des Mutterleibes durch bezahlte Leihmutterschaften und gegen die Vermarktung von Gewebe getöteter ungeborener Kinder“ (AfD 2021, S. 112).

Zusammenfassende Darstellung der gesellschafts- und biopolitischen Positionen der Parteien

SPD, B‘90/Grüne, FDP und Die Linke sprechen sich in ihren Parteiwahlprogrammen für eine Übernahme von Verantwortung von Erwachsenen füreinander jenseits der Ehe aus. Alle vier Parteien befürworten ein modernes Abstammungsrecht – lediglich die SPD nennt hier nicht ausdrücklich die automatische Mutterschaft der Ehefrau der gebärenden Frau. B‘90/Grüne möchte die Adoption für alle ermöglichen, die FDP ebenfalls generell für unverheiratete Paare und Die Linke ausdrücklich auch für die zuvor genannten Verantwortungsgemeinschaften. B‘90/Grüne und FDP sprechen sich für eine rechtliche Elternschaft von bis zu vier Personen aus, wobei B‘90/Grüne diese bereits vor der Zeugung und die FDP diese vor der Geburt ermöglichen möchte. B‘90/Grüne, FDP und Die Linke streben darüber hinaus eine Öffnung der Kostenübernahme bei ART für alle an, wobei die FDP zu einer voll-ständigen Kostenübernahme zurückkehren und Die Linke die künstliche Befruchtung kostenfrei gestalten möchte. Darüber hinaus spricht sich die FDP für ein neu-es, modernes Fortpflanzungsmedizingesetz aus sowie für die Legalisierung von Eizelltransfer, heterologem Embryotransfer und altruistischem Leihgebären aus. SPD, B‘90/Grüne und Die Linke äußern sich hierzu in ihren Parteiwahlprogrammen nicht.

Konträr zu den Wahlprogrammen von 2021 vonseiten der SPD, B‘90/Grüne, FDP und Die Linke stehen jene von CDU/CSU und AfD. Das Parteiwahlprogramm von CDU/CSU bezieht sich bei Aspekten zu Familie auf heterosexuelle Familien. An wenigen Stellen werden Alleinerziehende mitgenannt. Das Parteiwahlprogramm wird den aktuellen gesellschaftlichen Entwicklungen nicht gerecht und wirkt mitunter wie aus einer vergangenen Zeit stammend. Einen ähnlichen Eindruck erweckt das Parteiwahlprogramm der AfD, welche darüber hinaus Familienkonstellationen jenseits der Familie aus Vater, Mutter und Kind(ern) als Gefahr für das von ihr vertretene Familienbild sieht und ART ablehnt.

4.2 Der Koalitionsvertrag 2021–2025

Der Koalitionsvertrag zwischen den Bundestagsfraktionen von SPD, B'90/Grüne und FDP trägt den Titel „Mehr Fortschritt wagen. Bündnis für Freiheit, Gerechtigkeit und Nachhaltigkeit" (SPD et al. 2021). Im Kapitel „Chancen für Kinder, starke Familien und beste Bildung ein Leben lang" (SPD et al. 2021, S. 74) schreibt die Koalition einleitend: „Familien sind vielfältig. Sie sind überall dort, wo Menschen Verantwortung füreinander übernehmen und brauchen Zeit und Anerkennung. […] Förderleistungen wollen wir leichter zugänglich machen. Da der Rechtsrahmen für die viel-fältigen Familien der gesellschaftlichen Wirklichkeit noch hinterherhinkt, wollen wir ihn modernisieren" (SPD et al. 2021).

In Bezug auf das Familienrecht möchte die Koalition laut Koalitionsvertrag „das „kleine Sorgerecht" für soziale Eltern ausweiten und zu einem eigenen Rechtsinstitut weiterentwickeln, das im Einvernehmen mit den rechtlichen Eltern auf bis zu zwei weitere Erwachsene übertragen werden kann" (SPD et al. 2021, S. 80). Somit wäre eine Mehrelternschaft möglich. Zudem möchte die Koalition eine Verantwortungsgemeinschaft einführen, durch welche zwei oder mehr Erwachsene jenseits einer Ehe rechtlich füreinander Verantwortung übernehmen können (SPD et al. 2021), sowie „Vereinbarungen zu rechtlicher Elternschaft, elterlicher Sorge, Umgangsrecht und Unterhalt schon vor der Empfängnis ermöglichen" (SPD et al. 2021). Ebenso soll die Co-Mutter in Zwei-Mütter-Familien automatisch zweite rechtliche Mutter werden, insofern die beiden Frauen in Ehe leben. Im Falle einer Adoption soll von der Ehe als notwendiges Kriterium abgesehen werden. Zudem soll Elternschaftsanerkennung geschlechtsunabhängig außerhalb der Ehe möglich werden. Um das Recht auf Abstammung für Kinder weiter zu sichern, strebt die Koalition an, das Samenspenderregister auf private Spenden und heterologem Embryonentransfer zu erweitern (SPD et al. 2021). In Bezug auf die reproduktive Selbstbestimmung schreibt die Koalition:

„Künstliche Befruchtung wird […] unabhängig von medizinischer Indikation, Familienstand und sexueller Identität förderfähig sein. Die Beschränkungen für Alter und Behandlungszyklen werden wir überprüfen. Der Bund übernimmt 25 % der Kosten unabhängig von einer Landesbeteiligung. Sodann planen wir, zu einer vollständigen Übernahme der Kosten zurückzukehren. […] Wir stellen klar, dass Embryonenspenden im Vorkernstadium legal sind und lassen den „elektiven Single Embryo Transfer" zu" (SPD et al.2021, S. 92).

Darüber hinaus plant die Koalition die Einrichtung einer Kommission zur reproduktiven Selbstbestimmung und Fortpflanzungsmedizin. Diese soll u. a. für die Prüfung der Möglichkeiten der Legalisierung des Eizelltransfers und des altruistischen Leihgebärens eingesetzt werden (SPD et al. 2021).

5 Zusammenfassung des Status Quo

Obgleich das Verbot zur Behandlung von Frauenpaaren mit ART durch eine vergangene Überarbeitung der betreffenden Leitlinie der Bundesärztekammer nicht mehr gilt und sie somit uneingeschränkten Zugang zu den erlaubten ART haben, erhalten Frauenpaare nach wie vor keine flächendeckende Behandlungsmöglichkeit mit ART. Denn eine mögliche Ausformulierung einer bundeslandspezifischen Leitlinie zur Reproduktionsmedizin fällt in die Zuständigkeit der Landesärztekammern (siehe Kap. 2.1 und 3.2). Ausschließlich Bremen führt in der Leitlinie explizit die Behandlung von Frauenpaaren mit an, wohingegen bspw. in Bayern keine Leitlinie existiert (LSVD e. V. 2021).

Durch das Verbot des Eizelltransfers bleibt Frauenpaaren die Möglichkeit der ROPA-Methode verwehrt. Die Verbreitung des Bedarfs an ROPA ist zwar nicht erfasst, jedoch zeigen bspw. Arbeiten wie jener von Peukert et al. (2020), dass grundsätzlich ein Wunsch zur Nutzung von ROPA besteht und dieser nur im Ausland, u. a. in Spanien, Erfüllung finden kann. Frauenpaare würden eine Zielgruppe darstellen, für die der Eizelltransfer und damit auch die ROPA-Methode reglementiert geöffnet werden könnten. Aktuelle Diskussionen zum Fortbestehen des Verbots nach § 1 Abs. 1 Nr. 1, 2 ESchG bzw. der Legalisierung des Eizelltransfers in Deutschland werden jedoch allgemeiner geführt (Argumente siehe bspw. Nationale Akademie der Wissenschaften Leopoldina und Union der deutschen Akademien der Wissenschaften 2019, S. 65–72).

Darüber hinaus haben Frauenpaare kaum Zugang zu finanziellen Fördermöglichkeiten bei der Erfüllung ihres Kinderwunsches. Die gesetzlichen Krankenkassen gewähren nur Ehepaaren, deren Samen- und Eizellen für die reproduktionsmedizinische Behandlung verwendet werden, einen Zuschuss (§ 27a SGB V), die privaten Krankenkassen hingegen gewähren Frauenpaaren nach Erfahrungen des LSVD e. V. (2021) in Teilen Zuschüsse.

Die Förderrichtlinie des Bundes sowie bspw. die des Bundeslands Bayern sind entlang der Voraussetzungen der GKV formuliert und schließen Frauenpaare von einer Förderung aus. Berlin, Bremen, Rheinland-Pfalz und das Saarland hingegen haben jeweils Richtlinien explizit für die Förderung für die reproduktionsmedizinische Behandlung von (Ehe-)Partnerinnen. Obgleich in Deutschland auch ein Eizelltransfer innerhalb von Frauenpaaren (ROPA-Methode) verboten ist, ist an dieser Stelle anzufügen, dass die Richtlinien der vier Länder deren Bezuschussung ausschließen würden, da lediglich die Eizelle der zu behandelnden Frau verwendet werden darf. Insgesamt leitet sich aus den Förderrichtlinien des Bundes und der Länder kein gültiger Rechtsanspruch ab (siehe Kap. 3.3.2).

Die Situation in Bezug auf rechtliche Elternschaft hat sich ebenfalls nur in Teilen verbessert. Zwar sind die gemeinschaftliche Annahme eines Kindes mittlerweile für verheiratete sowie die Stiefkindadoption für (un)verheiratete Frauenpaare möglich, jedoch gibt es im BGB weiterhin keine Grundlage für die automatische Mutterschaft analog zur Vaterschaft der (Ehe-)Partnerin der gebärenden Frau. Zudem sieht das BGB bspw. für den Fall einer ROPA-Methode in Spanien keine Anerkennung der vorliegenden gespaltenen Mutterschaft (biologisch und genetisch) vor (siehe Abschn. 2.2 und 3.1).

6 Fazit und Ausblick

Durch den aktuellen Koalitionsvertrag von SPD, B'90/Grüne und FDP lassen sich mögliche zukünftige Veränderungen und damit weitere Schritte hin zur Gleichstellung von Frauenpaaren mit Kindern und/oder Kinderwunsch benennen. Die Koalition sieht vor, Mehrelternschaft sowie eine Verantwortungsübernahme zwischen Erwachsenen außerhalb der Ehe, eine sogenannte „Verantwortungsgemeinschaft", zu ermöglichen sowie das Abstammungsrecht dahingehend zu reformieren, dass die Ehepartnerin der gebärenden Frau automatisch bei Geburt ebenfalls zur rechtlichen Mutter wird (SPD et al. 2021, S. 80). Darüber hinaus sollen die Fördermöglichkeiten der assistierten Reproduktion auch für Frauenpaare geöffnet werden; auf lange Sicht wird eine komplette Übernahme der Behandlungskosten angestrebt (SPD et al. 2021, S. 92). Ein modernes Fortpflanzungsmedizingesetz, wie von der FDP im Wahlprogramm forciert (FDP 2021, S. 33), steht nicht explizit im Koalitionsvertrag. Jedoch ist geplant, u. a. zur Prüfung des Verbots der Eizelltransfer eine Kommission zur reproduktiven Selbstbestimmung und Fortpflanzungsmedizin einzusetzen (SPD et al. 2021, S. 95).

Für das Jahr 2022 war nach Angaben des Bundesjustizministers Marco Buschmann die Vorlage eines Vorschlags zur Familienrechtsreform geplant, von dem einige Aspekte bis zum Internationalen Tag der Familie am 15.05.2023 Eingang in die Gesetze gefunden haben sollen. Zu der Familienrechtsreform zählen u. a. die stärkere Berücksichtigung von Regenbogenfamilien im Abstammungsrecht sowie die Verantwortungsgemeinschaft (Ströbele 2022). Inwieweit wann und welche Teile der Familienrechtsreform wie in Form von Gesetzen und Gesetzesänderungen umgesetzt werden, gilt jedoch abzuwarten; bis dato (August 2023) wurde der angekündigte Vorschlag zur Familienrechtsreform nicht vorgelegt, sodass eine geplante Teilumsetzung dieser bis Mitte Mai 2023 nicht erfolgen konnte. Zudem legte bereits 2019 das Bundesministerium der Justiz und für Verbraucherschutz (BMJ) einen Diskussionsteilentwurf zur Reform des Abstammungsrechts vor

(Bundesministerium der Justiz und für Verbraucherschutz 2019), welcher nicht weiter verfolgt wurde. Darüber hinaus sprechen sich AfD und CDU/CSU für den Schutz einer Mutter-Vater-Kind(er)-Familie aus, sodass kein Einklang mit der Koalition und der Partei Die Linke herrscht (siehe Kap. 4). Dass der Standpunkt von AfD und CDU/CSU konträr zur aktuell herrschenden Rechtsauffassung steht, zeigt das Urteil des BVerfG vom 19.02.2013 (siehe Abschn. 2.2), das Regenbogenfamilien ebenso wie zu schützende Familien nach Art. 6 Abs. 1 GG behandelt.

Der Prozess der Gesetzgebung im Kontext von Reproduktionsmedizin in Deutschland wird seit Anbeginn durch viele Diskussionen und Diskussionspartner*innen begleitet und ist daher von einer entsprechenden zeitlichen Dauer geprägt (Geyken 2022, S. 74–81). Deswegen ist selbst bei einer baldigen Realisierung neuer ART wie der In-Vitro-Gametogenese (IVG) oder dem artifiziellen Uterus (AU) zu erwarten, dass bis zu einer möglichen reglementierten Anwendung in Deutschland noch Jahre vergehen würden. Denn zum aktuellen Zeitpunkt bleibt in Deutschland auch innerhalb von Frauenpaaren ein Eizelltransfer und somit die Kinderwunscherfüllung durch die ROPA-Methode verwehrt, obgleich bspw. gemessen am Kriterium der Ehe von einem altruistischen Eizelltransfer innerhalb des Frauenpaares ausgegangen werden könnte und somit eine reglementierte Öffnung dieser ART für verheiratete Frauenpaare möglich wäre. Insgesamt und insbesondere für Frauenpaare gilt es jedoch zunächst, das Abstammungsrecht zu ändern sowie an die möglichen Entwicklungen der ART anzupassen, sodass insbesondere die gespaltene Mutterschaft bspw. bei ROPA und die rechtliche Beziehung zu einem Kind für mehr als zwei Personen ermöglicht wird. Neben der Abschaffung der rechtlichen Unsicherheiten durch die automatische Anerkennung der nicht-gebärenden Frau eines Frauenpaares ist darüber hinaus die Öffnung der finanziellen Förderung des Kinderwunsches durch die GKV und den Bund bedeutend, um ökonomische Hemmnisse zu verringern und gesellschaftliche Akzeptanz weiter zu erhöhen.

Die Vergangenheit zeigt, dass der Zugang zu ART von Frauenpaaren, der diesen aufgrund von Diskriminierung verweigert wurde, eingeklagt werden kann, wenn heterosexuelle (Ehe-)Paare Zugang zu diesen haben (Weyers 2022, S. 198). Somit ist der Zugang für Frauenpaare bspw. zu IVG indirekt gesichert, sollte diese nicht für Frauenpaare zugänglich gemacht werden, sodass der Fokus nun zunächst auf einer adäquaten Änderung des Abstammungsrechts und dem Zugang zu finanzieller Unterstützung zur Kinderwunscherfüllung liegen sollte. Änderungen im Abstammungsrecht deuten sich an und sind politisch geplant. Wie und wann diese umgesetzt werden, bleibt jedoch abzuwarten.

Literatur

AfD. 2021. *Deutschland. Aber normal. Programm der Alternative für Deutschland für die Wahl zum 20. Deutschen Bundestag.* Unveröffentlichtes Manuskript.

B'90/Grüne. 2021. *Deutschland. Alles ist drin: Bundestagswahlprogramm 2021.* Unveröffentlichtes Manuskript.

Blumenauer, V., U. Czeromin, D. Fehr, K. Fiedler, C. Gnoth, J.-S. Krüssel, M. S. Kupka, O. Andreas, und A. Tandler-Schneider. 2020. D.I.R-Annual 2019: The German IVF-registry. *Journal für Reproduktionsmedizin und Endokrinologie* 17(5):196–239. https://www.deutsches-ivf-register.de/perch/resources/dir-annual-2019-en-kup.pdf. Zugriff am 3. Januar 2023.

Bundesärztekammer. 2018. Beschluss der Bundesärztekammer über die Richtlinie zur Entnahme und Übertragung von menschlichen Keimzellen im Rahmen der as-sistierten Reproduktion. *Deutsches Ärzteblatt* 115(22):A-1096 / B-922 / C-918. https://doi.org/10.3238/arztebl.2018.Rili_assReproduktion_2018

Bundesärztekammer. 2020. Beschluss der Bundesärztekammer über „Dreierregel, Eizellspende und Embryospende im Fokus – Memorandum für eine Reform des Embryonenschutzgesetzes". *Deutsches Ärzteblatt Online.* https://doi.org/10.3238/baek_mem_esg_2020

Bundesärztekammer. 2022. Richtlinie zur Entnahme und Übertragung von menschlichen Keimzellen oder Keimzellgewebe im Rahmen der assistierten Reproduktion, umschriebene Fortschreibung 2022. *Deutsches Ärzteblatt Online*: A1-A31. https://doi.org/10.3238/arztebl.2022.Rili_assReproduktion_2022

Bundesministerium der Justiz und für Verbraucherschutz. 2019. Diskussionsteilentwurf: Gesetzes zur Reform des Abstammungsrechts. Zugriff am 14. August 2022. https://www.bmj.de/SharedDocs/Gesetzgebungsverfahren/DE/Reform_Abstammungsrecht.html.

CDU und CSU. 2021. *Das Programm für Stabilität und Erneuerung: Gemeinsam für ein modernes Deutschland.* Unveröffentlichtes Manuskript.

Dethloff, N. 2016. Neue Familienformen: Herausforderungen für das Recht. *Zeitschrift für Familienforschung* 28(2):178–90.

Die Linke. 2021. *Zeit zu handeln! Für soziale Sicherheit, Frieden und Klimagerechtigkeit: Wahlprogramm zur Bundestagswahl 2021.* Unveröffentlichtes Manuskript.

Dionisius, S. 2020. „Wie ein Mensch zweiter Klasse": Reproduktionsmedizin, Heteronormativität und Praktiken der Aneignung. In *Familie und Normalität: Diskurse, Praxen und Aushandlungsprozesse,* Hrsg. A.-C. Schondelmayer, C. Riegel, und S. Fitz-Klausner, 301–21. Opladen, Berlin, Toronto: Verlag Barbara Budrich.

Dionisius, S. C. 2021. *Queere Praktiken der Reproduktion 30.* Bielefeld: transcript Verlag.

FDP. 2021. *Nie gab es mehr zu tun: Wahlprogramm der Freien Demokraten.* (Hier: unveröffentlichtes Manuskript?)

Feibner, T., und K. Khaschei. 2012. *Hoffnung Kind: Wege zum Wunschkind. Test.* Berlin: Stiftung Warentest.

Frommel, M., J. Taupitz, A. Ochsner, und F. Geisthövel. 2010. Rechtslage der Reproduktionsmedizin in Deutschland. *Journal für Reproduktionsmedizin und Endokrinologie* 7(2):96–105.

Geyken, S.. 2022. A Regulatory Jungle: The Law on Assisted Reproduction in Germany. In *The Regulation of Assisted Reproductive Technologies in Europe,* Hrsg. E. Griessler, L. Slepičková, H. Weyers, F. Winkler, und N. Zeegers, 66–90. London, New York: Routledge.

Haug, S., K. Weber, M. Vernim, und E. Currle. 2018. Wissen über Reproduktionsmedizin, Wissenstransfer und Einstellungen im Kontext von Migration und Internet: Abschlussbericht zum Projekt „Der Einfluss sozialer Netzwerke auf den Wissenstransfer am Beispiel der Reproduktionsmedizin (NeWiRe)". 1. Aufl. Wissenschaftsforschung Bd. 10. Stuttgart: Franz Steiner Verlag. https://elibrary.steiner-verlag.de/book/99.105010/9783515120166

Katzorke, T., und S. Wehrstedt. 2017. Mit diesen Regelungen müssen Ärzte rechnen. *gynäkologie + geburtshilfe* 22(6):24–28. https://doi.org/10.1007/s15013-017-1327-4

Kentenich, H., J. Taupitz, und U. Hilland. 2022. Der Koalitionsvertrag der Bundesregierung: Was sich in der Reproduktionsmedizin verändern soll. *Journal für Reproduktionsmedizin und Endokrinologie* 19(2):86–90.

Lengerer, A., und J. Bohr. 2019. Gibt es eine Zunahme gleichgeschlechtlicher Partnerschaften in Deutschland? Theoretische Überlegungen und empirische Befunde. *Zeitschrift für Soziologie* 48(2):136–57. https://doi.org/10.1515/zfsoz-2019-0010

LSVD e.V. 2021. Ratgeber: Künstliche Befruchtung bei gleichgeschlechtlichen Paaren: Rechtsratgeber zur Familiengründung durch heterologe Insemination bei gleichgeschlechtlichen Paaren. Zugriff am 11. Juli 2022. https://www.lsvd.de/de/ct/1372-Ratgeber-Kuenstliche-Befruchtung-bei-gleichgeschlechtlichen-Paaren#kostenerstattung

Nationale Akademie der Wissenschaften Leopoldina und Union der deutschen Akademien der Wissenschaften. 2019. Fortpflanzungsmedizin in Deutschland – für eine zeitgemäße Gesetzgebung. Stellungnahme / Deutsche Akademie der Naturforscher Leopoldina. Halle (Saale). Zugriff am 6. Juni 2022. https://www.leopoldina.org/uploads/tx_leopublication/2019_Stellungnahme_Fortpflanzungsmedizin_web_01.pdf

Netzwerk Embryonenspende Deutschland e.V. o.J. Netzwerk Embryonenspende Deutschland e.V. Zugriff am 13. August 2022. https://www.netzwerk-embryonenspende.de/

Peukert, A., J. Teschlade, M. Motakef, und C. Wimbauer. 2020. ‚Richtige Mütter Und Schattengestalten': Zur Reproduktionstechnologischen Und Alltagsweltlichen Herstellung Von Elternschaft. In *Elternschaft Und Familie Jenseits Von Heteronormativität Und Zweigeschlechtlichkeit,* Hrsg. A. Peukert, J. Teschlade, C. Wimbauer, M. Motakef, und E. Holzleithner, 60–76. *Gender* Sonderheft 5. Opladen, Berlin, Toronto: Verlag Barbara Budrich.

Ratzel, R. 2017. Rechtliche Brennpunkte in der Reproduktionsmedizin. In *Festschrift für Franz-Josef Dahm: Glück auf! Medizinrecht gestalten,* Hrsg. C. Katzenmeier, und R. Ratzel, 373–400. Berlin, Heidelberg: Springer.

Richter-Kuhlmann, E. 2018. Assistierte Reproduktion: Richtlinie komplett neu. *Deutsches Ärzteblatt* 115(22):1050–51.

SPD. 2021. *Aus Respekt vor deiner Zukunft: Das Zukunftsprogramm der SPD.* Unveröffentlichtes Manuskript.

SPD, B'90/Grüne, und FDP. 2021. *Mehr Fortschritt wagen: Bündnis für Freiheit, Gerechtigkeit und Nachhaltigkeit. Koalitionsvertrag 2021–2025.* Unveröffentlichtes Manuskript.

Ströbele, C. 2022. Neues Modell für Lebensgemeinschaften soll rasch umgesetzt werden. Zeit Online (15.05.2022). https://www.zeit.de/gesellschaft/familie/2022-05/familienrecht-reform-marcobuschmann-justizminister. Zugriff am 14. August 2022.

Thorn, P. 2010. Geplant lesbische Familien. *Gynäkologische Endokrinologie* 8(1):73–81. https://doi.org/10.1007/s10304-009-0348-z

Thorn, P., K. Hilbig-Lugani, und T. Wischmann. 2017. Mein, dein, unser Embryo: Psychologische und rechtliche Aspekte bei der Familienbildung mit Embryonen Anderer. *Gynäkologische Endokrinologie* 15(1):73–76. https://doi.org/10.1007/s10304-016-0097-8

Vaskovics, L. A. 2009. Segmentierung der Elternrolle. In *Zukunft der Familie: Prognosen und Szenarien,* Hrsg. G. Burkart, 269–96. *Zeitschrift für Familienforschung*: […], Sonderheft 6. Opladen, Farmington Hills, Mich. Verlag Barbara Budrich (Sonderheft 6 der Zeitschrift für Familienforschung/Journal of Family Research).

Weyers, H. 2022. Expectations Regarding the Convergence of Domestic Laws on ART. In *The Regulation of Assisted Reproductive Technologies in Europe,* Hrsg. E. Griessler, L. Slepičková, H. Weyers, F. Winkler, und N. Zeegers, 187-204. London, New York: Routledge.

Trans* Reproductive Justice and Assisted Reproduction in Germany– Where Are we now, Where are we Heading?

Agnes Elisabeth Kandlbinder

1 Introduction

Despite growing visibility of trans*[1] identities in the public sphere and the academy, trans* reproduction and parenthood are subject to sparse societal awareness in Germany and remain underrepresented in research (for an overview of the German context see Weber 2018, pp. 7–28; see also Downing 2013, p. 105;

[1] This work implements the term "trans*" to explicitly signal the inclusivity of non-binary, genderneutral, genderqueer, agender, and other non-cisgender identifications (Stryker 2017, p. 7). The prefix "cis" (short for cisgender) is used to describe people whose gender identity aligns with the gender assigned to them at birth (Sigusch 1998, p.350). For a comprehensive introduction to trans* terminology see Serano (2014, 2016a, b) and Zimman (2016). A detailed explanation of the terminology implemented here will follow in section 2.

This work was supported by the University Research Priority Program "Human Reproduction Reloaded" of the University of Zurich. It is based on previous work, which the author presented as their master's thesis to receive the academic award of "Master of Arts in Women's Studies" at the *Centre for Women's Studies* at the *University of York,* UK, in September 2021.

A. E. Kandlbinder (✉)
URPP Human Reproduction Reloaded Sub-Project 4, University of Zurich, Zürich, Schweiz
E-Mail: agnes.kandlbinder@uzh.ch

V. Rolfes et al. (Hrsg.), *Reproduktionszukünfte,* Technikzukünfte, Wissenschaft und Gesellschaft / Futures of Technology, Science and Society, https://doi.org/10.1007/978-3-658-46300-7_6

Mertens and Kandlbinder 2025). In discussions and activism around reproductive autonomy, the needs of trans* parent/s and trans* people with a reproductive wish are frequently overlooked, exoticized, or treated as an afterthought at best (Weber 2018, pp. 1 f.).

The original version of the German *Transsexuellengesetz* (Transsexual Act, abb. TSG, Bundesamt für Justiz a), which came into effect in 1981, required prior surgical intervention of the external genital area as well as the medical sterilization of trans* individuals before they were allowed to change their legal name and gender status (§ 8 TSG).[2] Thanks to long-standing criticism voiced by trans* activists and affiliated interest groups (e.g. Deutsche Gesellschaft für Transidentität und Intersexualität e. V. 2000, 2011; TransMann e. V. 2014), this condition has been deemed unconstitutional and was thus invalidated by the *Bundesverfassungsgericht* (Federal Constitutional Court) in 2011 (BVerfG 2011). Since then, there has been an increasing imperative to actively support trans* people who have a reproductive wish (e.g. Schneider et al. 2019, 2020). This is the case especially since samples of trans* people in Germany have expressed a high desire for having children and forming families in two recent studies (Auer et al., 2018; Batz et al., 2020).[3]

However, due to prevailing cissexism, trans* hostility[4], and cisnormativity, trans* people with children and/or a reproductive wish in Germany are suffering institutional discrimination, bureaucratic barriers, medical pathologization, as well as a lack in legal acknowledgement of non-normative parenthood (Stoll 2020, p. 93; Bundesverband Trans* 2018, 2019a; Richarz and Mangold 2019). Embedding trans* fertility in the broader intersectional framework of *reproductive justice* can point to existing inequalities and contribute to abolishing them (Ross 2017).[5]

[2] The requirement for surgical intervention of the genital area was justified at the time by the legal need to avoid same-sex marriages, which were unlawful at the time (BVerfG 2011, 1 BvR3295/07 para.27). No justification for the need for surgical infertility was given (BVerG 2011, 1 BvR3295/07 para.28). More on this in section 4.

[3] Contrary to prevailing stereotypes, the existence of a reproductive desire among many trans* people has also been thoroughly established in international literature (e.g. Tornello und Bos 2017; Wierckx et al. 2011). For the clinical application side see also Feigerlová et al. (2019) and Hoffkling et al. (2017).

[4] This terminology is used deliberately instead of the more common term "transphobia," following Ger-man trans* activist Ewert (2018).

[5] More on the movement and framework of reproductive justice will be presented in section 3.

This contribution focuses on the landscape of trans* and queer medically assisted family building in Germany by giving an overview of historical developments regarding the legal and socio-political situation as well as an outlook on what trans* reproductive justice visions for the future could entail. Firstly, after a brief word on terminology, the framework of reproductive justice as a movement and analytical lens will be presented in section 3. Section 4 will introduce the history of the German legal framework on trans* identity recognition, recent parentage legislation, and assisted reproductive technologies (ARTs) regulation to point to current options, limits, and institutional barriers to access for trans* assisted reproduction. Subsequently, the fifth section contains some exemplary contemplation on how the reality of trans* reproductive autonomy can be experienced in the German context, based on a previous analysis of two accounts of trans*masculine activists who have shared their decision-making for/against fertility preservation. Their accounts will also be brought into dialogue with existing literature on the topic. This qualitative perspective will reveal some of the discursive complexities of ARTs being simultaneously positioned as both facilitating yet limited regarding their potential for queer liberation and social justice. Finally, this paper concludes in section 6 by suggesting the importance of advocating for trans* reproductive justice through a wider lens of intersectional social justice activism in order to avoid fuelling neoliberal tendencies in the reproductive rights discourse. This is complemented with some action points that need to be tackled in order to foster family equality and make reproductive justice a reality in Germany.

2 A Word on Terminology and Language

Throughout decades of trans* activism (on the German context see De Silva 2017, 2018), trans* people and feminists (academics and non-academics alike) have continuously put labour into advocating for the importance of language-sensitivity in gender justice (e.g. Cameron 1998; Livia und Hall 1997; Zimman 2016), and have proposed a wide array of possible terminologies to implement (e.g. Serano 2016b). The results of thesese efforts are not homogenous, and various terms to describe the reality of trans* lives are constantly being disputed and changed. For example, the term *Transsexualismus* (transsexualism), originally coined by the German sexologist and gay rights activist Magnus Hirschfeld in 1923 (later translated into English by David O. Cauldwell, De Silva 2018, p. 15) is nowadays perceived by many as "old-fashioned" (Stryker 2017, p. 29) and pathologizing. Therefore it has been mostly replaced by the term "transgender" since the early 1990 s (Stryker 2017, pp. 27 ff.). Serano (2016a) describes this process as the "Activist Language Merry-Go-Round" (pp. 244–251), which, according to Serano, happens in part due to the fact that different people experience the historical and societal associations of terms very individually:

"The problem […] is that we mistakenly assume that words have fixed meanings: that they are inherently bad, righteous or oppressive, revolutionary or conservative. The truth is that the meanings we assign to words (or presume they have) are often extraordinarily arbitrary." (Serano 2014).

As a consequence, Serano advocates for embracing this fluidity in language and "[i]nstead of condemning the words themselves, […] focus our attention on the ways in which people are using, misusing, or abusing them" (Serano 2016b). Simultaneously, the non-fixedness of terms and their divergent meanings for different people does not mean that our language choices are arbitrary, only that they are always contextual. Therefore, the language we use nevertheless matters (Zimman 2016). Bearing the knowledge in mind that terminology is always contextual, and following Serano's assertion that there is indeed, "no perfect word" (Serano 2016b), this section details the terminology I have decided to use here and explain why I have chosen to work with some terms instead of others.

When speaking of trans identities more generally, this work implements the term "trans*" to explicitly signal the inclusivity of non-binary, genderneutral, gender-queer, agender, gender non-conforming, and other non-cisgender identifications. In cases where I am speaking about specific trans* persons, I will use their individual pronouns and self-chosen terms of identification. Throughout this paper, I work with the term "trans*masculine" as an umbrella term to include the broad spectrum of all binary and non-binary trans* identifications of people with internal gonads who seek androgen endocrinological treatment. I am implementing the prefix "cis" (short for cisgender) based on Sigusch's concept of the term *Zissexualität* (cissexuality) coined originally in 1991 in order to depathologize trans*identifying persons. Sigusch defines cissexuals as people whose bodily and gender identities are fully congruent,[6] and who additionally adhere to cultural expectations of what this congruence is supposed to *look like* physically (Sigusch 1998, p. 350); and, as I would add, performatively (drawing on Butler 1990). In short, Sigusch argues that the gender identity of cissexually identifying/-fied people

[6]This is largely determined by the identification of a person with the gendered assignment made for their body at birth.

remains unquestioned by society, which serves as a base for the false evaluative assumption of this occurrence being "natural" when it is, in fact, cultural.

Following the work of German trans* activist Felicia Ewert, I have decided to alternately use the terms "cissexism" and "trans* hostility" instead of the more common term "transphobia." Ewert (2018) proposes a terminology that explicitly points to cisnormativity as the source of discrimination experienced by trans* people, rather than linguistically responsibilizing trans* people for the discrimination they encounter in the world.

Gendered assumptions and language in clinical settings can be experienced as painful and can have negative effects on mental health and/or gender dysphoria for many trans* individuals (Armuand et al. 2016; for an introduction to topics and issues in trans health discourse see e.g. Pearce 2016, 2018; Appenroth and Do Mar Castro Valera 2019; on LGBTI health in Germany see Pöge et al. 2020). In the context of this research, it is thus important to signal affirmative solidarity through selecting gender-neutral terms for body parts and other medical expressions.[7] For instance, I am avoiding gendered terms like "ovaries" and "testicles" by using the terminology of "internal and external gonads" as proposed by the Canadian Provincial Health Services Authority (2021).

3 Reproductive Justice as a Movement and Framework

The term *reproductive justice,* representing a movement of intersectional reproductive activism, was coined in 1994 by a group of twelve black women activists at a pro-choice conference in Chicago (Ross 2017; for an introduction to reproductive justice see also Ross und Solinger 2017). The reproductive justice movement has arisen from the need to build a more inclusive conversation and larger-scale organizing for issues that had been previously neglected by a more dominant reproductive rights movement that has been largely focused on the needs of white-middle class cis-women.[8] Reproductive justice aims to bring different

[7] For further discussion on research ethics with marginalized groups see e.g. Phipps (2015), for practical guidance on ethically conducting health research with trans* people see Adams et al. (2017).

[8] For e.g. a detailed critique of the pro-choice label and its insufficiency to describe intersectional reproductive oppression see Simpson (2014). Dorothy Roberts, a leading advocate and scholar of reproductive justice, has equally pointed to the horrific history of exploitative research practices on Black people in the US that has been largely left out of

movements together and mobilize political engagement so that social change towards a more just world can occur. It thus also provides an ideological tool for fruitful coalition between activism and academic theory, since both are a part of societal discourse with a power to break silences and provoke cultural changes (hooks 1994; Lazar 2007; Lorde 1984). The three main pillars of reproductive justice, based on interconnected sets of human rights, are the following:

(1) the right to have a child under the conditions of one's choosing;
(2) the right not to have a child using birth control, abortion, or abstinence; and
(3) the right to parent children in safe and healthy environments free from violence by individuals or the state. (Ross 2017, p. 290)

The reproductive justice framework has a particular focus on the varied forms of intersectional societal oppression that layer on the lived experiences of people who are members of more than one disadvantaged group, and these *intersecting* oppressions creating entirely new forms of discrimination (Crenshaw 1989).[9] It is important to stress here that the "concept of intersectionality describes the *confluence* of oppressions, not merely enumerate diverse identities [...] intersectionality demands that *all* of our identities be honored *concurrently* to address the specificities of [e.g.] Black women's reproductive oppression" (Ross 2017, p. 288, italics added). For example, a pregnant disabled trans* man will face unique barriers because of him being trans* (e.g. being excluded from the mainstream birthing discourse of information, medical personnel not being trained about the needs of trans* parents, etc.), leading to e.g. exclusion and exoticization. Simultaneously, he might face environmental barriers (e.g. the lack of an escalator to get to the gynaecologist on the 2nd floor) that hinder him from accessing services. His *intersecting* identities are therefore *both* contributing in a

second-wave feminist organizing and that still shapes and informs Black people's reproductive autonomy as well as their medical treatment today (Roberts 2011, 2022). On the history and present of racism in American medical practice see also the important work by Washington (2006, esp. ch.8). For the German-speaking discussion of reproductive justice see Kitchen Politics (2021), specifically on ARTs see Ediger et al. (2021).

[9] Examples for intersecting areas of disadvantaging marginalization include, but are not limited to: race, class, gender, sexual orientation, ethnicity, socioeconomic status, religious affiliation, dis/ability status, age, immigration status, medical history, un/employment status, insurance status, criminal record, housing situation, and more.

unique way to an experience of exclusion, which can, among other things, result in emotional discomfort and also physical complications when being prevented from accessing pregnancy-related health care. Accordingly, a reproductive justice lens explicitly "includes transmen, transwomen, and gender-nonconforming individuals" (Ross 2017, p. 291). This inclusion is equally present in the framework's commitment to the usage of gender-just language, as well as an ideological emphasis on lived experience rather than biology. Ross und Solinger (2017) write:

[R]eproductive oppressions are not about genital anatomy. […] [R]eproductive decisions (such as whether to have an abortion or to use contraception) and parenthood are not about anatomy or body parts. Reproductive decision-making is about the *lived experience* of individuals, including, for many persons, their drive to possess reproductive autonomy as part of their achievement of full personhood. (pp. 6 f., italics in original).

This quote also illustrates the focus of reproductive justice on societal (in) equality and the acute awareness that our sociocultural and national environments, their barriers (legal, societal, cultural, etc.) and access conditions to services and facilities necessarily define the reproductive choices that we can make.[10] Riggs und Bartholomaeus (2020) also enforce this point in their approach toward a trans* reproductive justice, emphasizing that "[r]eproductive justice, then, considers the intersections of rights, and the capacity of individuals to enact them, and includes a focus on the structural barriers that people face when trying to enact their reproductive rights" (p. 315). It is thus also important to keep in mind that reproductive rights are inextricable from other sets of rights and needs, such as to be alive without threat of violence or coercion, being nourished, safely housed, etc. Nixon (2013) equally emphasizes the aim of reproductive justice to "better capture the full scope of hu-man reproductive experience and create entry points for advocates […] to work together against a current, cultural moment where these movements [LGBTQAI+activism and reproductive rights] are seen as separate" (p. 103).

Although this paper focuses primarily on pillar 1) above, the right of trans* people to have a child, it is equally important to recognize the harm that a *pronatalist* emphasis (whether implicit or explicit) can cause to trans* reproductive autonomy (Riggs und Bartholomaeus 2020; Cárdenas 2016). Reproduction and

[10] And equally, the choices that are made for us, e.g. regarding restrictions on abortion or hindered access to contraception in some parts of the world; or equally, forced sterilization or contraception for marginalized groups such as the Native population in the US, on the latter see e.g. Lawrence (2000).

parenthood should never be framed as an obligation or necessity, and pressuring trans* people to reevaluate their stance if they do not wish to reproduce (or they would rather pursue a different path to parenthood, such as adoption or fostering) undermines autonomous reproductive decision-making.[11]

Reproductive justice is thus a framework for social justice-oriented research with the aim to ultimately foster policy changes that specifically address the needs of people and groups that are commonly left out of the reproductive rights conversation: Black people, trans* people, poor people, indigenous and colonized people, etc. (SisterSong 2021). This alternative paradigm also emphasizes interdependence and mutual responsibility based on "notions of collective human dignity rather than the individual right to privacy and profit" (Generations Ahead 2008, p. 1). Reproductive justice operates under the conviction that "when advocates put the needs of the most marginalized people at the centre of their theorizing and strategizing, it is more likely that everyone's needs will ultimately be met" (Nixon 2013, p. 100). The implication is that societal oppressions are linked in such a way that a too-narrow focus on more privileged parts of an oppressed group might only punctually address underlying issues of inequality. This can be seen for instance in the historical shortcomings of the pro-choice movement. Birthed from the momentum of second-wave feminist organizing, the first much needed strategic call for reproductive autonomy has since been criticised for having solely centred on the oppressive force of misogyny, specifically in a white-middle class context, where central issues revolved primarily around the right to contraception and abortion. Through this singular approach of framing body autonomy, the pro-choice movement has thus failed to simultaneously advocate against the reproductive oppressions placed on Black and indigenous people, such as measures of population control enforced through non-consensual sterilization (Lawrence 2000; Ross 2017, p. 292, pp. 301 f.). An intersectional analysis thus demands that we take seriously the multiple ways societal oppressions are organized and interconnected, with the awareness that some groups are affected differently than others.

[11] For a creative exploration and vision of trans* of color autonomous reproductive futures see the project by Cárdenas (2016). See also the comic on trans*masculine fertility and reproductive agency called *testosterone+fertility* by Betke-Brunswick (2021).

4 Trans* Rights, Queer Family Building, and Assisted Reproduction in Germany: A Brief Summary of recent Developments in Legal Provisions, Policy, and Jurisdiction

Regarding trans* assisted reproduction in Germany, three main legal areas are relevant. The first one is the legal framework on recognition of trans* identity and trans* rights, including the provision of medical services and insurance coverage. The second one is the regulation of assisted reproduction. Thirdly, and connected to the two previous areas, legislation on parentage plays a significant role. All three work together in an interconnected manner when it comes to medically assisted queer family building.

The aforementioned TSG had regulated the conditions for legal name and gender status changes for trans* persons until very recently. In August 2023, the federal government decided that the TSG was going to be replaced by a new bill: the Selbstbestimmunsgesetz (SelbstBestG)[12] (see Bundesregierung 2023). The SelbstBestG has come into effect on 1 November 2024. The former governing "Ampel"-coalition also promised reparations to compensate for previous harms caused by the TSG, such as forced sterilization procedures (Lehmann 2022). Whether the new, currently forming federal government is going to stay accountable to this commitment remains to be observed.

Given this groundbreaking current moment in German legislation on trans* rights, it is worth recapulating the history of the TSG to illustrate the many injustices it has brought about for trans* people, the consequences of which many still suffer to date. Various adjustments had been made to the TSG since it first came into effect in 1981 (for an overview see Liebig 2021; see also Deutsche Gesellschaft für Transidentität und Intersexualität e. V. 2011). The most significant

[12] This bill had previously been introduced and rejected in the preceding legislature period at federal level (see Deutscher Bundestag 2020 for the bill, see 2021 for the official announcement of its rejection). The most recent *Bundestagswahl* (federal parliament election) in autumn 2021 changed the federal government composition in a way that finally brought about the long-overdue change in trans* identity regulation: the new majority government is now formed *by the Ampelkoalition* (Traffic Light Coalition) between the three parties SPD (Social Democratic Party), FDP (Free Democratic Party, and *Bündnis90/die Grünen* (The Green Party). They officially presented the cornerstones of another version of the SelbstBestG in June 2022, and have followed through on their promise to put the new bill into practice and thus replace the TSG still within the current legislature period (Koalitionsvertrag 2021, p. 95; Lehmann 2022).

human rights violation of the TSG regarding reproductive autonomy has certainly been the requirement for medical sterilization of trans* individuals in order to change their legal name and gender status (§ 8 TSG). The latter regulation was in place from 1981 until 2011, when it was finally deemed unconstitutional by the BVerG, following three decades of trans* rights political and legal activism (BVerfG 2011). The requirement for surgical intervention of the genital area was justified at the time by the legal need to avoid same-sex marriages, which were unlawful at the time (Bundesverfassungsgericht 2011, 1 BvR3295/07 para. 27). No justification for the need for surgical infertility were given (BVerG, 2011, 1 BvR3295/07 para. 28). A later reform suggestion of the TSG claimed in defense of the requirement that "the gender-dependent societal order has to be maintained, it has to be avoided that legally male persons give birth to children and legally female persons beget children" (original: "Die vom Geschlecht anhängige Zuordnung Im Zusammenleben der Gesellschaft sollc gewahrt werden; insbesondere müsse ausgeschlossen werden, dass rechtlich dem männlichen Geschlecht zugehörige Personen Kinder gebären und dem weiblichen Geschlecht zugehörige Personen Kinder zeugen" Bundesverfassungsgericht 2011, 1 BvR3295/07 para. 30). What is remarkable about this formulation is that it merely constitutes an explanation, but no justification. No arguments are being advanced for the claimed necessity to maintain the link between binary legal gender categories and biological parenthood.

Another deficiency regarding reproductive autonomy which remained part of the TSG until its replacement by the SelbstBestG: until 1 November 2024, a trans* person automatically lost official recognition of their name and gender status change if they gave birth to a child and/or legally recognized their genetic parenthood of a child within 300 days after the enactment of the change (§ 7 para. 1 TSG). Furthermore, when a trans* person became a parent, they were consistently registered with their *dead name*[13] and their incorrect gender status in the birth certificate of their child. The upcoming SelbstBestG at least partly resolves this in § 11 by establishing a trans* parent's legal gender status as of the date of birth as significant for the legal parent-child-relationship.

Despite the welcome changes of the upcoming SelbstBestG, it is crucial to be aware of the very recent history of trans* people's discrimination in the German legal rules on parentage. It can be expected that this legal discrimination will

[13] Former and no longer used name. Being filed incorrectly poses the danger of being disclosed as trans* under unwanted circumstances, and can cause distress due to the threat of losing the currency of social respectability in everyday life situations (Nixon 2013, p. 83 f.).

take more time and active political and legal action to fully subside. I will thus briefly point to a few recent lawsuits. In 2017, the Bundesgerichtshof (German Federal Supreme Court of Justice, abb. BGH) rejected the request of a transman who asked to not be registered as "mother" in his child's birth registry (Bundesgerichtshof 2017a). The BGH maintained an equally conservative attitude in an analogous 2017 case, where a transwoman was refused legal motherhood of her child and was instead continually listed as "father" (Bundesgerichtshof 2017b). In 2020, a couple consisting of a cis woman and a non-binary person have started a lawsuit because the non-binary parent has not been recorded in their mutual child's birth certificate at all due to the impossibility of listing them as either "mother" or "father" (Turß 2020). This gender-based discrimination is incongruent with art. 3 para. 3 of the Grundgesetz (German Basic Constitutional Law), especially given the fact that Germany has officially legally introduced a third, non-binary gender category named "divers" (diverse) in 2019 (§ 22 para. 3 PStG, § 45b PStG, Bundesamt für Justiz e; Bundesgesetzblatt 2018; Lesben- und Schwulenverband 2021). There is also the option to have one's gender status omitted as a whole in one's documents in Germany as "*keine Angabe*" (no indication). The way that the court has dealt with these cases shows how intimately external assumptions about gender identity are tied to whether or not someone has a biological child, and how this still shapes legal practice in a cissexist way. This results in burdens for parents and children regarding temporal, financial, as well as emotional investments. Much of the gender-based discrimination in German parentage legislation ties back to the ancient roman law principle "*mater semper certa est, pater semper incertus est*" (the mother is always certain, the father is always uncertain), which has been translated into the German Civil Code as "the mother of a child is the woman who gave birth to it" (§ 1591 BGB, Bundesamt für Justiz g). This legal provision links the notion of legal "motherhood" to childbirth, resulting in a number of legal implications (e.g. Sitter 2017) for parents of all genders.

The visibility of diverse parental configurations has by now expanded far beyond married heterosexual constellations, for which these laws had originally been exclusively made. Yet, it proves very difficult to enact consequent and coherent changes in the German legal system, since many areas of law are intimately connected, but only partial adjustments can be made at a time. This also ties in with an observation made by Richarz und Mangold (2019): the German legal framework is to date unsuitable and incongruent in dealing with non-normative family realities (p.385). They argue that these inadequacies stem from a remaining conservative underpinning in the legal interpretation of parenthood as gendered: even though parental rights and responsibilities for "mothers" and "fathers" are by now almost the same, there seems to be a desire to uphold a legal terminological difference between those binary gendered categories (Bundesgerichtshof 2017a, b; Richarz und Mangold 2019).[14]

Moving on to the provision of medical services and insurance coverage. The ICD-10 (International Classification of Diseases, Version 10 1990), which is still used in Germany, classifies a trans* identity as a mental disorder (reference point F64.0). It is worth noting that the new, 11th version of the ICD has abandoned the term "transsexualism" and also changed its categorization (ICD-11 release version 2019, HA60/HA61/HA6Z). The WHO specifies: "Gender incongruence has been moved out of the 'Mental and behavioural disorders' chapter and into the new 'Conditions related to sexual health' chapter. This reflects current knowledge that trans-related and gender diverse identities are not conditions of mental ill-health, and that classifying them as such can cause enormous stigma" (WHO 2024). Although the ICD-11 has come into effect in January 2022, Germany is still within the transitional period and it will take a few more years for it to be applied in practice (Bfarm 2022). According to the German *Sozialgesetzbuch* (Social Code, abb. SGB) Chapter 5, it is required that government insurance companies (and, in practice, private insurance as well) "sufficiently, appropriately, and economically cover costs for necessary medical services" (§ 12 para. 1 SGB V, freely translated by author, Bundesamt für Justiz b).[15] In addition, there exists the legally non-binding guideline text *S-3 Leitlinie zur Geschlechtsinkongruenz, Geschlechtsdysphorie und Trans-Gesundheit* (guideline to gender incongruence, gender dysphoria, and trans* health; Deutsche Gesellschaft für Sexualforschung 2019) to advise practitioners on diagnostics, counseling, and provision of trans*related medical services. In practice, it is often difficult and strenuous to request eligibility for procedures and cost coverage, which is why the German activist organization *Bundesverband Trans** (federal trans* association) has compiled numerous resources for how to best navigate medical interventions, insurance coverage, and advocating for one's

[14] Margaria (2020) provides a compelling case from a legal perspective regarding de-gendering the traditional German legal binary of "mother-/fatherhood" towards the category "parenthood", together with a timely analysis of the role of care and shifts in cultural perceptions about fathers and masculinity.

[15] It has to be mentioned that being health insured, either in the German public health scheme or by an international insurance provider, is mandatory for all residents in Germany. Most residents are insured via the government health insurance system (GKV). The German insurance system is, in international comparison, relatively good and comprehensive, although not without its shortcomings (for an overview in English see Krankenkassenzentrale 2021).

medical rights as a trans* person (Bundesverband Trans* 2019b for general guidelines, 2019c for navigating the *S-3 Leitlinie,* 2021a for sample documents on filing complaints and taking legal action). They also have most recently published a free brochure on how to navigate different aspects of trans* parenthood and a reproductive wish in Germany (Bundesverband Trans* 2021b). Regarding in-vitro-fertilization (IVF) cycles and embryo transfers, most of the costs must be covered by the person/couple themselves, as insurance in Germany only support married heterosexual couples' assisted reproduction at a rate of 50 % cost coverage, and only if gametes from both partners are exclusively involved in the process (Scharf in this volume; also Rose und Partner 2021).

In Germany, there is no comprising law regulating assisted reproduction as such, which has been criticized by many practitioners and scholars over the last two decades (Richter-Kuhlmann 2019; Riedel 2008, pp. 109 ff.; Rosenau 2013; for an overview on comparative European legislation on assisted reproduction see Revermann 2010). Instead, the 1991 effectuated penal law *Embryonenschutzgesetz* (Act for the Protection of Embryos, abb. ESchG, Bundesamt für Justiz c) forms the basis of medical practice regarding ARTs. In essence, the ESchG forbids oocyte and embryo donation as well as all forms of surrogacy (§§ 1 and 2 ESchG), most forms of preimplantation genetic diagnosis and gamete selection (§ 3 ESchG), as well as genome editing and cloning (§§ 5 and 6 ESchG). Cryopreservation and the transplantation of internal gonad tissue are regulated by the *Transplantationsgesetz* (Act on Transplantation, abb. TPG, Bundesamt für Justiz f), according to which cryopreservation is legally permitted for an unlimited amount of time (Roth 2016, p. 67 f.). The additionally relevant professional conduct of the medical profession, formed at the basis of these laws, called "Richtlinie zur Entnahme und Übertragung von menschlichen Keimzellen im Rahmen der assistierten Reproduktion" (guideline for extraction and transfer of human gametes in assisted reproduction) has been (re-) formulated[16] by the German *Bundesärztekammer* (Federal Association of Physicians) in 2018 (Bundesärztekammer 2018a).

Critics claim that particularly the restraints of the ESchG are outdated and keep practitioners from adequately counseling their patients on available reproductive possibilities, which then leads to patients seeking lower-quality ART services

[16] This code of professional conduct has been first effectuated in 1998 with the title "Richtlinien zur Durchführung der assistierten Reproduktion." It has been renewed in 2014, and with the effectuation of the above-mentioned new version, cancelled and replaced in 2018 (Bundesärztekammer 2018b).

abroad (Richter-Kuhlmann 2019).[17] There is also a general call for regulating assisted reproduction separately and comprehensively in the form of a dedicated *Fortpflanzungsmedizingesetz* (Reproductive Medicine Act) that is up-to-date regarding technological development and societal developments (Dorneck 2017, p. 1). Scholars suggest that German legislation, here, too, seemingly cannot keep up with the speed of the rise of new possibilities in medical technology as well as societal shifts (Diedrich et al. 2008; Dorneck 2017), and the current state of the law represents a minimal political consensus rather than a comprehensive regulation (Roth 2016, p. 68 f.). The Koalitionsvertrag (coalition agreement) between the governing parties of the recently abolished 'Ampel'-coalition foresaw the examination and possible change of this current state, reconsidering e.g. embryo donation, elective single-embryo-transfer, as well as altruistic surrogacy (Koalitionsvertrag 2021, p.92). In summary, while recent developments in legal provisions increasingly reflect trans*-affirming tendencies, their translation into policy and jurisdiction is still in progress. The current moment marks a potential shift towards radical change regarding trans* acceptance, but its success relies on continued political commitment to fully realize trans*-affirming systemic developments in practice.

5 From Status Quo to Where? Exploring Aspects and Visions of Trans* Assisted Reproduction in Germany from a Qualitative and Discourse-Analytic Perspective

In previous work that has been presented as the author's master's thesis at the *University of York*, UK, a feminist discourse analysis[18] has been conducted of two accounts of German trans*masculine activists, Luca and Julius, who have publicly shared their lived experiences on the decision-making for/against fertility preservation (FP).[19] This section outlines some of the key aspects that

[17] Especially the ban of donation of gametes from internal gonads (oocytes) is seen as controversial by many, as gamete donation from external gonads (sperm cells) is legal (e.g. Revermann 2010, pp. 21 ff.).

[18] This method was based on: Fairclough (1989, 1992, 2003); Lazar (2007); Schirmer et al. (2015).

[19] The primary sources are: 1. A YouTube video by Luca (2020); 2. Two blog posts by Julius (2016a, 2016b). All direct quotes have been freely translated from German into English by the author.

characterize their accounts and brings them into dialogue with existing literature on the topic. The results of this analysis illustrate complexities and different facets of the discourse on trans* assisted reproduction in Germany.

Thanks to increasing scholarly and clinical attention to the reproductive needs of trans* people internationally, originally brought to the forefront by trans* activists,[20] there is increasing awareness that available options in ARTs, when legalized, should be offered to and supported in trans* and cis people alike.[21] The existing scholarship has clearly identified a need for more comprehensive medical counseling and funding for the reduction of systemic barriers to family building options regarding FP and ARTs for trans* people (e.g. Broughton und Omurtag 2017; Erbenius und Gunnarsson Payne 2018; James-Abra et al. 2015; Maxwell et al. 2017; Moseson et al. 2020; Murphy 2012; National Center for Transgender Equality 2012; Mayhew und Gomez Lobo 2020; Gouilhers et al. 2023).[22]

Firstly, a brief contextualization of the service and procedure of FP in Germany: FP is an umbrella term for different medical services to extract reproductive tissue from the body (e.g. gametes; internal gonad tissue) and to subsequently conserve via freezing either those bodily materials or embryos created from them through IVF for later use (De Sutter 2018).

FP is for instance routinely offered to clients who undergo chemo or radio therapy due to a cancer treatment (De Sutter 2018, pp. 202 f.). Also and especially for trans* people who pursue medical transition, for instance via gender-affirming hormone therapy, the option of FP can be an important service to maintain the possibility of genetic/biological parenthood in the future if desired (for an overview on FP options for trans* people see Mattawanon et al. 2018; Mayhew und Gomez-Lobo 2020). This is the case since different procedures can have an impact on

[20] For an introduction to trans* health see Pearce (2018), for LGBTI health in Germany see Pöge et al. (2020). For an exploration of family and parenting configurations beyond heteronormativity and binary gendered world views in Germany, see the recent edited volume by Peukert et al. (2020), which features contributions specifically on trans* reproduction and parenting (e.g. the essay by Stoll 2020).

[21] For the ethical case see the large body of work by De Sutter (2001, 2003, 2009, 2018) and De Sutter et al. (2002). For context see also the milestone work in German trans* healthcare studies by Appenroth and Do Mar Castro Varela (2019). The volume also includes two essays on trans* parenthood and reproduction (Spahn 2019 on trans* pregnancy; and Rewald 2019 on trans* parenthood).

[22] In 2023, the online platform *InTraHealth* is launching to offer self-guided continuing education for Ger-man health care providers on the topic of trans* and inter* health (Dennert 2022).

an individual's reproductive capacity. For transwomen and trans*feminine people, gender-affirming hormone therapy has a negative effect on gametogenesis (Schneider et al. 2020), which can be irreversible (Flütsch 2017, p. 48). For transmen and trans*masculine people, gender-affirming hormone therapy suppresses ovulation and causes amenorrhea, which, in most cases, is reversible when androgen therapy is temporarily stopped and follicles are stimulated for a brief period (Adeleye et al. 2019; Cho et al. 2020; De Sutter 2018, p.202; Flütsch 2017, p. 48; Rodriguez-Wallberg et al. 2014). For both trans*feminine and trans*masculine people, gender-affirming surgical interventions that involve reproductive organs lead to irreversible infertility in most cases (Flütsch 2017; De Sutter 2018, p. 201).

FP services have not been categorized as "necessary medical services" by insurance policies in Germany until recently. In 2021, the *Gemeinsamer Bundesausschuss* (G-BA), a committee of medical providers deciding on insurance matters, has effectuated an official guideline for insurance coverage of cryopreservation and related services (Gemeinsamer Bundesausschuss, 2020) that allows cost coverage under certain circumstances (namely in cases of fertility-damaging therapeutic procedures). Following § 12 para. 1 SGB V mentioned above as well as the (recently changed in 2019) § 27a SGB V, it would be consistent to apply this new guideline to persons who undergo medical transition as well. Since this is a fairly recent development, there is no information yet on whether this policy will be effectively applied to cases of medical transitions. It is to be assumed that the judgment of medical specialists in individual cases will play a big role in how this policy will be applied, as the guideline suggests that insurance companies will follow physicians' case evaluations (Gemeinsamer Bundesausschuss 2020). It thus seems all the more important to increasingly educate medical providers on trans* reproductive needs and fertility, so that appropriate case evaluations can be made and cost coverage improves.

My previous qualitative work explored the connectedness between the German socio-political environment and two trans* activists' lived realities.

Both trans* activists' accounts describe the comparatively strenuous situation that trans* people with a reproductive wish face compared to their cisgender peers. The reported emotional stress caused by the sheer quantity of decisions to be made in transition is intensified through the necessity of bureaucratic organizing of these decisions. Namely, in order to be approved for legal gender status and name changes, or insurance coverage of medical services, a person's trans*ness has to be externally testified and made plausible to a third party at the expense of the trans* person's time and emotional labor.[23] The need for organizing and strategizing increases even more when trans* people wish to realize a reproductive wish under the current legal circumstances in Germany. Julius (2016b) explains:

"The only reasonable option would have been to freeze [gametes] abroad, which would have been an immense psychological, physiological, time-consuming, organizational, and last but not least financial expense. An expense that I cannot and do not want to carry in my current life circumstance. My private life suffers already under countless limitations brought on by [being] trans*, so that I really had to ask myself what was more important." (para. 3).

As he further remarks with irony: "trans* is a painful process and it is strenuous to compare oneself with cis people who are of course all mega-fertile and more than delighted to have children" (Julius 2016b, para. 3).

This obligation on trans* individuals to make themselves be understood within a cisnormative majority discourse (e.g. through filing applications for status changes and insurance coverage, complaints if access is denied, etc.) shapes trans* peoples' everyday life in public as well as clinical environments[24]. Luca and Julius' accounts both reflect a personal struggle with the decision of whether to preserve or to (likely) let go of biological parenthood. For them, this includes weighing multiple aspects against each other with the primary aim of avoiding regret in a yet uncertain future. Both Julius and Luca express the sentiment that they want to make the right choice for themselves. This mirrors a discursive tendency towards individual responsibility and an emphasis on personal choice. As Luca (2020) expresses:

"My thought-process behind it was first and foremost; okay, it would be like so, so awful for me personally if in 10 years I sit here thinking like, oh my god, I would so love to have children now, that are genetically related to me, and then I'd think 'why did you make such a stupid decision when you were 17?' I think that could be really shitty." (16:33).

In addition to this intense emotional pressure of having to make the right choice, Julius' account specifically addresses the difficulty of gaining access to information and counseling. The latter is described as difficult and primarily a matter of individual effort:

[23] It is worth noting that one of the cornerstones of the soon-to-come SelbstBestG is to abolish the requirement of currently two psychiatric reports to testify the validity of one's trans* identity.

[24] Epstein (2018), in a qualitative study in Canada, has explored how queer and trans* bodies are perceived to disrupt the space of fertility clinics.

"It is incredibly hard to even get reliable information on the topic of trans*. [...] It is a catastrophe that there is no central national access point for trans* people to go to. This lack of information is twice as bad on the topic of a wish to have children. It is hard enoughfor single, queer, trans* person(s) to even get information. Given the demographic change, it is a mystery to me how all these child-wanting people are not receiving targeted support." (Julius 2016a, para. 3).

This self-responsibilization in assuring one's access to reproductive health care present in both accounts mirrors a consequence of what Roberts (2009) has termed "the neoliberal trend toward privatization and punitive governance" (pp. 784 f.) that is present in the realm of reproduction and ARTs. While heterosexual married couples are counseled and encouraged to take ARTs services, others neither receive information on their possibilities, nor institutional support (e.g. by insurance). Roberts (2009) further argues that even when the fertility market is expanding its marketing and access to marginalized groups, existing social inequalities and power hierarchies such as racism (Roberts 1998) are not necessarily challenged on a systemic level. This seems to be the case because access is largely defined by wealth and social status, which fosters "a neoliberal health policy [that aims] to disqualify citizens from claiming public support and to avoid the need for social change" (Roberts 2009, pp. 798 f.). Mirroring this, Julius has criticized the lack of central, nation-wide official information access for trans* people in Germany (see above quote), and both activists have talked about the need to have (possible) FP services paid for by their parents. Luca expresses hope towards a legal shift in the future so that his partner, a cisgender woman, could carry a baby with his previously preserved gametes, an option which is currently not possible in Germany due to the ban of surrogacy (Luca 2020, 04:20).

By this brief discussion as well as the previous outline on the legal situation of trans* parents in Germany (see section 4), I want to suggest that intersectional inequalities will hardly be eradicated simply through more permissiveness in ARTs regulation. Correspondingly, solely expanding ARTs services to queer persons without additional systemic change poses the risk of intensifying financial pressures on already socially disadvantaged communities. Fronek und Crawshaw (2015) have further problematized from a social work perspective the primary importance that is laid on parents' reproductive choice by the "'right-to-parent' lobby in global free markets" (p. 737). Regarding families built through ARTs, they voice a strong critique: "These 'new families' are undergoing a process of normative acceptability in societies characterised by consumerism" (Fronek und Crawshaw 2015, p. 738). Both Roberts and Fronek/Crawshaw are thus warning against endorsing a neoliberal reproductive politics that on the surface, gives more reproductive freedom to people in terms of technological reproductive choices, but on the flipside, works to enforce a capitalist hold on people's lives and further cements whose reproduction is endorsed and whose is not (Schultz 2022).

A neoliberal version of reproductive autonomy surely is not what Firestone (1970) had envisioned in her feminist imagination of a utopian future where ARTs and advanced technology are forming a central part of radical societal liberation and gender justice. We have by now, in 2025, 55 years after the publication of Firestone's (1970) manifesto, far surpassed the "speculative stage" (p. 200) of medically aided reproduction. Many of the means that Firestone had envisioned are technically and medically available for an affluent part of the population (depending on the country). This is with the exception of full ectogenesis, which Firestone had deemed crucial to abolish the injustice imposed on certain bodies by pregnancy and childbirth. It is worth noting in the context of this volume that the possible future option of in-vitro gametogenesis could render e.g. the procedure of FP and some affiliated problems obsolete in the future, given that gametes could be created out of somatic cells at any point in time. It might thus also be speculated that various current legal issues with FP, such as the practical difficulty for trans* people to obtain the right to use one's previously frozen gametes in later IVF as well as current limits on receiving donor gametes as a queer person, could dissolve as a side effect of in-vitro gametogenesis. Yet, we must not forget that Firestone's (1970) prediction (and hope) that the increasing relocation of reproduction away from private households towards medical institutions would help dissolve the primacy of the traditional family unit (pp. 195–200) has hardly become a reality. Even if full ectogenesis and in-vitro gametogenesis were to become clinically feasible options in human reproduction, it seems unlikely that they would miraculously escape the problems that current ARTs face in terms of the risk to manifest disadvantages through already-existing socioeconomic inequality. Thus, applying the previously introduced lens of reproductive justice; I argue that this is the case precisely because the aforementioned aspect of individual responsibility and personal wish fulfillment has remained socio-politically prevalent through a neoliberal discursive focus on individual reproductive decisions versus the larger-scale realization of a social-change oriented reproductive justice. Thus, even though certain technological advancements can be argued to replace previous procedures and possibly resolve some associated issues,[25] the question of equitable access and ongoing institutional support for fa-

[25] Another prevalent example is the current debate on germline genome editing possibly replacing preimplantation genetic diagnosis in the future (e.g. Ranisch 2019).

milies remains; and it is one to be tackled at national politics level. This goes especially for members of intersectionally disadvantaged groups, such as asylum seekers. Although some attempts have been made to better the situation of families in Germany, for instance child allowance ("Kindergeld"), unemployment benefit ("Hartz IV"), and financial student assistance ("BAföG"), the demands of the contemporary labor market are still making it difficult if not impossible for many people to freely decide on having children or not. This goes for reproduction through ARTs as well as 'traditional' family building, since the costs of sustaining a family in the long run affect all (potential) parents. Debates on individual parents' decision-making are largely dominating the German family-building discourse in the media, including mourning the demographic change and that particularly the more educated and affluent are having less children, sometimes even accompanied by subtle dismissal of the birth of children in less educated and/ or poorer families (e.g. Nowakowski 2015; Tobien 2020; Schleinig 2021).[26] As has been mentioned previously, law and politics are still by and large enforcing a family hierarchy of married heterosexual couples over queer family constellations (Richarz und Mangold 2019), and stereotypical gender norms are majorly shaping parentage legislation (Margaria 2020). This legal discrimination also intersects with the realm of assisted reproduction. Exemplarily, Julius (2016b) has expressed his irritation over the fact that using ARTs is endorsed for heterosexual married couples, and barriers are placed for queer couples to e.g. receive gamete donations. The capitalist functioning of the fertility market (Schultz und Braun 2012; Perler 2022; Schulz 2022) as well as the to date (if changing) trans*hostile legal landscape seem to be a rather unpromising environment for the realization of reproductive justice in Germany. It surely is important to not be too idealistic about the societal impact of a singular step such as increased ARTs access for trans* people.

This brings up the fundamental question of how to define queer liberation, and the tools to put it into practice. The discursive impact of growing visibility of queer family realities and activist pressure has already started to generate social,

[26] Although it has to be acknowledged that many journalists, including the two latter ones cited here, are aware and vocal of the structural reasons for decreased birth rates and later parenthood such as career disadvantages for (young) parents. The first-cited article, however, partly displays a rhetoric that individualizes the responsibility of people to "dare" having children, claiming that financial government support and incentives are already well-enough established and that the main reason that people opt out of parenthood is lacking self-confidence.

legal, and political change. Political parties and actors on the federal and national governmental level are increasingly required to reckon with a growing population of openly queer and queer-rights-supporting voters, which necessitates taking a clear stance on the subject and being accountable to abolishing systemic injustices. Following Goss' (1997) argument when it comes to queer family building through ARTs: "Queers do not undertake procreative strategies unless they really want children and are committed to rearing them. [...] Most of these [assisted reproductive] strategies challenge conventional understanding of producing offspring" (pp. 14 f.). This suggests the possibility of changing the mainstream step-by-step, through advocating for and living in diverse families within a current socio-political environment:

"*We are not degaying or delesbianing ourselves by describing ourselves as families.* In fact, we are queering the notion of family and creating families reflective of our life choices. Our expanded pluralist uses of family are politically deconstructive of the ethic of traditional family values." (Goss 1997, p. 12, italics in original)

Letherby (2010) mirrors this view by stating that "as a group, individuals within the discourse can be seen as constituting an alternative discourse; a challenge to more dominant and authoritative ones" (p. 40). This perspective acknowledges the value of raising-awareness-by-example and advocates for cultural shifts through fostering an alternative discourse, which, once significant enough, will ultimately change the mainstream discourse including law and policy shifts. The aforementioned replacement of the TSG by a more trans* affirming bill, the SelbstBestG, which had been advocated for decades, stands in as an excellent example. The increasing visibility and larger-scale organizing of queer people as a community and lobby as well as the effort of some to go through the strenuous process of pursuing time-intensive lawsuits to protest unjust regulations has built political momentum that has finally brought about tangible change. Now, institutions and fellow citizens are more than ever called to actively support this positive societal shift and not let the burden of proof for the reality and validity of queer family constellations fall exclusively on this population's own shoulders.

6 Conclusion: Moving Toward Social Justice in Reproduction and Beyond

The aim of this work has been to give an overview on the landscape of ARTs and parenthood for trans* people in Germany, and therefore an evaluation of trans* inclusivity in the realm of German reproductive medicine, law, and policy discourse. In this pursuit, three main intersecting areas of discrimination against trans* people with a reproductive wish have been identified, namely (1) various trans*hostile contents of the previous TSG; (2) parentage legislation that is based on a biological gender binary; and (3) medical insurance barriers making it difficult to receive trans*related health care services. A prior feminist discourse analysis of two publicly shared accounts on trans* FP has further suggested the personal struggle that the decision-making process on one's reproductive future as a trans* person can entail. A tendency towards individual responsibility in matters of human reproduction, which some scholars have previously suggested, has been found present in the accounts in conjunction with the German policy landscape on the matter.

As recent political developments progress, is worth noting that some positive change regarding trans* inclusivity is happening. The TSG has been replaced by the more trans* affirming SelbstBestG. More and more people are aware of the reality of trans* lives, and open to discussing options to further inclusion in all societal realms, including family building. Yet, in order to come closer to a reality of reproductive justice, it is all the more important to be receptive to the intersectional nature of societal injustices and to keep holding governmental institutions accountable to addressing those injustices.[27] We are faced with the difficult necessity to increase awareness of non-normative parenthood without falling into the pitfalls of a neoliberal version of reproductive autonomy. The latter would be too-narrowly focused solely on individual choice, thereby pushing the financial and care responsibilities that come along with reproductive decisions back into the exclusively private sphere. As argued previously, this will not effectively address existing reproductive inequalities.

Reproductive justice can only be realized through a committed effort to expand our activist and scholarly scope beyond reproduction alone and simultaneously address the multiple sites of structural oppressions that also influence reproductive freedom. These sites include, among other things, specifically for the German context: the realization of workplace equality through e.g. more equitable part-time work models; increased wages for all healthcare workers and better working conditions in hospitals; more government funding of childcare facilities and increased wages for staff and social workers in order to realize accessible and

[27] I want to note here that I do not necessarily want to advocate for more regulatory government intervention in reproductive matters, rather, I want to push for increased support measures and affirmative action that specifically target the most disadvantaged members of our communities.

free childcare; increased general support and less bureaucratic barriers for asylum seekers and their families; more consequent inclusion of people with disabilities in education and regular paid labor;[28] and more.

As to how the matter of ARTs plays into this, and whether further technology advances and increased access could possibly help to realize gender justice in reproduction, I am leaning on Firestone's view that "[a]rtificial reproduction is not inherently dehumanizing" (p. 199). I do not want to commit the argumentative error to confuse "the *misuse* [and here, unequal accessibility and neoliberal presentation] of scientific developments [...] with technology itself" (Firestone 1970, p. 196, italics in original). As further suggested by Braidotti (2013), technological and *posthuman* developments can be used in favor of advancing gender justice: "power is not a static given, but a complex strategic flow of effects which call for pragmatic politics of intervention and the quest for sustainable alternatives" (p. 99). As argued in this paper, intervening into debates on ARTs with a reproductive justice informed perspective constitutes a first step towards a pragmatic shift that truly includes everyone. The question of "whose freedom and rights are we prioritizing?" is now as prevalent as ever.

Human reproduction is a delicate political field, as it is on the one hand intimate and individual, and at the same time it is highly representative of a country's politics and cultural environment. I agree with Goss (1997) in that it is possible to maintain *family* as a constitutive concept in our lives, if we so desire. This can be done by constantly re-interpreting the concept to fit our queer needs and align it with our diverse personal and cultural values. Some scholars have furthermore problematized the cultural importance that is placed on genetic relatedness from an ethical perspective, arguing that the use and promotion of ARTs should be implemented with deliberate care to not invalidate families without or with only partly genetic ties (Ravitsky 2021). Riggs und Bartholomaeus (2018) further suggest that a larger number of trans* people might be open to alternative, non-genetic family formation options compared to cisgender people (p. 7 of 10). It should also be kept in mind within reproductive activism and scholarship that parenthood should never be framed as a necessity for personal fulfillment or even

[28] Including e.g. abolishing the institutions of *Behindertenwerkstätten,* where disabled people are working far below the minimum wage and are not effectively supported to shift into regularly paid labor (Greving und Scheibner 2021; JobInklusive 2020,2021a,b), as well as legally seizing to let companies opt out of fulfilling the 5 % quote of employees with disabilities by simply paying a relatively low fine (Bauer und Biesler 2014; Gehlhaar 2022, 02:07 min).

an obligation. Clinical settings should provide an environment where informed decisions can be made without pronatalist pressures (Riggs und Bartholomaeus 2020, especially p. 333). In the Germany-specific, yet still strictly regulated ARTs regulation and practice, it is definitely needed to take on the task of adapting or replacing the interconnected set of laws currently regulating the field to fit the contemporary state of ARTs (e.g. Leopoldina 2019). This is the case analogously for an update and/or replacement of current parentage legislation, as a new regulation that accounts for trans* parents' realities and that equally acknowledges the validity of their families is needed.

To sum up, this paper made a case for advocating for trans* reproductive justice by pushing for socio-political change towards a trans*affirming parentage legislation and policy, while simultaneously being critically aware of the consumerist aspects of the fertility market. On a community-based level, it is suggested to support all self-identified family constellations (as well as involuntarily childless and voluntarily childfree people),[29] and at the same time acknowledging that simply equalizing access to ARTs is not the sole key to queer and trans* reproductive justice at the societal level.

Acknowledgements This work was made possible thanks to the Research Priority Program *Human Reproduction Reloaded* at the University of Zurich, which supported the continued research on this project. I am indebted to my previous M.A. supervisor at the University of York, Dr Sharon Jagger as well as the academic staff of the *Centre for Women's Studies* at the University of York, who supported the start of this work. I also thank Dr Marilyn Crawshaw for her engagement and critical feedback. Additionally, I would like to express my gratitude to Dr Elena Brodeala for helpful legal advice on section no 4 of the paper. My thanks also go to Dr Helene Gerhards and Dr Vasilija Rolfes for their support and feedback on a previous version of the paper.

Literatur

Adams, N., R. Pearce, J. Veale, A. Radix, D. Castro, A. Sarkar, and K. C. Thom. 2017. Guidance and ethical considerations for undertaking transgender health research and institutional review boards adjudicating this research. *Transgender health* 2(1):165–175.

Adeleye, A.J., M. I. Cedars, J. Smith, and E. Mok-Lin. 2019. Ovarian stimulation for fertility preservation or family building in a cohort of transgender men. *Journal of assisted reproduction and genetics* 36:2155–2161.

[29] I am drawing here on Letherby und Williams' (1999) terminology and definitions of childfree/childless.

Appenroth, M.N., and Do Mar Castro Varela, M. 2019. *Trans & Care: Trans Personen zwischen Selbstsorge, Fürsorge und Versorgung.* Bielefeld: transcript Verlag.

Armuand, G., C. Dhejne, J. I. Olofsson, and K. A. Rodriguez-Wallberg. 2016. Transgender men's experiences of fertility preservation: a qualitative study. *Human reproduction* 32(2):383–390.

Auer, M.K., J. Fuss, T. O. Nieder, P. Briken, S. V. Biedermann, G. K. Stalla, M. W. Beckmann, and T. Hildebrandt. 2018. Desire to have children among transgender people in Ger-many: a cross-sectional multi-center study. *The journal of sexual medicine* 15:757–767.

Batz, F., J. Becker, I. Alba-Alejandre, C. J. Thaler, and N. Rogenhofer. 2020. Reproduktionsmedizinische Aspekte bei Transsexualität. *Geburtshilfe und Frauenheilkunde* 80(19):e224.

Bauer, A., and J. Biesler. 2014. Tag der Menschen mit Behinderung: 'Es kann nicht sein, dass sich Unternehmen freikaufen'. Deutschlandfunk. https://www.deutschlandfunk.de/tag-der-menschen-mit-behinderung-es-kann-nicht-sein-dass-100.html. Accessed 5 December 2022.

Betke-Brunswick, W. 2021. Myths about testosterone and fertility, told through three perspectives. https://www.autostraddle.com/myths-about-testosterone-and-fertility-told-through-three-perspectives/. Accessed 20 July 2021.

Bfarm/Bundesinstitut für Arzneimittel und Medizinprodukte. 2022. Revision der ICD der WHO: ICD-11. https://www.bfarm.de/DE/Kodiersysteme/Klassifikationen/ICD/ICD-11/_node.html. Accessed 8 August 2022.

Braidotti, R. 2013. *The posthuman.* 1st ed. Cambridge/Malden: Polity Press.

Broughton, D., and K. Omurtag. 2017. Care of the transgender or gender-nonconforming patient undergoing in vitro fertilization. *International journal of trans-genderism* 18(4):372–375.

Bundesamt für Justiz a). Transsexuellengesetz TSG http://www.gesetze-im-internet.de/tsg/. Accessed 26 March 2021.

Bundesamt für Justiz b). Sozialgesetzbuch Fünftes Buch SGB V: Gesetzliche Krankenversicherung. https://www.gesetze-im-internet.de/sgb_5/. Accessed 9 June 2021.

Bundesamt für Justiz c). Embryonenschutzgesetz ESchuG. http://www.gesetze-im-internet.de/eschg/__1.html. Accessed 26 March 2021.

Bundesamt für Justiz d). Grundgesetz GG. https://www.gesetze-im-internet.de/gg/. Accessed 9 June 2021.

Bundesamt für Justiz e). Personenstandsgesetz PStG. https://www.gesetze-im-internet.de/pstg/index.html#BJNR012210007BJNE008100116. Accessed 10 June 2021.

Bundesamt für Justiz f). Transplantationsgesetz TPG. https://www.gesetze-im-internet.de/tpg/index.html#BJNR263100997BJNE001004116. Accessed 11 June 2021.

Bundesamt für Justiz g). Mutterschaft § 1591 BGB. https://www.gesetze-im-internet.de/bgb/__1591.html. Accessed 20 August 2021.

Bundesärztekammer. 2018a. Richtlinie zur Entnahme und Übertragung von menschlichen Keimzellen im Rahmen der assistierten Reproduktion. Deutsches Ärzteblatt. https://www.bundesaerztekammer.de/fileadmin/user_upload/downloads/pdf-Ordner/RL/Ass-Reproduktion_Richtlinie.pdf. Accessed 18 June 2021.

Bundesärztekammer. 2018b. Bekanntmachungen: Beschluss der Bundesärztekammerüber die Richtlinie zur Entnahme und Übertragung von menschlichen Keimzellen im Rahmen der assistierten Reproduktion. Deutsches Ärzteblatt, 115(22):A1096. https://www.bundesaerztekammer.de/fileadmin/user_upload/downloads/pdf-Ordner/RL/Ass-Reproduktion_Bekanntgabe.pdf. Accessed 18 June 2021.

Bundesgerichtshof. 2017a. Beschluss XII ZB 660/14 vom 6. September 2017 in der Personenstandssache: BGB §§ 1591, 1592; TSG §§ 5 Abs. 3, 8 Abs. 1, 11 Satz 1. http://juris.bundesgerichtshof.de/cgi-bin/rechtsprechung/document.py?Gericht=bgh&Art=en&Datum=Aktuell&Sort=12288&Seite=1&nr=79598&pos=36&anz=534&Blank=1.pdf. Accessed 9 June 2021.

Bundesgerichtshof. 2017b. Beschluss XII ZB 459/16 vom 29. November 2017 in der Personenstandssache: BGB §§ 1591, 1592; TSG § 11 Satz 1. http://juris.bundesgerichtshof.de/cgi-bin/rechtsprechung/document.py?Gericht=bgh&Art=pm&Datum=2018&Sort=3&nr=80554&linked=bes&Blank=1&file=dokument.pdf Accessed 11 June 2021.

Bundesgesetzblatt. 2018. Gesetz zur Änderung der in das Geburtenregister einzutragenden Angaben vom 18. Dezember 2018. Bundesanzeiger Verlag. https://www.bgbl.de/xaver/bgbl/text.xav?SID=&tf=xaver.component.Text_0&tocf=&qmf=&hlf=xaver.component.Hitlist_0&bk=bgbl&start=%2F%2F*%5B%40node_id%3D%27818840%27%5D&skin=pdf&tlevel=-2&nohist=1. Accessed 10 June 2021.

Bundesregierung. 2023. Kabinett bestimmt über das Selbstbestimmungsgesetz: Selbst über das eigene Geschlecht bestimmen. https://www.bundesregierung.de/breg-de/suche/selbstbestimmungsgesetz-2215426#:~:text=Wann%20tritt%20das%20Selbstbestimmungsgesetz%20in,Transsexuellengesetz%20dann%20au%C3%9Fer%20Kraft%20treten. Accessed 27 September 2023.

Bundesverband Trans*. 2018. Bundesgerichtshof behält konservativen Kurs bei Beschlüssen zu trans*Familien und schadet damit dem Kindeswohl. https://www.bundesverband-trans.de/bgh-behaelt-konservativen-kurs-bei-beschluessen-zu-trans-familien-bei-und-schadet-damit-dem-kindeswohl/. Accessed 13 May 2021.

Bundesverband Trans*. 2019a. Stellungnahme der Bundesvereinigung Trans* zum Diskussionsteilentwurf eines Gesetzes zur Reform des Abstammungsrechts. https://www.bundesverband-trans.de/wp-content/uploads/2019/05/2019-05-03_BVT_Stellungnahme-Abstammungsrecht.pdf. Accessed 13 May 2021.

Bundesverband Trans*. 2019b. Leitfaden Trans* Gesundheit. https://www.bundesverband-trans.de/wp-content/uploads/2019/11/Patient_innen-Leitlinie-Trans-08_ONLINE.pdf. Accessed 9 June 2021.

Bundesverband Trans*. 2019c. Praxistipps zu Kostenübernahmen für geschlechtsangleichende Maßnahmen und Anträgen, Widerspruchs- und Beschwerdemöglichkeiten. https://www.bundesverband-trans.de/wp-content/uploads/2019/11/Praxistipps-Trans-Krankenkasse_11_ONLINE.pdf. Accessed 9 June 2021.

Bundesverband Trans*. 2021a. Musterschreiben für Beschwerden und Widersprüche. https://www.bundesverband-trans.de/leitfaden-fuer-behandlungssuchende/. Accessed 9 June 2021.

Bundesverband Trans*. 2021b. Trans* mit Kind! Tipps für trans* und nicht-binäre Personen mit Kind(ern) oder Kinderwunsch. https://www.bundesverband-trans.de/wp-content/uploads/2021/12/BroschuereDigital_LowRes_Trans-mit-Kind.pdf. Accessed 1 May 2022.

Butler, J. 1990. Gender trouble: feminism and the subversion of identity. London, New York: Routledge.

BVerfG. 2011. Leitsatz zum Beschluss des Ersten Senats vom 11. Januar 2011 – 1 BvR3295/07, Rn. 1–82. http://www.bverfg.de/e/rs20110111_1bvr329507.html. Accessed 25 September 2023.

Cameron, D. 1998. *The feminist critique of language: a reader*. New York: Routledge.

Cárdenas, M. 2016. Pregnancy: reproductive futures in trans of color feminism. *Transgender Studies Quarterly* 3(1–2):48–57.

Cho, K., R. Harjee, J. Roberts, and C. Dunne. 2020. Fertility preservation in a transgender man without prolonged discontinuation of testosterone: a case report and literature review. *Fertility & Sterility,* 113(4):supplement, e17f., P26.

Crenshaw, K. 1989. Demarginalizing the intersection of race and sex: a black feminist critique of antidiscrimination doctrine, feminist theory, and antiracist politics. *University of Chicago legal forum* 1989:139–167.

De Silva, A. 2017. Trans und sozialer Wandel in der Bundesrepublik Deutschland. In *Transfer und Interaktion: Wissenschaft und Aktivismus an den Grenzen heteronormativer Zweigeschlechtlichkeit,* ed. J. Hoenes, and M. Koch, 175-186. Oldenburg: BIS-Verlag.

De Silva, A. 2018. Entwicklungen der Trans*-Bewegung in der Bundesrepublik Deutschland. In *Geschlechtliche Vielfalt – trans*,* ed. Bundeszentrale für Politische Bildung. https://www.bpb.de/gesellschaft/gender/geschlechtliche-vielfalt-trans/245379/transbewegung-in-deutschland. Accessed 26 May 2021.

De Sutter, P. 2001. Gender reassignment and assisted reproduction: present and future reproductive options for transsexual people. *Human reproduction* 16(4):612–614.

De Sutter, P., A. Verschoor, A. Hotimsky, and K. Kira. 2002. The wish for children and the preservation of fertility in transsexual women: a survey. *The International Journal of Transgenderism* 6(3). https://cdn.atria.nl/ezines/web/IJT/97-03/numbers/symposion/ijtvo06no03_02.htm. Accessed 26 May 2021.

De Sutter, P. 2003. Donor inseminations in partners of female-to-male transsexuals: should the question be asked? *Reproductive Biomedicine Online* 6(3):282–283. https://www.rbmojournal.com/article/S1472-6483(10)61861-5/pdf. Accessed 26 May 2021.

De Sutter, P. 2009. Reproductive options for transpeople: recommendations for re-vision of the WPATH's standards of care. *The International Journal of Transgenderism* 11:1–3.

De Sutter, P. 2018. Genetic or biological trans parenthood: dream or reality? In *Normed children: effects of gender and sex related normativity on childhood and adolescence,* ed. E. Schneider, and C. Baltes-Löhr, 197–205. Bielefeld: transcript Verlag.

Dennert, G. 2022. InTraHealth: Fortbildung für Gesundheitsfachkräfte zur Versorgung von inter* und trans Personen. *Impulse* 115:19.

Deutsche Gesellschaft für Sexualforschung. 2019. Geschlechtsinkongruenz, Geschlechtsdysphorie und Trans-Gesundheit: S3-Leitlinie zur Diagnostik, Beratung und Behandlung AWMF-Register-Nr. 138|001. Version 1.1. AWMF Online. https://www.awmf.org/uploads/tx_szleitlinien/138-001l_S3_Geschlechtsdysphorie-Diagnostik-Beratung-Behandlung_2019-02.pdf. Accessed 9 June 2021.

Deutsche Gesellschaft für Transidentität und Intersexualität e.V. 2000. 20 Jahre TSG: Gesetz über die Änderung der Vornamen und die Feststellung der Geschlechtszugehörigkeit in besonderen Fällen. https://www.dgti.org/tsgrecht.html?id=21. Accessed 26 March 2021.

Deutsche Gesellschaft für Transidentität und Intersexualität e.V. 2011. Eckpunkte zur Reform des TSG. https://www.dgti.org/images/pdf/EckpunkteTSGR%20110316.pdf. Accessed 26 March 2021.

Deutscher Bundestag 2020. Entwurf eines Gesetzes zur Aufhebung des Transsexuellengesetzes und Einführung des Selbstbestimmungsgesetzes (SelbstBestG): Drucksache 19/19755. https://dip21.bundestag.de/dip21/btd/19/197/1919755.pdf. Accessed 9 June 2021.

Deutscher Bundestag. 2021. Opposition scheitert mit Initiativen zur Situation von LSBTI in Deutschland. https://www.bundestag.de/dokumente/textarchiv/2021/kw20-de-lsbti-840188. Accessed 9 June 2021.

Diedrich, K., R. Felberbaum, G. Griesinger, H. Hepp, H. Kreß, and U. Riedel 2008. Reproduktionsmedizin im internationalen Vergleich: Wissenschaftlicher Sachstand, medizinische Versorgung und gesetzlicher Regelungsbedarf. Gutachten im Auftrag der Friedrich-Ebert-Stiftung. Berlin, Bonn: Bonner Universitäts-Buchdruckerei.

Dorneck, C. 2017. Rechtliche Regelungen: Brauchen wir ein Fortpflanzungsmedizingesetz? ProFamilia Medizin – der Familienplanungsrundbrief, no. 3, pp. 1–5.

Downing, J.B. 2013. Transgender-parent families. In *LGBT-parent-families: innovations in research and implications for practice,* ed. A. E. Goldberg, and K.R. Allen, 105-115. New York: Springer.

Ediger, G., A. Kyere, U. Kalender, and V. Mazzaferro. 2021. *Reproduktionstechnologien: queere Perspektiven und reproduktive Gerechtigkeit.* Göttingen: Wallstein.

Epstein, R. 2018. Space invaders: queer and trans bodies in fertility clinics. *Sexualities* 21(7):1039–1058.

Erbenius, T., and J. Gunnarsson Payne. 2018. Unlearning cisnormativity in the clinic: enacting transgender reproductive rights in everyday patient encounters. *Journal of International Women's Studies* 20(1):27–39.

Ewert, F. 2018. *Trans, Frau, Sein: Aspekte geschlechtlicher Marginalisierung.* Münster: Edition Assemblage.

Fairclough, N. 1989. *Language and power.* London: Longman Group UK Limited.

Fairclough, N. 1992. *Discourse and social change.* Cambridge: Polity Press.

Fairclough, N. 2003. *Analysing discourse: textual analysis for social research.* London, New York: Routledge.

Feigerlová, E., V. Pascal, M.-O. Ganne-Devonec, M. Klein, and B. Guerci. 2019. Fertility desires and reproductive needs of transgender people: challenges and considerations for clinical practice. *Clinical endocrinology* 9:10–21.

Firestone, S. 1970. *The dialectic of sex.* New York: William Morrow.

Flütsch, N. 2017. Transmenschen und Kinderwunsch. *Gynäkologische endokrinologie* 15:47–52.

Fronek, P., and M. Crawshaw. 2015. The 'new family' as an emerging norm: a commentary on the position of social work in assisted reproduction. *British Journal of Social Work* 45:737–746.

Gehlhaar, L. 2022. DAS! mit Autorin, Aktivistin und Coach Laura Gehlhaar: Themenwoche 2022. Norddeutscher Rundfunk. https://www.ndr.de/fernsehen/sendungen/das/DAS-mit-Autorin-Aktivistin-und-Coach-Laura-Gehlhaar-Themenwoche-2022,dasx30252.html. Accessed 30 November 2022.

Gemeinsamer Bundesausschuss. 2020. Pressemitteilung Nr. 34/2020: Methodenbewertung Kryokonservierung von Ei- und Samenzellen als GKV-Leistung – G-BA beschließt

Richtlinie. https://www.g-ba.de/presse/pressemitteilungen-meldungen/878/. Accessed 11 June 2021.

Generations Ahead. 2008. A reproductive justice analysis of genetic technologies. Report on a national convening of women of color and indigenous women held on 14–16 September 2008 in Philadelphia, PA. https://www.generations-ahead.org/ourwork/project-two-e52ze. Accessed 14 June 2022.

Goss, R.E. 1997. Queering procreative privilege: coming out as families. In *Our families, our values: snapshots of queer kinship,* ed. R. E. Goss, and A. Squire Strongheart. London, New York: The Haworth Press.

Gouilhers, S., D. Gardey, and R. Albospeyre-Thibeau. 2023. De la stérilisation imposée à la préservation de la fertilité des personnes trans: les médecins au travail. *Travail, genre et sociétés* 50:61–78.

Greving, H., and U. Scheibner. 2021. *Werkstätten für behinderte Menschen: Sonderwelt und Subkultur behindern Inklusion.* Stuttgart: Kohlhammer.

Hoffkling, A., J. Obedin-Maliver, and J. Sevelius. 2017. From erasure to opportunity: a qualitative study of the experiences of transgender men around pregnancy and recommendations for providers. *BMC Pregnancy and Childbirth* 17(2): art. no. 332.

hooks, b. 1994. Theory as liberatory practice. In *Teaching to transgress: education as the practice of freedom,* ed. b. hooks. New York: Routledge.

ICD-10 International Classification of Diseases version 10. 1990. F64.0. https://www.icd-code.de/suche/icd/recherche.html?sp=0&sp=SF64.0. Accessed 9 June 2021.

ICD-11 International Classification of Diseases Version release version 11. 2019. HA60/HA61/HA6Z.

James-Abra S., L. A. Tarasoff, D. Green, R. Epstein, S. Anderson, S. Marvel, L. S. Steele, and L. E. Ross. 2015. Trans people's experiences with assisted reproduction ser-vices: a qualitative study. *Human Reproduction* 30(6):1365–1374.

Job Inklusive. 2020. Wie das System der Behindertenwerkstätten Inklusion verhindert und niemand etwas daran ändert. https://jobinklusive.org/2020/09/14/wie-das-system-der-behindertenwerkstaetten-inklusion-verhindert-und-niemand-etwas-daran-aendert/. Accessed 10 December 2022.

Job Inklusive. 2021a. Acht Punkte: Kritik an Werkstätten für behinderte Menschen. https://jobinklusive.org/2021/09/13/kritik-an-werkstaetten-fuer-behinderte-menschen-acht-punkte/. Accessed 10 December 2022.

Job Inklusive. 2021b. Das System der Werkstätten für behinderte Menschen: Fünf Schritte in die Zukunft. https://jobinklusive.org/2021/09/15/fuenf-schritte-in-die-zukunft-das-behindertenwerkstaettensystem/. Accessed 10 December 2022.

Julius. 2016a. Kinderwunsch: leibliche Kinder? Aus meinem Leben als Trans*Mensch. https://ftmjulius.wordpress.com/2016/03/04/kinderwunsch-leibliche-kinder/#more-481. Accessed 28 March 2021.

Julius FTM. 2016b. Keine leiblichen Kinder. Aus meinem Leben als Trans*Mensch. https://ftmjulius.wordpress.com/2016/05/23/keine-leiblichen-kinder/#more-2185. Accessed 28 March 2021.

Kitchen Politics (ed.). 2021. *Mehr als Selbstbestimmung! Kämpfe für reproduktive Gerechtigkeit.* Münster: Edition Assemblage.

Koalitionsvertrag. 2021. Mehr Fortschritt wagen: Bündnis für Freiheit, Gerechtigkeit und Nachhaltigkeit. Koalitionsvertrag 2021–2025 zwischen der Sozialdemokratischen Partei

Deutschland (SPD), Bündnis 90/die Grünen und den Freien Demokraten (FDP). https://www.bundesregierung.de/resource/blob/974430/1990812/04221173eef9a6720059c-c353d759a2b/2021-12-10-koav2021-data.pdf?download=1. Accessed 10 October 2022.

Krankenkassenzentrale. 2021. Health insurance in Germany. https://www.krankenkassen-zentrale.de/wiki/incoming-en. Accessed 19 July 2021.

Lawrence, J. 2000. The Indian health service and the sterilization of Native Ameri-can women. *American Indian Quarterly* 24(3):400–419.

Lazar, M.M. 2007. Feminist critical discourse analysis: articulating a feminist dis-course praxis. *Critical discourse studies* 4(2):141–164.

Lehmann, S. 2022. Selbstbestimmungsgesetz: ein längst überfälliger Schritt. Tagesschau. https://www.tagesschau.de/thema/selbstbestimmungsgesetz/. Accessed 1 July 2022.

Leopoldina. 2019. Reproductive medicine in Germany – towards an updated legal frame-work: summary of statement. Halle (Saale): Deutsche Akademie der Naturforscher Le-opoldina e. V. – Nationale Akademie der Wissenschaften. https://www.leopoldina.org/uploads/tx_leopublication/2019_Stellungnahme_Fortpflanzungsmedizin_19_en_kurz_web_02.pdf. Accessed 8 August 2022.

Lesben- und Schwulenverband. 2021. 'Divers' - Der dritte Geschlechtseintrag im Per-sonenstandsrecht: Dokumentation des Gesetzesverfahren. https://www.lsvd.de/de/ct/910-quot-Divers-quot-Der-dritte-Geschlechtseintrag-im-Personenstandsrecht. Acces-sed 10 June 2021.

Letherby, G., and C. Williams. 1999. Non-motherhood: ambivalent autobiographies. *Feminist Studies* 25(3):719–728.

Letherby, G. 2010. When treatment ends: the experience of women and couples. In *Adopting after infertility: messages from practice, re-search and personal experience. Adopting after infertility: messages from practice, research and personal experience,* ed. M. Crawshaw, and R. Balen. London, Philadelphia: Jessica Kingsley Publishers.

Liebig, D. 2021. Änderungen an Transsexuellengesetz TSG. Buzer Bundesrecht. https://www.buzer.de/gesetz/6253/l.htm. Accessed 9 June 2021.

Livia, A. and K. Hall. 1997. *Queerly phrased: Language, gender, and sexuality*. New York: Oxford University Press.

Lorde, A. 1984. The transformation of silence into language and action. In *Sister outsider.* 1st ed., ed. A. Lorde. Trumansburg NY: Crossing Press, essay no. 3.

Luca. 2020. Eizellentnahme, Kinderwunsch bei Transmännern: FTM transgender. https://www.youtube.com/watch?v=WKTaHK2NIcA. Accessed 28 March 2021.

Margaria, A. 2020. Trans men giving birth and reflections on fatherhood: what to expect? *International journal of law, policy and the family* 34:225 – 246.

Mattawanon, N., J. B. Spencer, D. A. Schirmer, and V. Tangpricha. 2018. Fertility preserva-tion options in transgender people: a review. *Reviews in endocrine and metabolic disorders* 19:231–242.

Mayhew, A.C., and V. Gomez-Lobo. 2020. Fertility options for the transgender and gender nonbinary patient. *The journal of clinical endocrinology & metabolism* 105(10):3335–3345.

Maxwell, S., N. Noyes, D. Keefe, A. S. Berkeley, and K. N. Goldman. 2017. Pregnancy outcomes after fertility preservation in transgender men. *Obstetrics & Gynecology* 129(6):1031–1034.

Mertens, M. and Kandlbinder, A. 2025. Unruly bodies becoming parents: Experiences of assisted reproductionand pregnancy care for LGBTQAI+ people. In *In-corpore: What the law does to our bodies*, ed J. Vuille, N. Kapferer, S. Hotz, 91–105. Zurich: DIKE.

Moseson, H., N. Zazanis, E. Goldberg, L. Fix, M. Durden, A. Stoeffler, J. Hastings, L. Cudlitz, B. Lesser-Lee, L. Letcher, A. Reyes, and J. Obedin-Maliver. 2020. The imperative for transgender and gender nonbinary inclusion: beyond women's health. *Obstetrics & Gynecology* 135(5):1059–1068.

Murphy, T.F. 2012. The ethics of fertility preservation in transgender body modifications. *Bioethical inquiry* 9:311–316.

National Center for Transgender Equality. 2012. Transgender sexual and reproductive health: unmet needs and barriers to care. https://transequality.org/issues/resources/transgender-sexual-and-reproductive-health-unmet-needs-and-barriers-to-care. Accessed 23 June 2021.

Nixon, L. 2013. The right to (trans) parent: a reproductive justice approach to re-productive rights, fertility, and family-building issues facing transgender people. *William & Mary Journal of Women and the Law* 20(1): 73–103, Art. 5.

Nowakowski, G. 2015. Wie bekommt Deutschland mehr Kinder? Perfekte Eltern gibt es nicht. Der Tagesspiegel. https://www.tagesspiegel.de/politik/wie-bekommt-deutschland-mehr-kinder-perfekte-eltern-gibt-es-nicht/11538000.html. Accessed 20 August 2021.

Pearce, R. 2016. *(Im)possible patients? Negotiating discourses of trans health in the UK.* Coventry: PhD thesis, University of Warwick.

Pearce, R. 2018. *Understanding trans health: discourse, power and possibility.* Bristol: Policy Press.

Perler, L. 2022. *Selektioniertes Leben: eine feministische Perspektive auf die Eizellenspende.* Münster: Edition Assemblage.

Peukert, A., J. Teschlade, C. Wimbauer, M. Motakef, and E. Holzleithner. 2020. Elternschaft und Familie jenseits von Heteronormativität und Zweigeschlechtlichkeit. *Gender Zeitschrift für Geschlecht, Kultur und Gesellschaft,* Sonderheft 5. Opladen, Berlin, Toronto: Verlag Barbara Budrich.

Phipps, A. 2015. Research with marginalised groups: some difficult questions. Genders, bodies, politics. https://phipps.space/2015/09/29/researching-marginalised-groups/. Accessed 10 March 2021.

Pöge, K., G. Dennert, U. Koppe, A. Güldenring, E. B. Matthigack, and A. Rommel. 2020. Die gesundheitliche Lage von lesbischen, schwulen, bisexuellen sowie trans- und intergeschlechtlichen Menschen. *RKI Journal of Health Monitoring* 5:1.

Provincial Health Services Authority. 2021. Gender inclusive language: clinical settings with new clients. Trans care BC. http://www.phsa.ca/transcarebc/Documents/HealthProf/Gender_Inclusive_Language_Clinical.pdf. Accessed 20 March 2021.

Ranisch, R. 2019. Germline editing versus preimplantation genetic diagnosis: is there a case in favour of germline interventions? *Bioethics* 34(1):60–69.

Ravitsky, V. 2021. Changing the human genome: what's next for germline genome editing? Responses to audience questions. Live online event hosted by Progress Educational Trust on 14 July 2021, time slot 01:25h–01:28h. https://www.youtube.com/watch?v=dDU7cIpJZZ4. Accessed 25 August 2021.

Revermann, C. 2010. Reproduktionsmedizin im Europäischen Rechtsvergleich. *TAB-Brief Nr. 38,* 21–28.

Rewald, S. 2019. Elternschaften von trans Personen: Trans Eltern zwischen rechtlicher Diskriminierung, gesundheitlicher Unterversorgung und alltäglicher Heraus-forderung. In *Trans & Care: Trans Personen zwischen Selbstsorge, Fürsorge und Versorgung,* ed. M. N. Appenroth, and M. Do Mar Castro Varela. Bielefeld: transcript Verlag.

Richarz, T., and K. Mangold. 2019. Queere Familien im Recht. *Sozial extra* 6:284–385.

Richter-Kuhlmann, E. 2019. Fortpflanzungsmedizin: Plädoyer für ein neues Gesetz. *Deutsches Ärzteblatt* 116(26):A1262–A1267.

Riedel, U. 2008. Notwendigkeit eines Fortpflanzungsmedizingesetzes aus rechtlicher Sicht. In *Reproduktionsmedizin im internationalen Vergleich: Wissenschaftlicher Sachstand, medizinische Versorgung und gesetzlicher Regelungsbedarf. Gutachten im Auftrag der Friedrich-Ebert-Stiftung,* ed. K. Diedrich, R. Felberbaum, G. Griesinger, H. Hepp, H. Kreß, and U. Riedel, 88–111. Berlin, Bonn: Bonner Universitäts-Buchdruckerei.

Riggs, D.W., and C. Bartholomaeus. 2018. Fertility preservation decision-making amongst Australian transgender and non-binary adults. *Reproductive Health* 15:art. no. 181.

Riggs, D.W., and C. Bartholomaeus. 2020. Toward trans reproductive justice: a qualitative analysis on views on fertility preservation for Australian transgender and non-binary people. *Journal of Social Issues* 76(2):314–337.

Roberts, D. 1998. Racial disparity in reproductive technologies. Chicago Tribune, 29 January 1998. https://www.chicagotribune.com/news/ct-xpm-1998-01-29-9801290086-story.html. Accessed 20 August 2021.

Roberts, D. 2009. Race, gender, and genetic technologies: a new reproductive dystopia? *Signs* 34(4):783–804.

Roberts, D. 2011. *Fatal invention: how science, politics, and big business re-create race in the twenty-first century.* New York: The New Press.

Roberts, D. 2022. Policing Black women's health in the United States. Talk delivered at the Cambridge Reproductive Justice Network on 8 June 2022.

Rodriguez-Wallberg, K.A., G. Armuand, C. Dhejne, and J. I. Olofsson. 2014. Preserving eggs for men's fertility: a pilot experience with fertility preservation for female-to-male transsexuals in Sweden. *Fertility & Sterility* 102(3):65, e160–e161.

Rose and Partner, family and kinship rights lawyers 2021. Künstliche Befruchtung, Vaterschaft, Unterhalt, Kostenübernahme, Steuerrecht. https://www.rosepartner.de/kuenstliche-befruchtung.html. Accessed 11 June 2021.

Rosenau, H. 2013. (ed.). *Ein zeitgemäßes Fortpflanzungsmedizingesetz für Deutschland: Schriften zum Bio-, Gesundheits- und Medizinrecht,* Bd. 11. Baden-Baden: Nomos.

Ross, L.J. 2017. Reproductive justice as intersectional feminist activism. *Souls* 19(3):286–314.

Ross, L.J., and R. Solinger. 2017. *Reproductive justice: an introduction.* Oakland CA: University of California Press.

Roth, S. 2016. *Die Fertilitätsreserve aus medizinischer und sozialer Indikation –Eine ethische Analyse.* PhD thesis presented at the faculty of philosophy of the Heinrich-Heine-Universität: Düsseldorf.

Schirmer, D., N. Sander, and A. Wenninger. 2015. *Die qualitative Analyse internetbasierter Daten: methodische Herausforderungen und Potenziale von Online-Medien.* Wiesbaden: Springer Fachmedien.

Schleinig, V. 2021. Durchschnittsalter erstes Kind: Wird die 35 die neue 25? Familie.de. https://www.familie.de/familienleben/gesellschaft/durchschnittsalter-erstes-kind-wird-die-35-die-neue-25/. Accessed 20 August 2021.

Schneider, F., B. Scheffer, J. Dabel, L. Heckmann, S. Schlatt, S. Kliesch, and N. Neuhaus. 2019. Options for fertility treatments for trans women in Germany. *Journal of clinical medicine* 8(5):no. 730.

Schneider, F., S. Schlatt, N. Neuhaus, and S. Kliesch. 2020. Fertilitätsprotektion bei Mann-zu-Frau trans Personen: früh an fertilitätsprotektive Maßnahmen denken. *Sexualforschung* 33:169–171.

Schultz, S., and K. Braun. 2012. Der bioökonomische Zugriff auf Körpermaterialien. Eine politische Positionssuche am Beispiel der Forschung mit Eizellen. In *Bioökonomie: Die Lebenswissenschaften und die Bewirtschaftung der Körper,* ed. S. Lettow, 61–84. Bielefeld: Transcript.

Schultz, S. 2022. *Die Politik des Kinderkriegens: zur Kritik demografischer Regierungsstrategien.* Bielefeld: Transcript.

SelbstBestG. 2020.

Serano, J. 2014. A personal history of the 'T-word' (and some general reflections on language and activism). http://juliaserano.blogspot.com/2014/04/a-personal-history-of-t-word-and-some.html. Accessed 19 May 2021.

Serano, J. 2016a. *Outspoken: a decade of transgender activism & trans feminism.* Oakland CA: Switch Hitter Press.

Serano, J. 2016b. There is no perfect word: a transgender glossary of sorts. In *Outspoken: a decade of transgender activism & trans feminism,* ed. J. Serano. Oakland CA: Switch Hitter Press. http://www.juliaserano.com/terminology.html. Accessed 19 May 2021.

Sigusch, V. 1998. The neosexual revolution. *Archives of sexual behaviour 27(4):331–359.*

Simpson, M. 2014. Reproductive justice and 'choice': an open letter to Planned Parenthood. Rewire. https://rewirenewsgroup.com/article/2014/08/05/reproductive-justice-choice-open-letter-planned-parenthood/. Accessed 27 June 2022.

SisterSong. 2021. Reproductive justice. https://sistersong.net/reproductive-justice. Accessed 19 July 2021.

Sitter, S.C. 2017. Grenzüberschreitende Leihmutterschaft: eine Untersuchung des materiellen und internationalen Abstammungsrechts Deutschlands und der USA. Schriften zum Internationalen Recht, 216.

Spahn, A. 2019. Heteronormative Biopolitik und die Verhinderung von trans Schwangerschaften. In Appenroth, M.N. and Do Mar Castro Varela, M. (Eds). *Trans & Care: Trans Personen zwischen Selbstsorge, Fürsorge und Versorgung.* Bielefeld: transcript Verlag.

Stoll, J. 2020. Becoming trans* parents: Überlegungen zu einer neomaterialistischen Konzeptualisierung von den (un-)Möglichkeiten, Eltern zu werden. *Gender Zeitschrift für Geschlecht, Kultur und Gesellschaft* Sonderheft 5:92–107.

Stryker, S. 2017. *Transgender history: the roots of today's revolution.* 2nd ed. New York: Seal Press.

Tobien, J. 2020. Trend zur späten Mutterschaft: Frauen bekommen ihr erstes Baby im Schnitt mit 30 Jahren. Stern. https://www.stern.de/panorama/wissen/trend-zur-spaeten-mutterschaft--deutsche-bekommen-immer-spaeter-kinder-9357480.html. Accessed 20 August 2021.

Tornello, S.L., and H. Bos. 2017. Parenting intentions among transgender individuals. *LGBT Health* 4(2):115–120.

TransMann e.V. 2014. Fünfzehn Jahre TransMann ev.V.: ein kleiner Rückblick auf die Vereinsgeschichte. Infobroschüre des TransMann e.V. https://transmann.de/downloads/#Infohefte. Accessed 26 March 2021.

Turß, D. 2020. Pressemitteilung GFF klagt für gleiche Rechte von Eltern mit divers-Eintrag: Behörden und Gerichte müssen Regelungen zur Eltern-Kind-Zuordnung diskriminierungsfrei anwenden. Gesellschaft für Freiheitsrechte. https://freiheitsrechte.org/pm-gleiche-rechte-alle-eltern/. Accessed 10 June 2021.

Washington, H.A. 2006. Medical Apartheid: the dark history of medical experimentation on Black Americans from colonial times to the present. New York: Harlem Moon.

Weber, R. 2018. Trans* und Elternschaft: Wie trans*Eltern normative Vorstellungen von Familie und Geschlecht verhandeln. Masterarbeit Universität Göttingen. https://ediss.uni-goettingen.de/handle/11858/00-1735-0000-002E-E50C-3?show=full. Accessed 8 August 2022.

WHO. 2024. Gender incongruence and transgender health in the ICD. https://www.who.int/standards/classifications/frequently-asked-questions/gender-incongruence-and-transgender-health-in-the-icd. Accessed 6 January 2025.

Wierckx, K., E. Van Caenegem, G. Pennings, E. Elaut, D. Dedecker, F. Van de Peer, S. Weyers, P. De Sutter, and G. T'Sjoen. 2011. Reproductive wish in transsexual men. *Human reproduction* 27(2):483–487.

Zimman, L. 2016. Language matters: an introduction to trans-inclusive language. Medium. https://medium.com/trans-talk/language-matters-linguistic-perspectives-on-trans-inclusion-399a799d8f25. Accessed 19 May 2021.

Ektogenese – Wundermittel für Geschlechtergerechtigkeit?

Johanna Eichinger

1 Eine Literaturanalyse der Debatte zur Ektogenese von den 1920ern bis heute

Seit den 1960er Jahren haben sich die Möglichkeiten für Menschen, ihre Fruchtbarkeit zu ‚managen' – einzuschränken, zu verlängern, zu steigern – mit Methoden wie der verbesserten Empfängnisverhütung, der In-vitro-Fertilisation (IVF), der Kryokonservierung und „anderen Strategien zur Neuordnung der menschlichen Fortpflanzung im Labor" (Waldby 2015, S. 470)[1] dramatisch erweitert. Diese Transformation brachte die Möglichkeit einer doppelseitigen Entkopplung mit sich: Sex ohne Fortpflanzung und Fortpflanzung ohne Sex. Die vollständige Ektogenese, also die „Externalisierung der menschlichen Reproduktion von der Befruchtung bis zur ‚Geburt'" (Gelfand 2006, S. 2), bildet den Höhepunkt reproduktiver Technologien. Es handelt sich nicht nur um einen weiteren Schritt in der Entwicklung von Reproduktionstechnologien (ARTs), der einer bestimmten Gruppe fortpflanzungswilliger Menschen bestimmte neue Optionen bietet, vielmehr könnte die Ektogenese durch das vollständige Auslagern der Schwangerschaft aus dem menschlichen Körper tiefgreifende Auswirkungen auf gesellschaftliche und politische Strukturen insgesamt haben.

[1] Alle Zitate sind eigene Übertragungen ins Deutsche.

J. Eichinger (✉)
Institut für Biomedizinsche Ethik, Universität Basel, Basel, Schweiz
E-Mail: johanna.eichinger@unibas.ch

V. Rolfes et al. (Hrsg.), *Reproduktionszukünfte,* Technikzukünfte, Wissenschaft und Gesellschaft / Futures of Technology, Science and Society,
https://doi.org/10.1007/978-3-658-46300-7_7

Diese Kulmination der Technisierung menschlicher Fortpflanzung in artifiziellen Uteri kann auch als dreifache Entgrenzung charakterisiert werden: in räumlicher, sozialer und zeitlicher Dimension. Räumliche-körperliche Grenzen werden aufgelöst, da die vollständige Ektogenese uns von einem Status quo, in dem Teile nur des Reproduktionsprozesses außerhalb des menschlichen Körpers stattfinden (unter dem Mikroskop, in Petrischalen und Labors), zu einer Situation führt, in der die gesamte pränatale Periode vollständig innerhalb einer Maschine stattfindet. Damit lösen sich die bisherigen sozial-personalen Grenzen auf, denn diese vollständige Extrakorporalisierung schafft eine neue Arbeitsteilung im Reproduktionsprozess und die Möglichkeit neuer sozialer Rollen und Konstellationen. Es ist eine Abkehr von der exklusiven Rolle zweier heterosexueller Menschen, die gleichzeitig die genetischen, biologischen und sozialen Eltern sind; stattdessen können mehrere Menschen, die sich vielleicht noch nie persönlich begegnet sind, die vielleicht schon tot sind oder die auf neue Weise miteinander verbunden sind, ihren Teil zur Entstehung eines neuen Lebens beitragen. Außerdem ist eine biologische Mutter nicht länger eine Voraussetzung für menschliches Leben. Und schließlich entfallen auch die bisherigen zeitlichen Anforderungen und Einschränkungen, da ein artifizieller Uterus immer dann in Betrieb genommen werden kann, wenn die benötigten Biomaterialien bereitstehen, also auch völlig losgelöst z. B. vom Fruchtbarkeitszyklus der Frau, nach der Menopause der Eizellspenderin oder sogar nach dem Tod der genetischen Eltern (Eichinger und Eichinger 2020).

Der Begriff Ektogenese (aus dem Griechischen: ‚ekto' = ‚außen', ‚außerhalb' und ‚genesis' = ‚Ursprung', ‚Beginn') bezieht sich auf den Prozess der extrauterinen Gestation, während der häufig synonym verwendete Begriff künstliche Gebärmutter den dafür erforderlichen Apparat bezeichnet (Simonstein 2009a, b). Andere verwendete Begriffe sind z. B. artifizielle Uterustechnologie, extrakorporale Schwangerschaft oder In-vitro-Schwangerschaft.

Die Ektogenese wirft eine Reihe von tiefgreifenden ethischen und biopolitischen Fragen auf (für einen Überblick siehe z. B. Segers 2021) z. B. hinsichtlich des moralischen und rechtlichen Status des Embryos. Dieser Beitrag will aber nicht all diese Fragen abhandeln, sondern analysiert die Debatte um das feministische Potenzial artifizieller Uterus-Technologien mittels eines diachronen Literatur-Reviews sowohl belletristischer als auch wissenschaftlicher Texte. Natürlich sind in der Ektogenese-Debatte auch andere ethische Fragen in vielerlei Hinsicht mit Fragen der Gleichberechtigung verwoben, z. B. die Debatte darüber, ob die Zulassung von Abtreibungen ‚lediglich' das Recht impliziert, selbst kein Kind zu bekommen, oder auch das Recht auf den Tod des Fötus (vgl. z. B. Overall 2015 – die Ektogenese könnte das derzeitige Abtreibungsrecht einschränken, da es auf dem Recht der Frau zur Selbstbestimmung über ihren Körper bis zur Überlebensfähigkeit des Fötus beruht); oder das Potenzial der Ektogenese auch zu echter Gleichberechtigung von Männern, transgender und andere Menschen zu führen, die nicht in die einfache Dichotomie von männlich und weiblich passen, indem auch ihnen die Möglichkeit geboten wird, genetisch eigene Kinder zu bekommen, ohne dass sie eine Gebärmutter benötigen.

Die Ektogenese wird bereits seit knapp hundert Jahren auch als das ultimative Mittel diskutiert, um Frauen von ihren reproduktiven Aufgaben in Familie und Gesellschaft zu befreien und damit endlich ein für alle Mal fundamentale geschlechtsspezifische Ungerechtigkeiten zu beseitigen. Dieser Beitrag liefert eine kritische Bewertung der ethischen Argumente rund um die Ektogenese, die zwischen 1923 und heute vorgebracht wurden und konzentriert sich dabei auf ihr gefeiertes – und umstrittenes – Potenzial, Frauen[2] zu befreien und Geschlechterungerechtigkeiten grundsätzlich zu beenden.

Obwohl es sich immer noch ein hypothetisches Szenario handelt, halten einige die Ektogenese mit IVF und anderen ARTs in Verbindung mit dem ständig sinkenden Überlebensalter von Frühgeborenen bereits für eine «eingeschränkte Realität» (Cannold 1995). Der Einsatz von immer raffinierteren Brutkästen und anderen technologischen Fortschritten zur Rettung von Frühgeborenen, der heute in der Neonatologie routinemäßig praktiziert wird, kann als partielle Ektogenese bezeichnet werden (Romanis 2018). In dem vorliegenden Beitrag bezieht sich der Begriff Ektogenese jedoch immer auf die vollständige Ektogenese.

Von den vielen verschiedenen Technologien und wissenschaftlichen Entwicklungen, die erforderlich sind, um die fötale Entwicklung vollständig außerhalb des weiblichen Körpers zu realisieren, haben zwei neuere wissenschaftliche Entdeckungen, über die beide weltweit in den Medien berichtet wurde, die erfolgreiche Ektogenese einen Schritt nähergebracht. So präsentierte 2017 ein Forscherteam aus Philadelphia den sogenannten Biobag, in dem sich Lammföten, die im Äquivalent zur 23. menschlichen Schwangerschaftswoche dem

---

[2] In diesem Text schreibe ich von „Frauen", da dies auch die Terminologie der beschriebenen Texte widerspiegelt, in denen es zunächst um die an die Biologie gebundene Fähigkeit Kinder zu bekommen geht – und spezifische Diskriminierungserfahrungen in diesem Zusammenhang (unabhängig von der Frage, in welchem gender man lebt oder als welches man sich identifiziert). Außerdem hat die Tatsache, dass die Mehrheit der schwangeren Menschen sich aufgrund ihrer Biologie als Frauen identifizierte oder als solche angesehen wurde, einen Einfluss darauf hat, wie Schwangerschaft und Geschlechterrollen konzeptualisiert wurden (Romanis et al. 2020) und werden und welche Rolle der Ektogenese für die Beseitigung der geschlechtsspezifischen Ungerechtigkeiten beigemessen wird.

Mutterleib entnommen wurden, vier Wochen lang in einem gebärmutterähnlichen, durchsichtigen Plastikgefäß normal weiterentwickelt hatten. In einem Fruchtwasser-Substitut, das Chemikalien und Nährstoffe zur Wachstumsförderung enthielt, waren die Lämmer über ihre Nabelschnur mit einem Gasaustauschgerät verbunden, um ihren Blutsauerstoff aufzufüllen und Nährstoffe zu liefern (Partridge et al. 2017). Die Forscher erklärten, dass dieser bahnbrechende Ansatz in einer Tierversuchsstudie auch radikale Implikationen für menschliche Föten haben könnte. Darüber hinaus hat 2019 ein europäisches Forschungskonsortium ein millionenschweres Horizon 2020 Funding für die Forschung an artifiziellen Uteri bekommen.[3] Zudem gelang es Forschern der Universität Cambridge im Jahr 2016, mit einer Nährstoffmischung, die die Bedingungen des Mutterleibs nachahmt, einen menschlichen Embryo außerhalb des Körpers 13 Tage lang am Leben zu erhalten und damit einige Tage länger als bis dato möglich (Shahbazi et al. 2016). Das Ende dieses Experiments wird jedoch durch die sogenannte 14-Tage-Regel festgesetzt, die die Forschung in UK nach dem 14. Tag der Embryonalentwicklung untersagt und die sich auch in der Gesetzgebung vieler anderer Länder niedergeschlagen hat.[4] Würde die Verlängerung des zulässigen Zeitraums von einigen Wissenschaftler*innen begrüßt, würde diese von Gruppen, die bereits gegen Forschungen mit Embryonen sind, heftig kritisiert (Cavaliere 2017; Harris 2016). Auch hat z. B. Kanada ausdrücklich alle Forschungen an artifiziellen Uteri verboten, und auch in den Vereinigten Staaten dürfen keine Bundesmittel für Ektogenese-Experimente verwendet werden (Simonstein und Mashiach-Eizenberg 2009).[5] Doch auch ohne spezielle Forschung an der Ektogenese ist es der Fall, dass ein immer größerer Teil der embryonalen bzw. der fötalen Entwicklung, außerhalb des Mutterleibes stattfinden kann; vor allem durch die Fortschritte in der Neonatologie, die ethisch insofern nicht hinterfragungswürdig sind, weil sie dazu dienen, die Überlebenschancen von Frühchen zu verbessern. Auch andere forschungsethische Probleme bei der Entwicklung der Ektogenese könnten so gerechtfertigt werden. Mehrere Autoren sind jedoch der Ansicht, dass aufgrund

[3] https://healthcare-in-europe.com/en/news/one-step-closer-to-the-artificial-womb.html [accessed 4.8.2022].

[4] Das 14-Tage-Stadium markiert den Zeitpunkt, an dem nach Ansicht vieler Wissenschaftler die Individualität eines Embryos feststeht, da dann eine Aufspaltung in Zwillinge nicht mehr möglich ist. Außerdem bilden die Embryonen ab dem 14. Tag den sogenannten Primitivstreifen und das zentrale Nervensystem beginnt sich zu entwickeln. (Wilson 2011).

[5] Auch im Vereinigten Königreich empfahl der Warnock-Ausschuss in seinem einflussreichen Bericht, dass die Ektogenese verboten werden sollte (Warnock 1984).

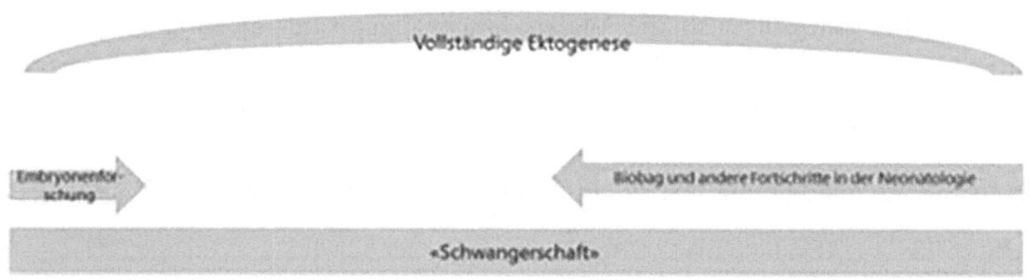

Abb. 1 Schliessung der Lücke „fast zufällig“?

der kontinuierlichen Fortschritte in der Embryonenforschung einerseits und in der Neonatologie andererseits die Lücke zwischen den beiden ‚Enden‘ der Schwangerschaft in absehbarer Zeit geschlossen werden dürfte und die Ektogenese zu einer realen Option werde (Bulletti et al. 2011; Simonstein und Mashiach-Eizenberg 2009). Andere haben argumentiert, dass die Lücke so „fast zufällig“ (Singer und Wells 1984) geschlossen werde (Abb. 1).[6]

Dieser Artikel erhebt nicht den Anspruch eines systematischen literature reviews. Gesucht wurde mit den Suchmaschinen der Bibliotheken des King´s College London und der Universität Freiburg im Br., wie auch mit den Suchmaschinen Google, Google Books, Google Scholar und Medline mit folgenden Suchbegriffen: “ectogenesis”, “artificial womb”, “artificial uterus”, “extrauterine gestation”, “extracorporal gestation”. Für die deutschsprachige Suche wurde mit den äquivalenten Begriffen „Ektogenese“, „künstliche Gebärmutter“, „künstlicher Mutterleib“, „künstliche Schwangerschaft“, „extrakorporale Schwangerschaft“ gearbeitet. Um einen umfassenderen Überblick über die vorhandene Literatur zu erhalten, wurde außerdem die Schneeballmethode angewandt und die in den bereits gefundenen Artikeln und Büchern zitierten und referenzierten Quellen gesichtet. Da viele reichhaltige und interessante ethische Bewertungen der Ektogenese in fiktionalen Utopien und Dystopien zu finden sind, war der Einbezug von multidisziplinäre Quellen wichtig, also nicht nur wissenschaftlicher Literatur, sondern auch essayistischer und fiktionaler Texte (Hansen 2017). Die gesichtete wissenschaftliche Literatur stammte aus den Disziplinen Bioethik, Philosophie, Soziologie, Jura und Gender Studies. Einschlusskriterien waren 1) Die Behandlung von Fragen der Gleichberechtigung, der Geschlechtergerechtigkeit oder der Rechte von Frauen und ihrer Positionierung in der Gesellschaft mit 2) explizitem

[6] Derzeit liegt der anerkannte Grenze für die Lebensfähigkeit bei 22–24 Wochen, wobei die Wahrscheinlichkeit von Komplikationen vor der 26. Woche sehr hoch ist.

Bezug auf die Ektogenese. In die Analyse eingegangen sind zuletzt 25 ausschließlich englischsprachige Texte, die deutschsprachige Literatur lieferte keinerlei relevante Ergebnisse. Die Auswahl aus den Werken, die den Einschlusskriterien entsprach, geschah nach subjektiver Einschätzung der Autorin, ob die Texte die Themen tiefgehend genug behandeln, Beispielcharakter haben etc. (Tab. 1).

1.1 Literature Review

Alle Beiträge der ersten Phase, in der das Thema Ektogenese in Verbindung mit der Frage nach der Emanzipation der Frauen auftauchte, stammen aus der britischen To-Day and To-Morrow Series, einer viel beachteten Buchreihe, die zwischen 1923 und 1931 veröffentlicht wurde. Ziel der Reihe war es, einen «anregenden Überblick über die modernsten Überlegungen zu vielen Bereichen des Lebens» zu geben, darunter «Ehe und Moral» und «Wissenschaft und Medizin» von «einigen der bedeutendsten englischen Denker, Wissenschaftler, Philosophen, Ärzte, Kritiker und Künstler» (Anzeige im Anhang zu Ludovici 1925). Der Initiator der Debatte war J. Haldane, damals ein einflussreicher Wissenschaftler und marxistischer Eugeniker (Paul 1984) mit seinem Aufsatz Daedalus, or Science and the Future (Haldane 1923). Aus der zweiten Phase (1970–1989) sind zwei Bücher und vier Aufsätze enthalten, die sich mit Frauenfragen/ Ektogenese befassen und hauptsächlich von US-Autor*innen stammen. Aus der laufenden dritte Phase (2003–2022) wurden 17 Aufsätze ausgewählt, die von verschiedenen englischsprachigen Wissenschaftler*innen verfasst wurden.

Plädoyers für die Ektogenese als notwendiges Mittel zur Befreiung der Frau Ektogenese sei für die Gleichberechtigung der Geschlechter notwendig, da Schwangerschaften einen Nachteil für Frauen bedeuten: Von den 25 eingeschlossenen Artikeln und Büchern bringen elf dieses Argument ausdrücklich vor, unterscheiden sich aber in ihrem Ausmaß und in ihren Besonderheiten. Die ‚Mutter' dieses Arguments, auf das sich alle folgenden Quellen beziehen, ist Shulamith Firestones feministisches Manifest The Dialectic of Sex (1970). Sie argumentiert, dass die Ungleichheiten bei der Reproduktionsarbeit den Frauen schadeten und die Ursache für alle anderen Ungerechtigkeiten seien, unter denen Frauen litten. Daher könne die Ektogenese, eingebettet in eine grundlegende soziale, politische und wirtschaftliche Revolution, die Frauen letztlich befreien. Ihrer Analyse zufolge sei die biologische sexuelle Dichotomie eine grundlegende biologische Ungerechtigkeit, da die Kinder für die gesamte Menschheit nur von der Hälfte der Menschheit geboren und aufgezogen werden müssten. Der Unterschied zwischen den Geschlechtern ergebe sich – anders als bei der ökonomischen Klasse – direkt

Tab. 1 Übersicht der eingeschlossenen Texte

Plädoyer für die Ektogenese als notwendiges Mittel zur Befreiung der Frau	
Autor*in und Titel	Phase (Erscheinungsjahr)
S. Firestone: The Dialectic of Sex	2. Phase (1970)
M. Piercy: Women on the edge of time	2. Phase (1976)
P. Singer und D. Wells: Making Babies: The New Science and Ethics of Conception	2. Phase (1985)
S. Welin: Reproductive Ectogenesis: The Third Era of Human Reproduction and Some Moral Consequences	3. Phase (2004)
T. Takala: Human before sex? Ectogenesis as a way to equality	3. Phase (2009)
F. Simonstein: Artificial Reproductive Technologies and the Advent of the Artificial Womb	3. Phase (2009)
A. Smajdor: The moral imperative for ectogenesis	3. Phase (2007)
A. Smajdor: In defense of ectogenesis	3. Phase (2012)
E. Kendal: Equal Opportunity and the Case for State Sponsored Ectogenesis	3. Phase (2015)
E. Kendal: The perfect womb. Promoting equality of (fetal) opportunity	3. Phase (2015)
MacKay The 'tyranny of reproduction': Could ectogenesis further women's liberation?	3. Phase (2020)
Widersprüche: Ektogenese beendet geschlechtsspezifische Ungerechtigkeiten nicht	
Autor*in und Titel	**Phase (Erscheinungsjahr)**
V. Brittain: Halcyon, or the Future of Monogamy	1. Phase (1929)
R. Rowland: Of Woman Born, but for how long?	2. Phase (1984)
R. Rowland: The Relationship of Women to the New Reproductive Technologies and the Issue of Choice	2. Phase (1987)
J.S. Murphy: Is pregnancy necessary? Feminist concerns about ectogenesis	2. Phase (1989)
C. Rosen: Why not artificial wombs?	3. Phase (2003)
R. Tong: Out-of-Body Gestation: In Whose Best Interests?	3. Phase (2006)
M. Sander-Staudt: Of machine born? A feminist assessment of ectogenesis and artificial wombs	3. Phase (2006)
J. Woolfrey: Ectogenesis: Liberation, Technological Tyranny, or Just More of the Same?	3. Phase (2006)
T.F. Murphy: Research priorities and the future of pregnancy	3. Phase (2012)

(Fortsetzung)

Tab. 1 (Fortsetzung)

Plädoyer für die Ektogenese als notwendiges Mittel zur Befreiung der Frau	
Autor*in und Titel	Phase (Erscheinungsjahr)
C. Limon: Reproductive Justice and Equal Opportunity in Neoliberal Times	3. Phase (2016)
G. Cavaliere: Gestation, equality and freedom: ectogenesis as a political perspective	3. Phase (2020)
E.C. Romanis et al.: Reviewing the womb	3. Phase (2020)
Sonstige berücksichtigte Texte	
Autor*in und Titel	**Phase (Erscheinungsjahr)**
A. Ludovici: Lysistrata, or Woman's Future and Future Woman	1. Phase (1925)
D. Reiber: The Morality of Artificial Womb Technology	3. Phase (2010)

aus einer biologischen Tatsache: Frauen und Männer seien nicht gleich privilegiert. Diese biologische Arbeitsteilung bei der Fortpflanzung sei nicht nur schädlich für Frauen – ihre provokante Formulierung „Schwangerschaft ist barbarisch" (Firestone 1970, S. 226) ist vielfach aufgegriffen worden –, sondern sei auch die Ursache aller männlichen Vormachtstellung und weiterer sozialer und kultureller Unterschiede und somit die eigentliche Ursache der Geschlechterungerechtigkeiten. Für sie führt dies unmittelbar zu einer ungleichen und ungerechten Arbeitsteilung, die wiederum weitere Ungleichheiten nach sich ziehe. Diese Firestones Ansicht nach „natürliche", aber „nicht menschliche" Ungleichheit sei eine Unterdrückung, die auf das „Reich der Tiere" (Firestone 1970, S. 10) zurückgehe und die während der gesamten Menschheitsgeschichte unvermeidlich gewesen sei. Jetzt seien jedoch die technologischen und kulturellen Voraussetzungen gegeben, um diese Ungleichheit möglicherweise zu beseitigen: Sie könne mit neuen Technologien wie der Ektogenese zunehmend irrelevant werden und solle daher nicht weiter kulturell bekräftigt werden. Firestone bezieht sich in ihrer Analyse umfassend auf Marx und Engels und verbindet traditionell marxistische Themen wie Produktion, Arbeit, Klassensysteme und Revolution mit feministischen Vorstellungen von Gleichberechtigung. Sie ist der Ansicht, dass die grundlegende Ungleichheit zwischen den Geschlechtern nicht durch oberflächliche Reformen beseitigt werden könne, sondern radikale Lösungen erfordere: „Die Abschaffung der sexuellen Klassen erfordert die Revolte der Unterschicht (Frauen) und die Übernahme der Kontrolle über die Reproduktion." (Firestone 1970, S. 11).

So wie das Endziel sozialistischer[7] Revolutionen nicht nur die Abschaffung der Privilegien der ökonomischen Klasse gewesen sei, sondern die Abschaffung der ökonomischen Klassenunterschiede als solche, solle das Endziel einer feministischen Revolution nicht nur die Abschaffung des männlichen Privilegs sein, sondern die Abschaffung der Geschlechterunterschiede überhaupt: „Unterschiede in den Genitalien der Menschen würden kulturell keine Rolle mehr spielen." (Firestone 1970, S. 11) Die Ektogenese sei ein notwendiges Mittel dafür: „Kinder würden von beiden Geschlechtern gleichermaßen oder unabhängig von beiden geboren werden, wie auch immer man es betrachten möchte." (Firestone 1970, S. 32).

Marge Piercy wählt ein anderes Mittel, um für die Ektogenese als notwendiges Mittel zur Gleichberechtigung der Geschlechter zu plädieren. Woman on the Edge of Time (1976) ist eine feministische Science-Fiction-Geschichte, die in der Utopie Mattapoisett spielt, wo die biologische Schwangerschaft vollständig durch eine künstliche Schwangerschaft ersetzt wurde. In Mattapoisett wurde durch die Entwicklung der artifiziellen Uterustechnologie zum Austragen der Babys die traditionelle elterliche Macht abgeschafft und die Mutterschaft wird als eine Aufgabe betrachtet, die von Männern und Frauen gleichermaßen übernommen wird. Beide Geschlechter haben eine gleichwertige biologische Beziehung zum Nachwuchs (z. B. werden beide hormonell behandelt, um zu stillen zu können), und sowohl Männer als auch Frauen sind ihren Kindern gleichermaßen zugetan und bestrebt, sich in der Erziehung zu engagieren. Die egalitäre Kultur von Mattapoisett hat die grundlegenden Diskriminierungen, die sich aus den biologischen Unterschieden ergeben, durch die Entwicklung einer alternativen Methode der menschlichen Fortpflanzung beseitigt, und die Geschlechter sind völlig gleichgestellt.

Das Kapitel von Peter Singer und Dean Wells (1984) über die Ektogenese ist anders aufgebaut: Die Autoren versuchen, alle wichtigen Argumente für und gegen die Ektogenese aufzuzeigen, sodass ihr Argument der Frauenbefreiung nur eines unter vielen ist. Auch sie verweisen auf Firestones Argumentation, dass die Ektogenese für Frauen wünschenswert sei und einen grundlegenden Beitrag zur sexuellen Gleichberechtigung leiste, indem sie die individuelle Freiheit der Frauen durch eine neuartige, freiwillige Option erweitere: Falls sie Geburt und Schwangerschaft vermeiden und trotzdem ein genetisch verwandtes Kind haben wollten, könnten sie das tun; falls sie die herkömmliche Erfahrung vorziehen

---

[7] Firestone selbst verwendet die Begriffe «sozialistisch» und «marxistisch» eher flexibel und austauschbar.

würden, stünde ihnen das immer noch offen. Sie argumentieren, dass «da die Freiheit fast allgemein als ein hohes Gut anerkannt ist, auch Firestones Argument, wenn es auf diese Weise formuliert wird, zumindest ein gewisses Gewicht haben muss» (Singer und Wells 1984, S. 19).

Anhand der Geschichte einer fiktiven Ethikers in der Zukunft erörtert Stellan Welin (2004) die ethischen Implikationen von „schweinebezogenen Schwangerschaften“: In seiner Version der Ektogenese werden Föten also nicht in vollständig künstlichen Gebärmüttern, sondern in modifizierten Schweinegebärmüttern ausgetragen. Er plädiert dafür, da sich Frauen mit dieser Möglichkeit nicht mehr den Einschränkungen hinsichtlich Ernährung, Aktivitäten, Beruf und andere Verhaltensweisen während der Schwangerschaft unterwerfen müssten. Umgekehrt sollten Frauen, wenn artifizielle Uteri zur Verfügung stünden, nur noch dann herkömmliche Schwangerschaften austragen dürfen, wenn sie sich verpflichten, sich diesen Einschränkungen zu beugen; in jedem anderen Fall sollten sie zur Ektogenese verpflichtet werden.

Auch Tuija Takala (2009) bezieht sich auf Firestone und argumentiert, dass die Ektogenese wünschenswert sei, da die Ursache für die anhaltenden Ungerechtigkeiten zwischen den Geschlechtern darin liege, dass nur die Frauen für das Gebären und Aufziehen menschlicher Nachkommenschaft verantwortlich gemacht würden. Die künstliche Gebärmutter würde nie dagewesene Möglichkeiten für die Gleichstellung der Geschlechter eröffnen, nicht nur, weil sie die Frauen von der Schwangerschaft befreie, sondern auch, weil sie den Boden für die Unterdrückung der Frauen entzöge, da sie endlich in der Lage wären, gleichberechtigt am Gemeinschaftsleben teilzunehmen. Die Ektogenese würde den Frauen mehr Freiheiten bieten, da sie die Wahl hätten, entweder „alle mit einer natürlichen Schwangerschaft verbundenen Risiken auf sich zu nehmen und alle Unannehmlichkeiten und Schmerzen auf sich zu nehmen, die selbst bei Schwangerschaften vorkommen, bei denen alles gut geht“ (Takala 2009, S. 196) oder eine künstliche Gebärmutter zu nutzen.

Frida Simonstein (2009a, b) erklärt ähnlich wie Takala, dass die Ektogenese endlich Gleichberechtigung zwischen den Geschlechtern bewirken würde, da Frauen mit Kinderwunsch nicht mehr unbedingt gezwungen wären, ihre Karriere während der Schwangerschaft zurückzustellen. Und obwohl sie feststellt, dass die Ungerechtigkeiten zwischen den Geschlechtern im Allgemeinen aus der Kinderbetreuung und nicht aus der Schwangerschaft selbst resultieren, betont sie, dass „ihre Wurzeln in der Tatsache zu finden sind, dass Frauen diejenigen sind, die das Kind gebären und das Tempo drosseln müssen“ (Simonstein 2009a, b, S. 183).

Sowohl Anna Smajdor (2007, 2012) und Evie Kendal (2015, 2017) beziehen sich ausdrücklich auf Firestones The Dialectic of Sex. Smajdor argumentiert, dass es ein moralischer Imperativ sei in die Forschung zur Ektogenese zu investieren: Denn es sei eine prima facie Ungerechtigkeit, dass aufgrund der körperlichen Notwendigkeit nur Frauen die Risiken, Schmerzen, Leiden und Autonomieeinschränkungen, die mit einer Schwangerschaft und Geburt einhergehen, auf sich nehmen müssten, während Männer und die Gesellschaft im Allgemeinen von diesen Opfern profitierten. Schwangerschaft solle als medizinisches Problem, als natürliche Benachteiligung und damit als Kandidatin für eine Umverteilungspolitik betrachtet werden. Die gesundheitlichen Folgen von Schwangerschaft, Geburt und Wochenbett hätten darüber hinaus Auswirkungen auf die Fähigkeit der Frauen, vollwertige Mitglieder der Gesellschaft zu sein. Nur wenn wir „die natürlichen oder körperlichen Ungerechtigkeiten, die mit den ungleichen Geschlechterrollen bei der Fortpflanzung verbunden sind, beseitigen, können wir die sozialen Ungerechtigkeiten mildern, die sich daraus ergeben" (Smajdor 2007, S. 337). Kendal bezieht sich auf Firestone und Smajdor, indem sie argumentiert, dass „die Ektogenese eine notwendige Voraussetzung für die Gleichstellung der Geschlechter" (Kendal 2015, S. 1) sei, da die ungleiche Verteilung der finanziellen, sozialen und physischen Lasten und Risiken bei der Fortpflanzung zwischen Männern und Frauen ungerecht sei. In Zukunft sollten Frauen, die eine Familie gründen wollen, die Möglichkeit haben, von diesen Bürden befreit zu sein. Die Ektogenese werde zu mehr wirtschaftlicher und sozialer Gleichheit führen. Darüber hinaus wäre es mit dieser Technologie nicht mehr notwendig, dass den Frauen für das Wohlergehen des Fötus allerlei Bürden auferlegt würden, wie z. B. die Kontrolle über ihre Lebensumstände, ihrer Ernährung und bezüglich anderer Risiken. Kendal plädiert für einen staatlich geförderten Zugang zur artifiziellen Uterus-Technologie für alle Menschen, da der Zugriff auf die Technologie nur für diejenigen, die in der Lage sind, dafür zu bezahlen, die Kluft der sozioökonomischen Ungleichheit noch vergrößern würde.

Kathryn MacKay (2020) argumentiert anknüpfend an die Radikalfeminismen der 1960er für das emanzipatorische Potenzial der Ektogenese: Dieses bestehe darin, dass sie die gedanklichen Räume und tatsächlichen Möglichkeiten eröffne, die unterdrückende konzeptionelle Gleichsetzung der weiblichen Biologie und Fortpflanzungsfunktion mit ‚Frau' und ‚Mutter' abzuschaffen. So könnten die vorherrschenden Machtverhältnisse und Vorstellungen von Geschlechterkategorien sowie Familienrollen radikal infrage gestellt werden, um so zu einer im (transinklusiven, radikalen) feministischen Sinne freien und gleichberechtigten Gesellschaft zu gelangen. Die geschlechtsspezifische Unterdrückung könne in der Biologie der Frau und in der „hartnäckigen konzeptionellen Verbindung" (MacKay 2020, S. 348) zwischen der sozialen Rolle der ‚Mutter' und der weiblichen Fortpflanzungsfunktion verortet werden. Ähnlich wie Smajdor argumentiert sie, dass wenn Schwangerschaften für zumindest einige Frauen sehr anstrengend seien, wenn sie ihre Fähigkeit beeinträchtigten, ihrer Arbeit oder anderen wertvollen Tätigkeiten nachzugehen, oder wenn sie sich aufgrund der reproduktiven Erwartungen allgemein negativ auf die Chancen von Frauen auswirkten, es unangemessen sei, von Frauen zu verlangen, dass sie das Leiden und andere negative Auswirkungen ertragen, wenn es eine Alternative gebe.[8]

Widersprüche: Ektogenese beendet geschlechtsspezifische Ungerechtigkeiten nicht

In der ersten Phase thematisiert die britische feministische Autorin Vera Brittain in ihrem Buch Halcyon, or the Future of Monogamy (1929) die individuellen Auswirkungen der Ektogenese auf Frauen und Kinder. In der Geschichte der moralischen Entwicklung von 1900 bis 2030, die von einer fiktiven zukünftigen Professorin für Moralgeschichte in Oxford erzählt wird, beschreibt Brittain, dass die eingeführten feministischen gesetzlichen Regelungen zu wachsender sexueller, rechtlicher und gesellschaftlicher Selbstbestimmung der Frauen führten. Die Ektogenese allerdings wird in diesem Prozess zwar zunächst eingeführt, aber nach jahrelanger Evaluierung schließlich wieder abgeschafft: wegen der hochgradig negativen psychischen Auswirkungen, die diese „wissenschaftliche Mutterschaft" (Brittain 1929, S. 48) auf die zwischenmenschlichen Beziehungen, Kinder, Frauen und die Gesellschaft im Allgemeinen habe. Im Gegensatz zu Autoren wie Smajdor und Kendal werden dann in Halcyon stattdessen zwei andere kombinierte Lösungen zur Verbesserung der Stellung der Frau in der Gesellschaft vorgeschlagen. 1. Eine weitere wissenschaftliche Innovation: „Die Kettmannsche Methode der Muskel- und Verdauungskontrolle [die] die Geburt schmerzfrei und die Schwangerschaft definitiv angenehm machten" (Brittain 1929, S. 57); 2. Ein breites Spektrum an sozialpolitischen Maßnahmen: „Aufklärung über Empfängnisverhütung und Sexualerziehung, gleiche Löhne für männliche und weibliche Arbeitnehmer, die Freiheit der Frauen, nach der Heirat weiter zu arbeiten; Maßnahmen […], um Mutterschaft so angenehm wie möglich zu machen und zur Beseitigung der überkommenen Vorstellung, dass diese sowohl ein Unglück für die Mutter als auch ein lästiges Hindernis für wirtschaftliche Produktivität sei; […] schrittweise Erleichterungen für vorübergehend teilzeitbeschäftigte Frauen […] und ein freiwilliges Erziehungsjahr für alle Frauen, die, ohne ihre

[8] Für einen interessanten und überzeugenden Widerspruch zu MacKay siehe Cavaliere, G. 2020. Ectogenesis and gender-based oppression: Resisting the ideal of assimilation. *Bioethics* 34(7):727–34.

Erwerbstätigkeit aufgeben zu wollen, [...] eine besondere Betreuung ihrer Kinder im Kleinkindalter wünschen oder benötigen" (Brittain, 1929 S. 51). Darüber hinaus sollten „Väter einen Anreiz erhalten, sich in der Kunst des Vaterseins zu betätigen"; und nicht zuletzt „die Entwicklung der Säuglingsfürsorge, [...] bessere Gynäkologen, mehr Kleinkindspezialisten, gesündere Ernährung [...] Mutterschaftsentschädigungen" (Brittain 1929, S. 66 f.).

Von den Autorinnen der zweiten Phase lehnen Robyn Rowland und Julien S. Murphy die Ektogenese ab, da diese ihrer Meinung nach geschlechtsspezifische Ungerechtigkeiten keineswegs beenden würde, im Gegenteil: Die feministische Autorin Rowland schreibt in ihren beiden Schriften Reproductive Technologies: The Final Solution to the Woman Question (1984) und Of Woman Born, but for how long? The Relationship of Women to the New Reproductive Technologies and the Issue of Choice (1987) vehement gegen die Idee der Ektogenese an, da diese nur ein Mittel zur weiteren Kontrollierung von Frauen darstelle. Die Grundlage ihrer Argumentation, die sie in ihren Aufsätzen ausgiebig darstellt, ist die Annahme, dass sowohl die Wissenschaft als auch Macht und Kontrollgewalt generell in den Händen von Männern lägen. Ektogenese bedeute „die Kontrolle des Mannes über die überwältigende Macht der Frauen", die „letzte Bastion der Natur, die er endlich beherrschen kann" (Rowland 1984, S. 359), die er schon so lange begehre und immer wieder zu kontrollieren versucht habe – sie formuliert dies sogar als „die letzte Schlacht im langen Kriegszug der Männer gegen die Frauen" (Rowland1987, S. 71). Rowland betont, dass Schwangerschaft und Geburt für viele Frauen die einzige Erfahrung von Macht bedeuteten, die sie jemals machen würden. Sie befürchtet, dass Frauen obsolet und überflüssig würden, wenn Männer dies ebenfalls kontrollierten. Die Ärzteschaft arbeite in vielen Bereichen nur unter dem Vorwand, Frauen zu helfen. Auf die Frage, ob neue Reproduktionstechnologien Frauen mehr Kontrolle über ihr Leben gäben, zeigt sie sich überzeugt, dass dies nicht der Fall sei. Nachdem man so hart dagegen gekämpft habe, dass Frauen gezwungen werden, Kinder zu bekommen, könnte es bald notwendig sein, für das Recht zu kämpfen, Kinder zu bekommen, und zwar auf natürliche Weise, so Rowland. Anstatt nach weiteren technischen Lösungen zur Verbesserung der Stellung der Frau zu streben, solle man danach streben, „die Erfahrung von Mutterschaft und Familie auf eine nicht ausbeuterische Weise zu gestalten [...] – [die] patriarchale Institutionalisierung" (Rowland 1987, S. 76) der Mutterschaft sei das Problem, nicht Mutterschaft selbst.

Murphy vertritt in ihrem Aufsatz Is pregnancy necessary? Feminist concerns about ectogenesis (1989) die Auffassung, dass Ektogenese in vielerlei Hinsicht zur Unterdrückung von Frauen führen könne, u. a. durch die Betonung traditioneller Vorstellungen von Fertilität, die stärkere Überwachung schwangerer Frauen und die Verfestigung der ungleichen Verteilung knapper Ressourcen. Die Ektogenese könne dazu führen, dass Frauen, die sich für eine natürliche Schwangerschaft entscheiden, vorgeworfen werde, ein unnötiges Risiko einzugehen – insbesondere, wenn die Ektogenese ideale Bedingungen für die Entwicklung des Fötus verspreche. So könne die Ektogenese zu einer übertriebenen Qualitätskontrolle während der Schwangerschaft führen, die Frauen sähen sich gezwungen, ihre Schwangerschaften bis ins letzte zu überwachen und ihr Leben einzuschränken in dem Versuch, die idealen Bedingungen der artifiziellen Uteri zu imitieren. «Wir könnten die idealen Bedingungen für die Entwicklung des Fötus und die Risikofreiheit höher bewerten als den Wert der Schwangerschaft» (Murphy 1989, S. 79), indem man annehme, dass Schwangerschaften nur die Summe bestimmter körperlicher Prozesse seien. Der Sexismus sei es, der Schwangerschaft für minderwertig erkläre. Die beste Methode zur Beseitigung des Sexismus sei nicht die Herabwürdigung der natürlichen Schwangerschaft, denn damit werde suggeriert, dass der beste Umgang mit Unterschieden deren Auslöschung sei. „Dass manche Frauen die Schwangerschaft […] in einem Labor statt in ihrem Körper vorziehen, ist eher ein Zeichen für die unterdrückerische Art und Weise, in der der Körper der Frau in dieser Kultur gesehen wird, als ein Zeichen fortschrittlicher gesellschaftlicher Einstellungen." (Murphy 1989, S. 82) Die Gesellschaft solle ihre Prioritäten neu setzen. Um die Gesamtsituation der Frauen überall, nicht nur in der westlichen Welt zu verbessern, müsse der Blick geweitet werden und nicht nur auf technologische Lösungen abzielen: Es solle beispielsweise sichergestellt werden, dass alle Menschen Zugang zu einer angemessenen Gesundheitsversorgung haben sowie zu den verschiedenen anderen Faktoren, die Gesundheit bedingen, wie Bildung, Wohnraum etc. Die Folgen von Armut seien für Frauen viel verheerender als die Auswirkungen reproduktiver Technologien oder auch von Unfruchtbarkeit.

In der dritten Phase argumentieren Christine Rosen (2003) und Rosemarie Tong (2006) ähnlich wie Murphy, wenn auch weniger detailliert und die Gleichberechtigungsfrage nur mehrmals streifend. Für beide ist die Ektogenese eine Massnahme zur weiteren Unterdrückung von Frauen und könnte deren Status verändern. Wenn künstliche Gebärmütter als gesündere Umgebung als natürliche Gebärmütter angesehen werden – z. B. weil dort die Föten nicht durch starken Alkoholkonsum geschädigt, weil Ernährung und Temperatur genau reguliert werden könnten und weil sie in Kliniken oder Fabriken, in denen die Gestation dann stattfände, ständig von fachkundigen Technikern überwacht würden – dann dürfen entweder nur Frauen mit ‚sicheren' Gebärmüttern ihre Kinder selbst austragen oder alle Frauen könnten z. B. durch Versicherungsgesellschaften oder Gesetze gezwungen werden, künstliche Gebärmütter zu benutzen, um Kosten zu vermeiden. Darüber hinaus stellt Rosen die Frage, inwieweit Ektogenese die Wahlfreiheiten von Frauen wirklich erweitern würde, auch ohne ausdrücklichen Zwang: Allein die Möglichkeit der Ektogenese könne die Einstellung der Gesellschaft zur Schwangerschaft und sogar zu Frauen an sich massiv verändern. Tong befürchtet außerdem, dass der weibliche Körper durch den Verlust der Körperlichkeit von Schwangerschaft und Geburt gesellschaftlich abgewertet werden könne. Die Empfehlung, eine Schwangerschaft durch Ektogenese zu ersetzen, bedeute, den Leib und damit alles, was mit dem lebendigen Körper verbunden ist, einschließlich der Frau selbst, zu entwerten.

Maureen Sander-Staudt (2006) betont, dass bei der ethischen Bewertung der Ektogenese eine hohe Sensibilität für die Themen Geschlecht und Gender wichtig sei. Ebenso wie Rosen kritisiert sie den liberalen Feminismus, weil dieser von der ethischen Zulässigkeit der Ektogenese so spreche, als ob es sich um eine zwangsfreie Entscheidung handele, die die reproduktive Freiheit der Frauen erhöhe und allen gleichermaßen offenstehe. Es sei jedoch unklar, ob Frauen überhaupt die tatsächliche Möglichkeit besitzen würden, in diesem Zusammenhang wirklich autonom zu entscheiden. Obwohl Sander-Staudt anerkennt, dass Mutterschaft in unserer Gesellschaft ein Bereich ist, in dem Frauen potenziell unterdrückt werden, unterstreicht sie die These der „radikalen Feministinnen, wie Ökofeministinnen und Kulturfeministinnen“ (Sander-Staudt 2006, S. 116), dass die Biologie der Frau, Schwangerschaft, Geburt und Mutterschaft in vielerlei Hinsicht für Frauen inhärent wertvoll und empowernd sein könnten. So sei die Ektogenese eine abzulehnende Technologie, weil sie die kulturelle Bedeutung der weiblichen Biologie und Natur abwertet und die Macht der Frauen als Mütter beschneide. Wie Tong fordert sie, sich den gesellschaftlichen Trends zu widersetzen, die das Empowerment von Frauen mit der Beseitigung all der Dinge gleichsetzen, die als weiblich kodiert sind, einschließlich der weiblichen Biologie und Natur. Die Motivation für die Entwicklung der Ektogenese entspringe einem wissenschaftlichen und kulturellen Umfeld, das Schwangerschaft, Geburt und die weibliche Körperlichkeit pathologisiere. Aus ihrer feministischen Perspektive solle das Ziel nicht darin bestehen, durch die Ektogenese die Biologie der Frauen zu verändern, sondern vielmehr darin «eine frauenzentrierte Schwangerschaft und Geburt wieder aufzuwerten» (Sander-Staudt 2006, S. 116). Sie ermutigt zum Widerstand gegen mechanisierte Geburten zugunsten einer „organischen, ganzheitlichen und zwischenmenschlichen Gesundheitsfürsorge“ (Sander-Staudt 2006, S. 116).

Joan Woolfrey argumentiert in ihrem Aufsatz Liberation, Technological Tyranny, or Just More of the Same? (2006), dass die Ektogenese in der gegenwärtigen Gesellschaft die Frauen nicht befreien würde, da so durch die Betonung der Notwendigkeit einer Lösung für Unfruchtbarkeit eher die Überbetonung der reproduktiven Fähigkeiten der Frauen aufrechterhalten würde. Als künftiger Bestandteil der Reproduktionstechnologie-Industrie verstärke die Ektogenese die Verzweiflung unfruchtbarer Frauen eher und verfestige die Ansicht, dass Frauen unzulänglich seien, wenn sie keine Mütter sind; es würde „die repressiven Strukturen in unserer Gesellschaft verstärken, die sich auf die reproduktiven Fähigkeiten von Frauen fokussieren, unter Ausschluss von allem anderen, was sie sein können" (Woolfrey 2006, S. 130). Jede wissenschaftliche oder technologische Innovation in einer Gesellschaft, die es vermieden habe, die Missstände ihrer unterdrückerischen Strukturen zu untersuchen und anzugehen, werde zu einem Werkzeug dieser fehlerhaften Strukturen. Sie argumentiert also ausdrücklich mit Blick auf die gegenwärtige Gesellschaft – in einer zukünftigen Gesellschaft könnte ihre ethische Bewertung der Ektogenese anders ausfallen. Bevor die Ektogenese jedoch jemals ein befreiendes Potential für Frauen haben könnte, gebe es viele andere Dinge, die getan werden müssten, um die Situation der Frauen zu verbessern, zum Beispiel: 1. Die Auflösung der patriarchalischen Strukturen der Gesellschaft. Die Gesellschaft müsse ihre Geringschätzung von historisch als ‚weiblich' bezeichneten Dingen überwinden und die fehlende Entlohnung der reproduktiven Arbeit von Frauen bekämpfen. 2. Die Gesellschaft sollte dafür Sorge tragen, dass, bevor Tausende von vergleichsweise privilegierten Frauen technologische und enorm teure Verfahren nutzen, für viele andere Frauen erstmal der Zugang zu einfachsten Verhütungsmitteln und anderen grundlegenden Gesundheitsleistungen gewährleistet sei.

Timothy F. Murphy (2012) argumentiert, dass die mit Schwangerschaft und Geburt verbundenen Schmerzen und Leiden nicht ausreichten, um eine Priorisierung der Ektogenese-Forschung zu begründen, da es viele andere Gesundheitsprobleme gebe, an denen mehr Frauen (und Männer) stürben und häufiger litten. In Anbetracht der Konkurrenz um öffentlichen Gelder solle die Verbesserung der Gesundheitsfürsorge während der Schwangerschaft Vorrang haben, da dies die Situation der Frauen in der ganzen Welt wesentlich verbessern würde. Außerdem ignoriere das Plädoyer für die Ektogenese als Mittel zur Befreiung der Frauen die Tatsache, dass viele Frauen die Erfahrung einer Schwangerschaft genössen.

Cressida Limon argumentiert in ihrem Aufsatz Reproductive Justice and Equal Opportunity in Neoliberal Times (2016), dass Schwangerschaft und Geburt an sich keineswegs die Ursache für den geringen Status der Frauen sei und dass das Plädoyer für die Ektogenese als notwendiges Mittel zur Emanzipation der Frauen eine „biotechnologische Medikalisierung der Chancengleichheit" (Limon 2016, S. 2012) bedeutete. Diese werde durch die „Ausdehnung des ‚homo oeconomicus' auf jeden Aspekt des menschlichen Lebens" angetrieben. Das dadurch kolportierte Konzept der natürlichen Benachteiligung verorte das Problem fälschlicherweise in den Körpern und körperlichen Fähigkeiten von Frauen und nicht in den Arbeitsplatzstrukturen, die Frauen vor, während und nach der Geburt ausgrenzten. So laufe man mit der Ektogenese eher Gefahr, den Neoliberalismus zu unterstützen, anstatt die reproduktive Autonomie der Frauen zu fördern. Statt mit der Ektogenese biomedizinische Lösungen gegen die Diskriminierung von Frauen zu suchen, müssten vielmehr Gleichberechtigung und Chancengleichheit als rechtlich-politische Konzepte verstanden werden und rechtliche und politische Lösungen gegen die Diskriminierung von Frauen gefunden werden. Zudem kritisiert sie die Art und Weise, in der das Konzept und die Logik der Gleichheit (und der Ungleichheit) von einer bereits bestehenden Identität ausgeht und einen Vergleich erfordert: Frauen sind nur im Vergleich zu Männern von Natur aus ungleich. Männer und männliche Körper werden daher so als Norm oder ‚Benchmark' vorausgesetzt. Die ausschließliche Fokussierung auf den Schmerz- und Leidensaspekt von Schwangerschaft und Geburt – wie sie es Autoren wie Kendal und Smajdor vorwirft – nennt sie „(Hyper-)Medikalisierung" (Limon 2016, S. 2014). Außerdem befürchtet auch sie, dass die Ektogenese die Wahrnehmung von Schwangerschaft und auch von Wahlmöglichkeiten enorm beeinflussen. So bestehe auch die Gefahr, dass die Ektogenese ähnlich wie der Ultraschall zu einer Routineentscheidung würde, die gar keine tatsächliche Wahlmöglichkeit mehr sei. Mehr Optionen = mehr Freiheit sie eine zu simple Gleichsetzung. Mehr Autonomie für Frauen – wie auch für jede andere diskriminierte Gruppe – bedeute nicht nur die Vergrößerung der Anzahl theoretisch vorhandenen Möglichkeiten. Vielmehr bedeute Autonomie die Befähigung, sich eine Aktivität wirklich zu eigen zu machen oder Möglichkeiten auch abzulehnen und die Entscheidungen, die man dann tatsächlich trifft, sinnvoll in die eigene Geschichte zu integrieren.

In ihrem Artikel Gestation, equality and freedom: ectogenesis as a political perspective kritisiert Giulia Cavaliere (2020) die Argumente, die von den Befürwortern des „gleichberechtigungsfördernden und freiheitsfördernden Potenzials" (Cavaliere 2020, S. 76) der Ektogenese angebracht werden als in zweierlei Hinsicht zu kurzsichtig: bezüglich der a) Zielrichtung und der b) Reichweite. So vernachlässigten Argumente zum einen die aktuellen kulturellen, gesellschaftlichen und arbeitsrechtlichen Arrangements und den Kontext, in dem die Ektogenese entwickelt und eingesetzt würde und riskierten so, dass der Status quo letztlich unverändert bliebe. „In Gesellschaften, die durch repressive Bedingungen, einen ausbeuterischen Arbeitsmarkt und Ungleichheiten beim Zugang zu Leistungen im Bereich der reproduktiven Gesundheit gekennzeichnet sind, reicht die Ektogenese möglicherweise nicht aus, um die durch diese Merkmale hervorgerufenen negativen externen Effekte auszugleichen."(Cavaliere 2020, S. 80) Stattdessen solle der Fokus der Anstrengungen darauf liegen, eben die zugrunde liegenden Werte, Praktiken und Politiken anzugehen, die gleiche Chancen von Frauen auf dem Arbeitsmarkt verhindern. Zum anderen sei es wahrscheinlich, dass die Ektogenese nur einem kleinen Teil von sowieso schon privilegierten Frauen mehr Gleichheit und Freiheit verschafften würde und dass ein Grossteil der Frauen – z. B. von ethnischen Minderheiten, von Armut betroffenen und mit Behinderung – nicht davon profitieren würden. Statt derlei argumentative Ablenkungsmanöver zu betreiben, plädiert sie mit Bezug auf Federicis, Dalla Costas und James' feministische Kampagne „Wages for housework" dafür, den eigentlich Wert der Ektogenese in der Provokation und der grösseren politischen Perspektive zu sehen, die so vorangebracht werden könne. Die Kommentare von Campo-Engelstein (2020), Romanis (2020) und Horn (2020) zu Cavalieres Artikel greifen verschiedene ihrer Aspekte bestärkend auf.

Auch Elizabeth C. Romanis et al. (2020) beklagen, das Problem der Argumente, die behaupten Ektogenese gebe den Frauen mehr Kontrolle über reproduktive Angelegenheiten sei, dass sie oft die gegebenen historischen, gesellschaftlichen und rechtlichen Bedingungen vernachlässigten. In ihrer Analyse des Blicks auf Frauen und den weiblichen Körper über die letzten zwei Jahrtausende stellen sie fest, dass „der Mutterleib als gefährlich und als ein Objekt betrachtet wurde, an dessen Kontrolle Ehemänner, Ärzte und der Staat ein legitimes Interesse hatten" (Romanis et al. 2020, S. 820). So könne es auch mit der Ektogenese passieren, dass dadurch 1. die problematischen Geschlechterrollen und patriarchalen Vorstellungen verstärkt würden, 2. die Pathologisierung der Schwangerschaft weiter vorangetrieben werde und 3. die Etikettierung des weiblichen Körpers als Quelle der Gefahr und als ‚unvollkommener' Ort für Schwangerschaften verschärft und rückständige Argumente bezüglich der exzessiven Kontrollierung weiblichen Verhaltens wieder aufgegriffen würden, da es dann das „Narrativ einer Alternative" (Romanis et al. 2020, S. 825) gebe (Tab. 2).

1.2 Diskussion

Die Ektogenese ist für die Gleichstellung der Geschlechter notwendig, da eine Schwangerschaft für Frauen einen Nachteil darstellt: Dieses Argument taucht so erst 1970 auf. John B. S. Haldane – der Wissenschaftler, der die Debatte über die Ektogenese in Gang gesetzt hat – hat die Emanzipation der Frauen als Thema in dem Zusammenhang überhaupt nicht im Blick. Für ihn scheint das Thema eher eine Spielwiese für seinen Technik-Optimismus und eine Möglichkeit zu sein, seine eugenischen Ideen zu diskutieren. Er ist zwar der einzige Autor der ersten

Tab. 2 Übersicht über die Argumente

Ektogenese als ein – *das* – Mittel zur Erlangung von Geschlechtergerechtigkeit	Ektogenese beende geschlechtsspezifische Ungerechtigkeiten nicht (im Gegenteil)
• Bietet Frauen eine medizinisch risikofreien Weg zur gen./biol. Mutterschaft • Bietet Frauen einen sozial und wirtschaftlich «kostenfreien" Weg Mutter zu werden • Bietet Frauen und Männern die Möglichkeit, gleichermaßen Eltern zu sein Grundannahmen: • Schwangerschaft und Geburt sind eine große Belastung und einen Nachteil, und es ist ungerecht, dass nur Frauen diese Belastungen tragen müssen • Schwangerschaft und Geburt sind die Hauptursache für weitere Diskriminierung von Frauen in vielen Bereichen des gesellschaftlichen Lebens	• Traditionelle, pro-natalistische Einstellungen zu Fortpflanzung verstärkend • Weitere Möglichkeit zur Kontrollausübung über Schwangerschaften und Frauen • Tatsächliche Wahlmöglichkeit und Wahlfreiheit? • Schwangerschaft eine der (die?) wichtigsten Machtquellen von Frauen • Identifikation als Frau durch reproduktive Fähigkeiten • Schwangerschaft und Geburt als wertvolle Erfahrung • Negative psychische Auswirkungen auf Frauen und Gesellschaft • Medikalisierung und Devaluierung von Schwangerschaft, Geburt und weiblicher Physiologie • Geschlechtergerechtigkeit ≠ Assimilation • Wichtiger knappe Ressourcen in grundlegende Verbesserungen für Frauen überall zu investieren (z. B. Gesundheit, Bildung) • Eher zuträglich für neoliberalistische Arbeitswelt • Ohne gesellschaftliche Veränderungen sind emanzipatorische Erwartungen an Ektogenese unrealistisch

Phase, der sich für die Ektogenese ausspricht, gibt allerdings zu bedenken, dass die Fortpflanzung „im früheren instinktiven Kreislauf" (Haldane 1923, S. 26) aus psychosozialer Sicht die beste war, und hofft, dass das Familienleben von den negativen Auswirkungen der neuen Erfindungen verschont bleibe. An dieser Stelle ist es interessant, ein abweichendes, aber verwandtes Argument der ersten Phase zu untersuchen. Anthony Ludovici (1925) spricht sich vehement gegen die Ektogenese aus, da er sie für ein gefährliches feministisches Mittel hält, mit dem die Frauen die Männer unterdrücken würden und das letztlich zu einem totalen sozialen Chaos führen würde. Für ihn sei die Ektogenese die letzte Stufe der verhängnisvollen Verflechtung von Feminismus und Wissenschaft, mit dem Ziel in einer geschlechtsfeindlichen feministischen Gesellschaft nicht nur die reproduktiven und häuslichen Aufgaben der Frauen, sondern möglicherweise auch die Männer selbst überflüssig zu machen, die dann (fast) ausgerottet würden (was andere Autor*innen später auch genau umgekehrt behaupten). Seiner Ansicht nach wären dann Frauen sowie Männer unzufrieden, da auch Frauen in dieser feministischen Gesellschaft nicht glücklich sein würden, weil sie dies von Natur aus nur mit den häuslichen und reproduktiven Pflichten seien. Schlimmer noch, die Gesellschaft würde in einem tiefen Schlamassel enden, der schließlich zur Zerstörung der menschlichen Spezies führen würde. So kann sein Argument als Vorläufer oder Umkehr des Arguments, dass die Ektogenese für die Herstellung der Geschlechtergerechtigkeit notwendig sei, interpretiert werden, da Ludovici damit ja zugibt, dass die Ektogenese die Kraft hat, die Frauen zu befreien – wenn er dies auch stark bekämpft. Eine ähnliche Umkehrung der Argumentation lässt sich auch auf den zweiten abweichenden Autor anwenden: David Reiber (2010) argumentiert vehement gegen die artifizielle Uterus-Technologie und behauptet, dass ihre Verwendung durch die Frauen aus „eigennützigen Gründen" (Reiber 2010, S. 526) (z. B. zur Umgehung von Einschränkungen beim Alkoholkonsum, bei der Ernährung und anderen Aktivitäten oder einfach wegen der Unannehmlichkeiten einer Schwangerschaft) eine „Perversion der natürlichen Ordnung" und eine „immanent böse Tat" (Reiber 2010, S. 252) sei.[9] Auch seine Argumentation beinhaltet implizit das Eingeständnis, dass sie zur Befreiung der Frauen eingesetzt werden könnte, obwohl er sich dagegen ausspricht.

Die Ektogenese würde Frauen nicht befreien; zur Herstellung von Geschlechtergerechtigkeit seien gesellschaftspolitische Lösungen besser geeignet – im Vergleich zum ersten oben diskutierten Argument sind die zwölf Aufsätze oder Bücher, die Versionen dieses Arguments enthalten, in ihren Begründungen, Schwerpunkten und Formulierungen des Arguments sehr viel heterogener. Oft sind diese Begründungen jedoch eng miteinander verbunden und lassen sich nicht scharf voneinander trennen. Alle diese 12 Autorinnen der letzten 100 Jahre vertreten jedoch die Auffassung, dass gesellschaftspolitische Lösungen besser geeignet seien als technische Lösungen wie die Ektogenese, um die Stellung der Frau in der Gesellschaft zu verbessern. Brittains (1929) Ausführungen sind hier am visionärsten: Viele der von ihr geforderten gesellschaftspolitischen Lösungen, wie z. B. der bezahlte Mutterschutz, sind auch heute noch von grosser Relevanz und stehen oft auf der familienpolitischen Agenda. Zugleich fordert Brittain aber auch andere technische Lösungen anstelle der Ektogenese, um Schwangerschaft und Geburt weniger schmerzhaft und angenehmer zu gestalten. Wie Firestone (1970), Smajdor (2007, 2012) und Kendal (2015, 2017) vertritt Brittain also die Ansicht,

[9] The only exception he makes is for saving supernumerous embryos from IVF procedures.

dass Schmerzen in der Schwangerschaft und bei der Geburt in der Tat ein Problem seien, das gelöst werden müsse, doch die Schlussfolgerung, die sie daraus zieht, unterscheidet sich stark: Sie lehnt die Ektogenese ab, während die anderen sie befürworten. So plädiert Brittain sowohl für technische als auch für gesellschaftspolitische Lösungen, um die Situation der Frauen zu verbessern, und skizziert einige Friedensbedingungen, die auch heute hilfreich sein könnten: Sie malt sich die gesellschaftlichen und wissenschaftlichen Verhandlungen aus, durch die die Bedürfnisse von Frauen, Müttern, Männern, Vätern, Kindern und der Gesellschaft als Ganzer angesprochen und sogar bis zu einem gewissen Grad befriedigt werden könnten, indem soziopolitische und technische Interventionen in ein sinnvolles Verhältnis gebracht werden.[10] Als in ihrer Erzählung soziale Kontraindikationen gegen die Ektogenese auftauchen, haben diese genügend Autorität, um eine Neubewertung der wissenschaftlichen Praxis zu veranlassen. Die (Natur-) Wissenschaft wird als einer von mehreren Diskursen positioniert und nicht als der dominierende.

Sowohl Smajdor (2007, 2012) als auch Kendal (2015, 2017) aus der dritten Phase nehmen für sich in Anspruch, ihre Argumentation auf Firestones Werk aus der zweiten Phase zu stützen. Es lässt sich jedoch einwenden, dass beide Autorinnen mit ihrem engen Fokus auf Schmerzen, Leiden und Risiken von Geburt und Schwangerschaft sowie auf das Konzept der natürlichen Ungleichheit eine eher verkürzte und oberflächliche Darstellung von Firestones Ideen liefern. Bei näherer Betrachtung von Firestone (1970) zeigt sich, dass die Idee der Ektogenese in ihrem Werk in eine viel tiefer gehende und umfassendere Analyse und die Forderung nach einer Neuordnung der Gesellschaft und der Arbeit eingebettet ist, und zwar in mindestens zwei Dimensionen: 1. Firestone fordert eine umfassende Umwälzung der gesellschaftlichen Strukturen in fast allen Lebensbereichen, wobei die Forderungen zur Ektogenese nur ein Teilaspekt sind – sogar eine eher „weiter entfernte Lösung" (Firestone 1970, S. 268). Sie betont immer wieder, dass sie einen radikalen Wandel im Sinn hat. Ausgehend von marxistischen Vorstellungen einer Revolution der gesamten Gesellschaftsordnung umfassen ihre Forderungen auch das gesamte Wirtschaftssystem. Sie fordert unter anderem die „in der Geschichte erstmalige gerechte Verteilung des Vermögens" (Firestone 1970, S. 273), eine Revolution der Institutionen der Arbeit, der Familien, der Regierungen bis hin zu revolutionären Ideen der Stadtplanung. 2. Eng verbunden mit dieser ersten

[10] Brittain schreibt auch über ein fiktives „Institut für die Koordinierung moralischer Probleme und biologischer Interessen" (S. 45), das sie als sehr einflussreich darstellt, was zeigt, wie eng ihrer Meinung nach die Bereichen miteinander verbunden sind.

Dimension, in der Firestones Darstellung sehr viel umfassender ist, sind ihre Warnungen und Behauptungen, dass Ektogenese unter den gegenwärtigen gesellschaftlichen Bedingungen niemanden befreien würde, sondern eher im Gegenteil: Sie betont, dass man zukünftige Lösungen, die auf künstlicher Fortpflanzung beruhen, heute nicht allzu ernsthaft diskutieren solle, denn „in den Händen unserer gegenwärtigen Gesellschaft […] ist jeder Versuch, Technologie zur „Befreiung" von Menschen einzusetzen, verdächtig" (Firestone 1970, S. 234). Nur in „postrevolutionären Systemen" (Firestone 1970, S. 235) sei die Ektogenese wünschenswert. In ihrer reduktionistischen Art und Weise Firestones Ideen aufzugreifen, setzen sich die Darstellungen von Smajdor und Kendal viel mehr dem Vorwurf der Bio-Techno-Medikalisierung von Schwangerschaften aus (siehe auch Limon 2016) und ihre Argumentationen sind anfällig für Opportunismus und Ausbeutung der Frauen im aktuellen Wirtschaftssystem.

Auch wird die Reduzierung auf die negativen Aspekte von Schwangerschaft und Geburt wie Schmerzen und Einschränkungen bzw. die Grundannahme, dass die Tatsache, dass nur biologische Frauen Schwanger werden können, eine Bürde sei – und nicht etwa ein Privileg – konterkariert durch all die Maßnahmen und Inanspruchnahme von ARTS, die Menschen auf sich nehmen, um eine Schwangerschaft zu erfahren. Besonders aufwendige und auch für die Empfängerin mit großen Risiken und Strapazen verbundene Verfahren wie Uterustransplantationen ergeben keinen Sinn, wenn Schwangerschaft und Geburt als Gesamtpaket nicht auch als emotional erfüllende Erfahrungen gedacht werden. Dies allein durch pronatalistische Zwänge der Gesellschaft zu begründen, erscheint unwahrscheinlich. Dreht man das Argument um – es sei eine Ungerechtigkeit, dass nur Frauen schwanger werden können, weil dies so ein Privileg ist – müsste dies eher in einem Plädoyer für die Forschung an Schwangerschaften für biologische Männer resultieren.

Die Argumentation, die Ektogenese würde Frauen nicht befreien, da die reproduktiven Fähigkeiten eine wichtige weibliche Machtquelle darstelle, erscheint in unterschiedlicher Intensität. Am entschiedensten ist Rowland (1984/1987), die feststellt, dass die Schwangerschaft nicht nur eine wichtige Machtgrundlage für Frauen sei, sondern die einzige Machtquelle überhaupt, die viele Frauen haben. Interessanterweise ist Rowlands Behauptung, dass die gesamte Wissenschaft in männlicher Hand sei, dieselbe wie die von Firestone (1970), wird also von einer Befürworterin und einer Gegnerin der Ektogenese gleichermaßen geteilt, obwohl sie diametral entgegengesetzte Schlussfolgerungen daraus ziehen. Firestone, als Befürworterin der Ektogenese, behauptet, dass dies der Grund sei, warum die Forschung im Bereich der Ektogenese nicht voranschreite: weil Männer kein Interesse daran hätten, die Ektogenese zu erfinden, da diese die Frauen empowern würde. Die wissenschaftliche Weiterentwicklung werde verhindert wegen der männlichen Abneigung gegen neue Möglichkeiten, die die konventionelle, von Männern dominierte Familienstruktur zerstören könnten. Für Firestone ist die Ektogenese also gerade ein Mittel, um die männliche Dominanz in der Wissenschaft zu verändern, während Rowland die Ektogenese wie alle anderen Reproduktionstechnologien als besonders gefährlich für Frauen ansieht, weil die männliche Wissenschaft sie erfunden habe, um sie zum Vorteil der Männer und zum Nachteil der Frauen einzusetzen: Die Ektogenese wäre der ultimative Schritt zur vollständigen männlichen Kontrolle. Diese ‚Verschwörungstheorie' Rowlands aus der zweiten Phase kann als Gegenvision zu Ludovicis Bedenken aus der ersten Phase (1924) betrachtet werden: Er befürchtete, dass die Feministinnen die Ektogenese nutzen würden, um die Männer obsolet zu machen, und dass nur einige wenige Samenspender vom Aussterben verschont bleiben würden. Rowland hingegen befürchtet genau das Gegenteil: Die Ektogenese würde zur Auslöschung der Frauen führen. Selbst wenn die Argumentationen, dass alle Reproduktionstechnologien von Männern designed und kontrolliert würden, um Macht über Frauen auszuüben, überspitzt scheinen, wird beispielsweise der Mangel an frauenzentrierter Gesundheitsforschung ja mittlerweile allgemein anerkannt. Auch ist die Müttersterblichkeit weltweit nach wie vor sehr hoch. Hier besteht also in jedem Falle eine Schieflage im Einsatz an (Forschungs-)Ressourcen.

Mögliche Zusammenhänge zwischen den Argumenten zur Ektogenese und weiteren gesellschaftlichen Entwicklungen

Die 1920er Jahre, als die Idee der Ektogenese aufkam, waren in vielerlei Hinsicht eine sehr reformfreudige Ära. Ein Moment kultureller Konvergenz zwischen den Diskursen der Eugenik, des Maternalismus und der Sexualreform bildete den historischen Kontext, in dem die Idee der Ektogenese konstruiert wurde, um als Spielfeld und Anstoßpunkt für die Diskussion über verschiedene ideologische Agenden und widersprüchliche soziale Trends zu dienen (Squier 1994). In diesem umkämpften diskursiven Feld waren die politischen Interessen, die über das Thema der Ektogenese diskutiert wurden, z. B. das von Eugenikern vertretene Interesse an direkter Bevölkerungskontrolle (Haldane, 1923), der Kampf gegen den Feminismus (Ludovici 1925) und die Versuche zur Emanzipation der Frau (Brittain 1929). Dies war eine Zeit geradezu besessen von Fortpflanzungskontrolle und -macht. Die künstliche Geburtenkontrolle wurde in den Jahren von 1910 bis 1929 aus mehreren Gründen zu einem zentralen Thema: die erhöhte Aufmerksamkeit, die der Verwendung von Kondomen während des Ersten Weltkriegs zukam, neue Sorgen über den Bevölkerungsrückgang in der Nachkriegszeit und die Tatsache, dass in den 1920er Jahren der technische Fortschritt die

Möglichkeit einer künstlichen Geburtenkontrolle in großem Maßstab zu eröffnen schien (Weeks 2017).

In Anbetracht dieser Entwicklungen und des damals herrschenden Technikoptimismus ist es umso bemerkenswerter, dass Brittain (1929) sozialpolitische Lösungen für die Erreichung feministischer Ziele als besonders wichtig darstellt. Diese wohlüberlegte Aushandlung zwischen wissenschaftlichen und sozialen Interventionen war zu Brittains Zeiten alles andere als üblich: Ihre Erzählung über den Widerstand die Ektogenese erschien zu einer Zeit und in einem sozialen Kontext, in dem der Naturwissenschaftsdiskurs die Oberhand hatte (Squier 1994). Es war jedoch auch eine Zeit, in der Frauen zumindest in einigen Bereichen Rechte gewannen, wie z. B. beim Wahlrecht in Deutschland und Großbritannien. Mit dem 1918 errungenen (eingeschränkten) Frauenwahlrecht setzten sich viele Frauen für eine Erhöhung der Familienzulagen, eine bessere Kinderbetreuung und ein ganzes Bündel von sozialen Verbesserungen ein. Diese neue, energische feministische Offensive kann auch Ludovicis geradezu aggressiv geschriebenes, konservatives Buch erklären, in dem er gegen die Ektogenese und die Emanzipation der Frau im Allgemeinen wettert, da diese Entwicklungen offensichtlich für manche ein beängstigendes Schreckgespenst weiblichen Macht hervorriefen. Seine Verbindung zwischen Feminismus und reproduktiver Autonomie führt zwar zu einer diametral entgegengesetzten Bewertung der Ektogenese als die der anderen Essayisten der ersten Phase wie Brittain, Haldane, Haire und Bernal, doch artikuliert er eine Idee, die sie alle teilten: dass sich das Kräfteverhältnis zwischen Männern und Frauen verschob. Debating ectogenesis in an era of seismic shifts in gender relations, each of these writers responded to the concept of a technique for ectogenesis by renegotiating the terms of the wider social field.

Trotz des Aufruhrs, den die Idee der Ektogenese in den 1920er Jahren in intellektuellen Kreisen auslöste, war sie nach einem Jahrzehnt wieder verpufft, da sie in der breiten Öffentlichkeit keinen nennenswerten Eindruck hinterlassen hatte. Zu dieser Zeit waren weder die Gesellschaft noch die Wissenschaft bereit, sich mit der Ektogenese zu befassen, und der/die Durchschnittsbürger*in zeigte wenig Interesse an einer grundlegenden Veränderung des Verhältnisses zwischen Männern und Frauen (Squier 1994). Erst in den 1970er und 1980er Jahren tauchte die Ektogenese-Debatte wieder auf – ebenfalls eine sehr reformfreudige Ära reich an revolutionären Forderungen nach gesellschaftlicher Umgestaltung. Als die Geschlechterverhältnisse in dieser Zeit diskutiert wurden, schienen sich sowohl die breite Öffentlichkeit als auch die intellektuelle Elite stärker für diese Themen zu interessieren. Daher muss das Wiederaufleben der Ektogenese-Debatte und auch das neue und radikalere Argument der Ektogenese als notwendiges Mittel zur Gleichstellung der Geschlechter, da eine Schwangerschaft als natürliche

Ungerechtigkeit angesehen wird, vor dem Hintergrund der größeren feministischen Bewegung jener Zeit betrachtet werden (vgl. z. B. Kawan und Weber 1982; Miles 1982). Darüber hinaus muss das Wiederaufleben dieser Debatte und ihre neuen und radikaleren Formen im Kontext der Reform- oder sogar revolutionären Bewegungen in vielen Bereichen ab den späten 1960er Jahren gesehen werden, z. B. der US-amerikanischen Bürgerrechts- und Black-Power-Bewegung, der Student*innen- und der Anti-Vietnam-Kriegsproteste in den USA, die sich dann auf viele Orte der Welt wie Paris, London, Berlin und Prag ausbreiteten und auf eine allgemeine Verbesserung der Bürger*innenrechte sowie eine linksorientierte und pazifistische Politik abzielten vgl. z. B. (Brown 2013; Kurlansky 2004). Zudem waren in den 70er und 80er Jahren viele der grundlegenden Rechte, die die Frauen während der ersten Phase nicht oder erst vor kurzem erlangt hatten und die daher noch nicht ganz selbstverständlich waren, inzwischen etabliert, wie z. B. bürgerliche und politische Rechte, zumindest größere Möglichkeiten für Frauen auf dem Arbeitsmarkt und Zugang zu Verhütungsmitteln. Andererseits war es eine Situation, in der die vollständige Gleichstellung der Geschlechter bei weitem nicht verwirklicht war. Man kann argumentieren, dass beide Aspekte zur Entwicklung des Arguments beitrugen, dass eine radikalere Lösung wie die Ektogenese notwendig sei, um die Gleichstellung der Geschlechter zu erreichen. Wie Firestone beschreibt, sahen sich die Frauen 1970 mit einer „erstaunlichen Reihe von Widersprüchen in ihren Rollen" (Firestone 1970, S. 34) konfrontiert: Obwohl die Frauen die meisten rechtlichen Freiheiten und die schriftliche Garantie besaßen, dass sie gleichberechtigte politische Bürger*innen der Gesellschaft sind, hatten sie keine Macht; obwohl die Frauen theoretisch Bildungsmöglichkeiten hatten, waren sie nicht tatsächlich in der Lage diese wahrzunehmen; auch wenn die Frauen die von ihnen erkämpften Freiheiten in Bezug auf Kleidung und Sexualität besaßen, wurden sie dennoch häufig sexuell ausgebeutet. Auch Rowland (1984) beschreibt die schwierige – in ihren Augen sogar noch schwierigere – Situation für Frauen in dieser Zeit: Feministinnen haben viele Jahre lang dafür gestritten, dass Frauen von der Plackerei der erzwungenen Mutterschaft befreit werden sollten. Diese ‚Freiheit' bedeutete für einige die Auferlegung von zwei Jobs mit einer doppelten Arbeitsbelastung: Familie und Beruf. So waren in dieser Zeit in der Frauenbewegung das Dilemma und die Debatte über Mutterschaft, Reproduktionstechnologien und die Familie sehr präsent. Ein dritter Aspekt, der dazu geführt haben könnte, dass das Argument, die Ektogenese sei ein notwendiges Mittel für die Gleichstellung der Geschlechter, in der zweiten Phase aufkam, ist die Tatsache, dass zu diesem Zeitpunkt wesentlich mehr technologische Möglichkeiten zur Verfügung standen. Wie Firestone (1970) erklärt, können nun zum ersten Mal in der Geschichte die unterdrückerischen natürlichen Bedingungen mitsamt ihrer kulturellen Verstärkung durch die Fortschritte, die die Technologie geschaffen hat, überwunden werden. „Die Menschheit kann es sich nicht länger leisten, im Übergangsstadium zwischen einfacher tierischer Existenz und voller Kontrolle über die Natur zu verharren. Und wir sind viel näher an einem großen evolutionären Sprung, sogar an der Lenkung unserer eigenen Evolution" (Firestone 1970, S. 220). Sie beschreibt die großen wissenschaftlichen Durchbrüche, die bereits in der ersten Hälfte des Jahrhunderts erzielt wurden, z. B. in der Physik, und die nun zu ebenso wichtigen Errungenschaften in allen Lebenswissenschaften führen. Im Bereich der Fortpflanzung hebt Firestone hervor, dass sich die Empfängnisverhütung stark verbessert hat, dass die künstliche Befruchtung bereits praktiziert wird, und sie sagt voraus, dass z. B. die Wahl des Geschlechts des Fötus und ein vollständiges Verständnis des Fortpflanzungsprozesses, einschließlich der komplexen Funktionsweise der Hormone, vor der Tür stehen. Firestones Technik-Optimismus wird von anderen Autoren dieser Zeit geteilt, z. B. von Singer und Wells (1984), die ihr Kapitel über Ektogenese mit einer detaillierten Beschreibung der Fortschritte in der Reproduktions- und Neugeborenenmedizin beginnen. Sie machen deutlich, dass die Ektogenese zu diesem Zeitpunkt bereits eine Teil-Realität ist und dass die Zeitspanne, in der der Fötus unbedingt in der mütterlichen Gebärmutter verbleiben muss, von beiden Seiten her immer kürzer wird. Insgesamt können also 1) die allgemein sehr reformfreudige und in vielen Bereichen auch radikale Atmosphäre dieser Zeit, 2) die Frustration und Desillusionierung in der Frauenbewegung, die sich aus der Tatsache ergab, dass die Gleichstellung der Geschlechter trotz Verbesserungen bei den bürgerlichen und politischen Rechten noch weit von der Realität entfernt war, und 3) andere wissenschaftliche Fortschritte, die die Ektogenese in naher Zukunft als machbar erscheinen ließen, als wichtige Faktoren angesehen werden, die das Aufkommen des Arguments, dass die Ektogenese ein notwendiges Mittel zur Gleichstellung der Geschlechter ist, begünstigten.

Es gibt fünf Aspekte, in denen sich die gesellschaftlichen Bedingungen für Frauen in der zweiten und dritten Phase unterschieden oder verschärft hatten, was auch die Entwicklungen in der Argumentation beeinflusst haben könnte. 1) Zunächst einmal haben sich die Bedingungen für Frauen seit der zweiten Phase weiter verbessert, so gibt es beispielsweise in den meisten OECD-Ländern bezahlten Mutterschaftsurlaub. Allerdings gibt es erhebliche Unterschiede, zum Beispiel Finnland mit bis zu drei Jahren bezahltem Mutterschafts-/Vaterschaftsurlaub, während die Schweiz nur zwölf Wochen garantiert. Diese Verbesserungen könnten zum einen erklären, warum das Argument für die Ektogenese als Mittel zur Befreiung der Frauen in der dritten Phase nicht in ein Plädoyer für eine vollständige gesellschaftliche Revolution eingebettet war, wie es Firestone und Piercy in der zweiten Phase gefordert hatten. Andererseits scheint aber gerade weil sich in der dritten Phase bereits vieles für Frauen verbessert hat, die Tatsache, dass in einigen Bereichen auch heute noch große Ungleichheiten zwischen den Geschlechtern bestehen, noch schwerer zu ertragen. Beispiele hierfür sind das geschlechtsspezifische Lohngefälle und anhaltende Fälle von schwangerschaftsbedingter Diskriminierung am Arbeitsplatz. Diese Probleme werden in den Augen einiger Autorinnen durch die Tatsache verschärft, dass das ‚pro-natalistische Dogma' immer noch vorherrscht (z. B. Woolfrey 2006; Smajdor 2007, 2012; Takala 2009; Kendal 2015, 2017). Sie vertreten die Ansicht, dass auch die westliche Gesellschaft Frauen immer noch dazu drängt, sich selbst als zur Mutterschaft bestimmt zu betrachten, Männer dazu ermutigt, dasselbe anzunehmen, und davon ausgeht, dass die primären Betreuungsaufgaben den Müttern zufallen. Aus diesem Grund sind technische Lösungen für diese Probleme, wie z. B. die Ektogenese, für einige Autorinnen heute genauso attraktiv wie während der zweiten Phase. Unter den Autoren der dritten Phase herrscht jedoch erhebliche Uneinigkeit über die Frage, wie stark dieses pro-natalistische Dogma ist. Während Kendal und Smajdor ausdrücklich für die Ektogenese vor dem Hintergrund des ihrer Meinung nach in der gegenwärtigen Gesellschaft allgegenwärtigen pro-natalistischen Dogmas plädieren, weist Limon (2016) die Vorstellung zurück, dass der Pro-Natalismus eine allmächtige Ideologie ist, die in einer singulären, unterdrückerischen Art und Weise funktioniert, in der Frauen nicht in der Lage sind, dem sozialen Druck, Kinder zu bekommen, zu widerstehen, und betont die Vielfalt der weiblichen Erfahrungen. 2) Das Tempo, in dem technologische Innovationen möglich werden, hat sich beschleunigt, und zwar sowohl allgemein als auch in Bezug auf die für eine erfolgreiche vollständige Ektogenese erforderliche Technologie. Kendal (2017) beschreibt mehrere technologische Fortschritte der letzten Jahre, die als bedeutender Schritt in Richtung der klinischen Anwendung der künstlichen Gebärmutter angesehen werden, z. B. die erfolgreiche künstliche Inkubation von Tieren sowie Fortschritte in der Forschung zur Flüssigkeitsbeatmung. Darüber hinaus sind Wissenschaftler*innen, wie bereits oben beschrieben, nach den jüngsten Entwicklungen in der Embryonenforschung bestrebt, die Forschung am Anfang des Lebens auszuweiten, während am anderen Ende der Schwangerschaft die Forscher*innen die Lebensfähigkeit von Frühgeborenen immer weiter vorverlagern. 3) Ein Faktor, der nach Ansicht mancher Autor*innen den aktuellen Bedarf an Ektogenese verstärkt, ist die Tendenz von Frauen, angesichts des Drucks des modernen Berufslebens den Kinderwunsch bis zu einem Alter hinauszuzögern, in dem das Risiko fötaler Anomalien und Fruchtbarkeitsprobleme steigt. Für Autoren wie Smajdor (2007) und Kendal (2015) wird der sich daraus ergebende Bedarf an Ektogenese noch dadurch verstärkt, dass den Frauen selbst oft die Schuld für diese Entscheidungen zugeschoben wird und sie als egoistisch bezeichnet werden, wenn sie die Fortpflanzung aufschieben, um sich vorher finanziell und beruflich abzusichern. 4) Eine vierte Veränderung seit der zweiten Phase ist das zunehmende medizinische Verständnis für pränatale Risiken wie z. B. Alkohol, Infektionskrankheiten und Arzneimitteln, verbunden mit der Tatsache, dass „von den Frauen erwartet wird, dass sie diese Expositionen selbst kontrollieren, oft bevor sie überhaupt wissen, dass sie schwanger sind" (Kendal 2017 S. 187). Neben der sozialen Ächtung bei Nichteinhaltung dieser Beschränkungen riskieren Frauen in einigen Ländern sogar eine Bestrafung nach dem „Fötusmissbrauchsgesetz" (Kendal 2015). Auch diese Art des Drucks auf Frauen macht nach Ansicht dieser Autor*innen die Ektogenese noch dringlicher. 5) Zwischen der zweiten und der dritten Phase wurde in den westlichen Gesellschaften die Neubewertung der Mutterschaft aufgrund wissenschaftlicher und sozialer Entwicklungen immer üblicher. Unterschiedliche Formen von Mutterschaft – und Elternschaft – sind heute viel eher akzeptiert.

Warum also werden in der zweiten und dritten Phase Varianten des Arguments vorgebracht, dass die Ektogenese die Frauen nicht befreie, sondern im Gegenteil den Männern und der Gesellschaft noch mehr Möglichkeiten gebe, Kontrolle über die Frauen auszuüben (Rowland 1984, 1987; Murphy 1989; Rosen 2003; Tong 2006)? Hierfür gibt es zwei Erklärungsansätze. Erstens waren die feministischen Strömungen in der zweiten und dritten Phase viel größer, gespaltener und ausdifferenzierter als in der ersten Phase (vgl. Sander-Staudt 2006). Ein Lager, zu dem auch die hier argumentierenden Autorinnen gehören, scheint zu befürchten, dass die feministischen Ziele irgendwie aus dem Ruder gelaufen sind, indem sie ein anderes Extrem anstreben, das auch nicht im besten Interesse der Frauen liegt. Ein Beispiel dafür ist Rowland (1984), die befürchtet, dass der lange feministische Kampf gegen den Zwang zum Kinderkriegen dazu führen könnte, dass man in Zukunft für das Recht auf natürliche Fortpflanzung kämpfen muss. Die zugrunde liegende Angst rührt von der Möglichkeit her, dass hart erkämpfte feministische Errungenschaften zu neuen Formen der Unterdrückung führen, auch durch neue Reproduktionstechnologien. Der zweite Faktor, der zu den Befürchtungen der zweiten und dritten Phase beigetragen haben könnte, dass die Ektogenese eher zu mehr Kontrolle über die Frauen als zu mehr Freiheit führe, hängt mit dem großen Wissenszuwachs über Faktoren zusammen, die die fötale Entwicklung positiv und negativ beeinflussen, was mit einem entsprechend verstärkten Streben nach Kontrolle einhergeht. So befürchten Murphy (1989), Rosen (2003) und Tong (2006), dass dieser Wunsch nach Kontrolle der fötalen Entwicklung zu einem Konsens darüber führen könnte, dass die Ektogenese sicherer ist als die herkömmliche Schwangerschaft, da sie besser überwacht werden kann und nicht durch menschliche Versäumnisse in Bezug auf Ernährung und andere Expositionen beeinträchtigt wird. Dies würde zu einer Situation führen, in der Frauen entweder gezwungen wären, ihre Schwangerschaften hyperzuüberwachen oder künstliche Gebärmütter zu benutzen. Während in der ersten Phase Hausgeburten üblich und die Säuglingssterblichkeitsrate viel höher war, wurden Frauen ab dem klinischen Einsatz von Ultraschall im Jahr 1956 zunehmend zu Risikomanager*innen ihrer Schwangerschaft und es wird auch von ihnen erwartet, dass sie dies sind (Löwy 2015). Tong (2006) stellt zudem eine direkte Verbindung zwischen der Ektogenese und einer anderen neuen Entwicklung in der Reproduktionstechnologie her, die in ihren Augen auch die Gefahr zusätzlicher Kontrollierung für Frauen erhöht: das Genome-Editing. Sie argumentiert, dass, sobald die Möglichkeit bestehe, die genetische Zusammensetzung der Nachkommen zu kontrollieren, der Wunsch nach Kontrolle der uterinen Umgebung zunehmen werde, da „perfekte Gene perfekte Gebärmütter verlangen werden" (Tong 2006, S. 60).

Es gibt drei weitere Argumentationen gegen die Ektogenese als Mittel zur Befreiung der Frau, von denen behauptet werden kann, dass sie erst zu einem Zeitpunkt auftauchten, zu dem ohnehin eine akademische oder gesellschaftliche Diskussion über das zugrunde liegende Konzept oder den Begriff stattfand (was nicht schon während der ersten Phase der Fall gewesen war): Dies sind die ‚Medikalisierungskritik' (z. B. Sander-Staudt 2006; Limon 2016), die ‚Neoliberalismuskritik' (z. B. Limon 2016) und die ‚Globale-Perspektiven-Kritik' (z. B. Murphy 1989; Woolfrey 2006). Murphy am Ende der zweiten und Woolfrey in der dritten Phase argumentieren, dass es, wenn man die Situation der Frauen in der ganzen Welt wirklich verbessern wollte, besser sei, für grundlegende Verbesserungen für Frauen überall zu kämpfen, anstatt hochtechnische Maßnahmen zu unterstützen, die sich nur ein relativ kleiner Prozentsatz der Frauen leisten könne. Dies lässt sich durch ein verstärktes ‚globales Gewissen' erklären, das zu Beginn des letzten Jahrhunderts nicht üblich war. Auch die Kritik an der Ektogenese-Idee als Medikalisierung von Schwangerschaft, Geburt und weiblicher Physiologie, z. B. von Sander-Staudt und Limon, wurde allein deswegen nicht in der ersten Phase geäußert, da der (stark umstrittene) Medikalisierungsdiskurs erst in den 70er Jahren aufkam (Conrad 1975; Illich 1975). Dieser aufkommende Diskurs spiegelt eine tatsächliche Entwicklung der 70er Jahre wider: die sich verändernden „kulturellen Atmosphären" (Sander-Staudt 2006, S. 125), die Schwangerschaft und Geburt zunehmend in Krankenhäusern und unter medizinischer Kontrolle ansiedelten. Ähnliches gilt für den Zeitpunkt von Limons Behauptung, die Ektogenese würde eher den Neoliberalismus als die reproduktive Autonomie der Frauen unterstützen. Der Begriff Neoliberalismus, wie er in der von Limon beabsichtigten negativen Konnotation verwendet wird, kam erst in den 1980er Jahren auf vgl. z. B. (Boas und Gans-Morse 2009).

1.3 Abschlussbemerkungen

Was macht eine diachrone Analyse der Ektogenese-Debatte mit besonderem Augenmerk auf die Gleichberechtigung der Frauen für heutige ethische Debatten relevant? Kann sie einige aktuelle Fragen erhellen? Ich würde behaupten, dass sie die Möglichkeit bietet, die potenziellen Vorteile und sozialen Ängste im Zusammenhang mit alternativen sozialen und technologischen Zukünften durchzuarbeiten (Jasanoff 2016). So kann sie in heutige bioethische Debatten ebenso einfließen wie in Diskussionen über den Einsatz technologischer Methoden zur Beseitigung von Ungerechtigkeiten; und sie kann als nützliches Instrument dienen, um auch heute gesellschaftliche, politische und technische Einstellungen zur Fortpflanzung und Kindererziehung zu hinterfragen.

Insgesamt ist es bemerkenswert, wie seit Beginn der Debatte in den 1920er Jahren viele Autor*innen feststellen, dass die Ektogenese bald möglich sein werde – aber sie ist immer noch sehr spekulativ und trotz aller oben beschriebenen Fortschritte weit noch davon entfernt, Realität zu sein. Vielleicht sollte dies uns zu denken geben. So sollten wir möglicherweise vorsichtiger mit unseren Vorhersagen sein, die manchmal eher aus dem Wunsch resultieren, ein ausgefallenes Thema zu bearbeiten, als aus der tatsächlichen Möglichkeit für ‚Verbesserungen' oder ‚Fortschritt'. Vielleicht sind es dieselben Dynamiken, die dazu führt, dass oft mehr finanzielle Mittel für die Forschung an hochtechnologischen Innovationen als an gesellschaftspolitische Problemlösungen bereitgestellt werden (Sherwin 2011): Letztere scheinen nicht so ‚sexy' und profitabel wie erstere. Persönlich würde ich jedoch das von mehreren Autor*innen vorgebrachten Argumente bekräftigen, dass es viele andere Schritte gibt, die unternommen werden sollten, um die Situation der Frauen weltweit zu verbessern, anstelle dass bzw. bevor man auf ein kostspieliges, risikoreiches, hochtechnisches Mittel wie die Ektogenese zurückgreift.

Literatur

Boas, T. C., und J. Gans-Morse. 2009. Neoliberalism: From New Liberal Philosophy to Anti-Liberal Slogan. *Studies in Comparative International Development* 44(2):137-161. https://doi.org/10.1007/s12116-009-9040-5

Brittain, V. 1929. *Halcyon, or the Future of Monogamy*. London: Kegan Paul, Trench, Trubner.

Brown, T. S. 2013. *West Germany and the Global Sixties: The-Anti-Authoritarian Revolt 1962–1978*. Cambridge: Cambridge University Press.

Bulletti, C., A. Palagiano, C. Pace, A. Cerni, A. Borini, und D. de Ziegler. 2011. *The artificial womb*. Ann N Y Acad Sci 1221:124–128. https://doi.org/10.1111/j.1749-6632.2011.05999.x

Campo-Engelstein, L. 2020. Reproductive technologies are not the cure for social problems. *J Med Ethics* 46(2):85–86. https://doi.org/10.1136/medethics-2019-105981

Cannold, L. 1995. Women, ectogenesis and ethical theory. *J Appl Philos* 12(1):55–64. https://doi.org/10.1111/j.1468-5930.1995.tb00119.x

Cavaliere, G. 2017. A 14-day limit for bioethics: the debate over human embryo research. *BMC Med Ethics* 18(1):38. https://doi.org/10.1186/s12910-017-0198-5

Cavaliere, G. 2020. Gestation, equality and freedom: ectogenesis as a political perspective. *J Med Ethics* 46(2):76–82. https://doi.org/10.1136/medethics-2019-105691

Conrad, P. 1975. The discovery of hyperkinesis: notes on the medicalization of deviant behavior. *Soc Probl* 23(1): 12–21.

Eichinger, J., und T. Eichinger. 2020. Procreation machines: Ectogenesis as reproductive enhancement, proper medicine or a step towards posthumanism? *Bioethics* 34(4):385–391. https://doi.org/10.1111/bioe.12708

Firestone, S. 1970. *The Dialectic of Sex*. New York: Bantam Books.

Gelfand, S. 2006. Introduction. In *Ectogenesis*: Artificial Womb Technology and the Future of Human Reproduction, Hrsg. G., Scott und J. R. Shook, 1–7. Amsterdam: Editions Rodopi.

Haldane, J. B. S. 1923. *Daedalus, or Science and the Future*. London: Kegan Paul, Trench, Trubner.

Hansen, S. L. 2017. Dystopie und Methode: zur fiktionalen Verhandlung moralischer Überzeugungen in der Bioethik. *Ethik in der Medizin* 29(4):306-322. https://doi.org/10.1007/s00481-017-0462-8

Harris, J. 2016. It's time to extend the 14-day limit for embryo research. The Guardian. https://www.theguardian.com/commentisfree/2016/may/06/extend-14-day-limit-embryo-research.

Horn, C. 2020. Gender, gestation and ectogenesis: self-determination for pregnant people ahead of artificial wombs. *J Med Ethics* 46(11):787–788. https://doi.org/10.1136/medethics-2020-106156

Illich, I. 1975. *Medical nemesis: the expropriation of health*. London: Calder & Boyars.

Jasanoff, S. 2016. *The Ethics of Invention*: Technology and the Human Future. New York: Norton.

Kawan, H., und B. Weber. 1982. Reflections on a theme: The German women's movement, then and now. In *The Women's Liberation Movement*, Hrsg. J. Bradshaw, 421–433. Oxford: Pergamon Press.

Kendal, E. 2015. *Equal Opportunity and the Case for State Sponsored Ectogenesis*. Basingstoke: Palgrave Macmillan.

Kendal, E. 2017. The Perfect Womb: Promoting Equality of (Fetal) Opportunity. *J Bioeth* Inq 14(2):185–194. https://doi.org/10.1007/s11673-017-9775-z

Kurlansky, M. 2004. *1968: The Year That Rocked the World*. London: Random House Publishing group.

Limon, C. 2016. From Surrogacy to Ectogenesis: Reproductive Justice and Equal Opportunity in Neoliberal Times. *Australian Feminist Studies* 31(88):203–219. https://doi.org/10.1080/08164649.2016.1224078

Löwy, I. 2015. 186 Norms, values, and constraints: The case of prenatal diagnosis. In *Value Practices in the Life Sciences and Medicine*, Hrsg. I. Dussauge, C.-F. Helgesson, und F. Lee: Oxford University Press.

Ludovici, A. M. 1925. *Lysistrata, or Woman's Future and Future Woman*. New York: E. P. Dutton & Company.

MacKay, K. 2020. The ‚tyranny of reproduction': Could ectogenesis further women's liberation? *Bioethics* 34(4):346–353. https://doi.org/10.1111/bioe.12706

Miles, A. 1982. The integrative feminine principle in North American feminist radicalism: value basis of a new feminism. In *The Women's Liberation Movement,* Hrsg. J. Bradshaw, 481–495. Oxford: Pergamon Press.

Murphy, J. S. 1989. Is pregnancy necessary? Feminist concerns about ectogenesis. *Hypatia* 4(3):66–84.

Murphy, T. F. 2012. Research priorities and the future of pregnancy. *Camb Q Healthc Ethics* 21(1):78–89. https://doi.org/10.1017/s096318011100051x

Overall, C. 2015. Rethinking Abortion, Ectogenesis, and Fetal Death. *Journal of Social Philosophy* 46(1):126–140. https://doi.org/10.1111/josp.12090

Partridge, E. A., M. G. Davey, M. A. Hornick, P. E. McGovern, A. Y. Mejaddam, J. D. Vrecenak, . . ., und A. W. Flake. 2017. An extra-uterine system to physiologically support the extreme premature lamb. *Nature Communications* 8:15112. https://doi.org/10.1038/ncomms15112

Paul, D. 1984. Eugenics and the Left. *J Hist Ideas* 45(4):567–590.

Piercy, M. 1976. *Women on the edge of time*. New York: Random House.

Reiber, D. T. 2010. The Morality of Artificial Womb Technology. *The National Catholic Bioethics Quarterly* 10:5515–5527.

Romanis, E. C. 2018. Artificial womb technology and the frontiers of human reproduction: conceptual differences and potential implications. *J Med Ethics* 44(11):751–755. https://doi.org/10.1136/medethics-2018-104910

Romanis, E. C. 2020. Partial ectogenesis: freedom, equality and political perspective. *J Med Ethics* 46(2):89-90. https://doi.org/10.1136/medethics-2019-105968

Romanis, E. C., D. Begović, M.R. Brazier, und A. K. Mullock. 2020. Reviewing the womb. *J Med Ethics* 47(12):820–829. https://doi.org/10.1136/medethics-2020-106160

Rosen, C. 2003. Why not artificial wombs? New Atlantis 3: 67–76.

Rowland, R. 1984. Reproductive Technologies: The Final Solution to the Woman Question. In *Test-Tube Women. What Future for Motherhood?,* Hrsg. R. D. Klein, M. Shelley, und R. Arditti, 356–370. London: Pandora Press.

Rowland, R. 1987. Of Woman Born, but for how long? The Relationship of Women to the New Reproductive Technologies and the Issue of Choice. In *Made to Order. The Myth of Reproductive and Genetic Progress*, Hrsg. P. S. Spallone, und D. L. Steinberg, 67–83. Oxford: Pergamon Press.

Sander-Staudt, M. 2006. Of machine born? A feminist assessment of ectogenesis and artificial wombs. In *Ectogenesis: Artificial Womb Technology and the Future of Human Reproduction,* Hrsg. S. Gelfand, und J. R. Shook, 109-128. Amsterdam: Editions Rodopi.

Segers, S. 2021. The path toward ectogenesis: looking beyond the technical challenges. *BMC Med Ethics* 22(1):59. https://doi.org/10.1186/s12910-021-00630-6

Shahbazi, M. N., A. Jedrusik, S. Vuoristo, G. Recher, A. Hupalowska, V. Bolton, . . ., und M. Zernicka-Goetz. 2016. Self-organization of the human embryo in the absence of maternal tissues. *Nat Cell Biol* 18(6):700–708. https://doi.org/10.1038/ncb3347

Sherwin, S. 2011. Looking backwards, looking forward: hopes for bioethics' next twenty-five years. *Bioethics* 25(2):75–82. https://doi.org/10.1111/j.1467-8519.2010.01866.x

Simonstein, F. 2009. Artificial Reproductive Technologies and the Advent of the Artificial Womb. In *Reprogen-Ethics and the Future of Gender*, Hrsg. F. Simonstein, 177–187. London: Springer.

Simonstein, F. 2009. Introduction. In *Reprogen-Ethics and the Future of Gender*, Hrsg. F. Simonstein, 1–12. London: Springer.

Simonstein, F., und M. Mashiach-Eizenberg. 2009. The artificial womb: a pilot study considering people's views on the artificial womb and ectogenesis in Israel. *Camb Q Healthc Ethics* 18(1):87–94. https://doi.org/10.1017/s0963180108090130

Singer, P., und D. Wells. 1984. Ectogenesis. In *Ectogenesis: Artificial Womb Technology and the Future of Human Reproduction*, Hrsg. J. R. Shook, und S. Gelfand, 8–25. Amsterdam: Editions Rodopi.

Smajdor, A. 2007. The moral imperative for ectogenesis. *Camb Q Healthc Ethics* 16(3):336–345. https://doi.org/10.1017/s0963180107070405

Smajdor, A. 2012. In defense of ectogenesis. *Camb Q Healthc Ethics* 21(1):90–103. https://doi.org/10.1017/s0963180111000521

Squier, S. 1994. *Babies in Bottles*. New Brunswick: Rutgers University Press.

Takala, T. 2009. Human before sex? Ectogenesis as a way to equality. In *Reprogen-Ethics and the Future of Gender*, Hrsg. F. Simonstein,187–197. London: Springer.

Tong, R. 2006. Out-of-Body Gestation: In Whose Best Interests? In *Artificial Womb Technology and the Future of Human Reproduction*, Hrsg. J.R. Shook, und S. Gelfand, 59–76. Amsterdam: Editions Rodopi.

Waldby, C. 2015. ‚Banking time': egg freezing and the negotiation of future fertility. *Cult Health Sex* 17(4):470–482. https://doi.org/10.1080/13691058.2014.951881

Warnock, M. 1984. *A Question of Life: The Warnock Report on Human Fertilization and Embryology*. Oxford: Basil Blackwell.

Week, J. 1989. *Sex, Politics and Society: The Regulation of Sexuality since 1800*. London: Longman.

Weeks, J. 2017. *Sex, Politics and Society. The Regulation of Sexuality Since 1800* (Fourth Edition ed.). London: Routledge

Welin, S. 2004. Reproductive ectogenesis: the third era of human reproduction and some moral consequences. *Sci Eng Ethics* 10(4):615–626. https://doi.org/10.1007/s11948-004-0042-4

Wilson, D. 2011. Creating the 'ethics industry': Mary Warnock, in vitro fertilization and the history of bioethics in Britain. *Biosocieties* 6(2):121–141.

Woolfrey, J. 2006. Ectogenesis: Liberation, Technological Tyranny, or Just More of the Same? In *Ectogenesis: Artificial Womb Technology and the Future of Human Reproduction*, Hrsg. J. R., und S. Gelfand, 128–139. Amsterdam: Editions Rodopi.

Chancen und Risiken der Ektogestation. Zwischen reproduktiver Autonomie und reproduktiver Gerechtigkeit

Stefanie Weigold

1 Einleitung

Is pregnancy necessary? Mit dieser provokativ anmutenden Frage betitelt Julien S. Murphy 1989 einen Aufsatz, in dem sie damals zentrale feministische Debatten zu reproduktiven Freiheiten und Rechten aufgreift. Murphy regt damit eine Reflexion über Schwangerschaft an, die sich mit der aufkommenden Debatte um reproduktive Technologien und speziell des Konzepts der Ektogenese[1] aufdrängt, da

[1] Kingma and Finn (2020) haben darauf aufmerksam gemacht, dass es einen relevanten terminologischen Unterschied zwischen ‚Ektogenese' und ‚Ektogestation' gibt. Ektogestation (*ectogestation*) verweist adäquater auf die Phase der externen Schwangerschaft, wohingegen Ektogenese eine externe Erzeugung beschreibt.

Der ebenfalls häufig verwendete Begriff ‚Artifizielle Uterus Technologie' (AUT) (*artificial womb technology* oder *artificial uterus technology*) wird in der philosophischen Besprechung ebenfalls kritisiert, da die Technik den Uterus faktisch nicht einfach durch einen künstlichen Apparat *ersetzt*, sondern akkurater eine ‚künstliche Amnion- und Plazenta Technologie' (AAPT) (*artificial amnion and placenta technology*) darstellt (Kingma und Finn 2020). Solche terminologischen Differenzierungen und Justierungen sind wichtig

S. Weigold (✉)
Institut für Experimentelle Medizin, Arbeitsbereich Medizinethik, Christian-Albrechts-Universität Kiel, Kiel, Deutschland
E-Mail: stefanie.weigold@iem.uni-kiel.de

V. Rolfes et al. (Hrsg.), *Reproduktionszukünfte,* Technikzukünfte, Wissenschaft und Gesellschaft / Futures of Technology, Science and Society,
https://doi.org/10.1007/978-3-658-46300-7_8

eine Entkopplung des weiblichen Körpers von der Fortpflanzung denkbar wird. Ausgehend von der damals bereits etablierten In-vitro-Fertilisation verhandelt Murphy Risiken und Chancen von Reproduktionstechnologien. Damit soll die Etablierung und Stärkung spezifischer Standards sozialer Gerechtigkeit in der reproduktiven Gesundheitsforschung betont werden. Ein kritischer oder besorgter Standpunkt bezüglich der mutmaßlichen Entwicklung der In-vitro-Gametogenese und Ektogenese klingt bereits im Untertitel an – *Feminist Concerns about Ectogenesis*. Statt die Entwicklung als Zeichen sozialen Fortschritts zu deuten, werden vielmehr damit einhergehende Einschränkungen reproduktiver Rechte sowie die Verstetigung einer ungerecht verteilten und nicht an den (reproduktiven) Bedürfnissen von Frauen und Personen mit Uterus orientierten Gesundheitsversorgung prognostiziert.

Murphy geht davon aus, dass die damaligen Entwicklungen im Zuge der In-vitro-Fertilisation den Grundstein für die Möglichkeit der körperunabhängigen Reproduktion legen und proklamierte, „the topic of ectogenesis is no longer confined to science fiction" (Murphy 1989, S. 87). Auch mehr als 30 Jahre später ist die Ektogenese am Menschen nicht realisierbar, allerdings schreitet die tierexperimentelle Forschung stetig voran. An Lammföten wurden bereits sogenannte ‚Biobags' oder ‚ex vivo uterine environments' erprobt, in denen die Lämmer das letzte Drittel ihrer fötalen Entwicklung extrakorporal durchlaufen konnten (Partridge et al. 2017; Usuda, Watanabe et al. 2019). Daher gibt es zumindest immer mehr optimistische Prognosen für die zukünftige Anwendung an menschlichen Föten, die eine Notwendigkeit der Besprechung für die Anwendung beim Menschen für medizinische und nicht-medizinische Zwecke nahelegen (Segers 2021).

Reproduktionstechnologische Innovationen wie das bereits etablierte experimentelle Verfahren der Uterustransplantation oder zukünftige Möglichkeiten wie die Artifizielle Amnion und Plazenta Technologie (AAPT) gehen mit diskursiven Verschiebungen normativer Vorstellungen von Schwangerschaft, Familie und Sorgebeziehungen einher. Mit der Transplantation des Uterus, seiner Nachahmung ex vivo – also unter Laborbedingungen – oder dessen künstlicher Herstellung gehen auch neuartige Subjektpositionen (bspw. die Uterusspender*in oder etwaige Pächter*innen eines Uterus-Apparates) sowie neue Praktiken der Inwertsetzung von Körperteilen einher. Die bioethische Reflexion reproduktionstechnologischer

bei der Analyse von (neuen) Reproduktionstechnologien, da sie eine entscheidend dazu beitragen, wie darüber gedacht, gesprochen und geurteilt wird. Entsprechend werde ich im Folgenden die Abkürzung AAPT verwenden.

Neuerungen kann sich also nicht in der Betrachtung der Erweiterung reproduktiver Autonomie erschöpfen. Die zentralen Fragen einer solchen Diskussion müssen vielmehr lauten: Welche Rechte, Freiheiten und Pflichten haben Menschen mit Kinderwunsch? Welche materiellen und sozialen Bedingungen müssen für das Kinderkriegen gegeben sein? Für welche Körper sind diese Technologien konzipiert und welche Vorstellungen sozialer Gerechtigkeit sind hierbei zentral? Welche Beziehungsformen und Familienmodelle werden gesellschaftlich oder staatlich gefördert, welche mitunter mit Zulassung und Förderung reproduktiver Maßnahmen nur für eine bestimmte Gruppe unterdrückt? Welche Rolle spielen bevölkerungspolitische Maßnahmen im Umgang mit der reproduktiven Ungleichheit von Menschen? Diese und weitere Fragen spannen den Bogen zu Verhandlungen reproduktiver Autonomie und reproduktiven Rechten und der Perspektive reproduktiver Gerechtigkeit. Ziel dieses Beitrages ist es, die Chancen und Risiken der Ektogestation sowohl hinsichtlich liberal gefasster Konzepte reproduktiver Autonomie und Rechte als auch aus einer biopolitischen Perspektive reproduktiver Gerechtigkeit zu untersuchen. Dabei können nicht alle oben aufgeführten Fragen erschöpfend beantwortet werden. Sie dienen jedoch als Anstoß und Rahmen für eine kritische Auseinandersetzung mit den ethischen und politischen Implikationen der rasanten Entwicklung von Reproduktionstechnologien.

Auf den folgenden Seiten wird zunächst (2.) das grundlegende Konzept der reproduktiven Autonomie und Rechte erläutert, um es anschließend kritisch einzuordnen. Vor dem Hintergrund seiner Grenzen und perspektivischen Verengungen werden konzeptionelle Weiterentwicklungen vorgestellt, die den Analyserahmen erweitern. Das relationale Modell reproduktiver Autonomie, das Konzept Reproduktiver Gerechtigkeit sowie bevölkerungspolitische Aspekte ermöglichen es, reproduktive Technologien im Kontext macht- und herrschaftskritischer Perspektiven zu diskutieren. In einem zweiten Schritt (3.) werden die Chancen und Risiken der Ektogestation und AAPT diskutiert und anhand des vorgestellten konzeptionellen Rahmens erörtert. Die Schlussbetrachtung (4.) führt verschiedene Aspekte der aktuellen ethischen und sozialen Fragen und Problemstellungen zusammen und soll als Kritik-Grundlage für weitere Diskussionen dienen.

2 Autonomie, Rechte, Gerechtigkeit – Verschiedene Perspektiven auf Reproduktion

Reproduktive Autonomie ist ein normatives Konzept, das die Befähigung zur Ausübung reproduktiver Rechte beschreibt. Reproduktive Rechte und Gesundheit sind Teil der Menschenrechte und umfassen sämtliche Aspekte der reproduktiven

Gesundheit und der sexuellen und körperlichen Selbstbestimmung. Dazu gehören die Gewährleistung des Zugangs zu sicheren Verhütungsoptionen, die freie Entscheidung ob, wann und wie viele Kinder jede*r bekommen möchte und der Zugang zu Informationen, um Entscheidungen über Elternschaft, Schwangerschaft, Abtreibung, Verhütung und die Nutzung reproduktiver Technologien ohne Zwang und Diskriminierung treffen zu können (BMZ: Bundesministerium für wirtschaftliche Zusammenarbeit und Entwicklung 2022; Piesche 2018).

Ein liberales Verständnis von der Autonomie der*des Patient*in orientiert sich an dem durch die Aufklärung geprägten Kant'schen Verständnis eines autonomen Subjekts, das kraft seiner Vernunft in der Lage ist, zweckrational über den eigenen Körper zu entscheiden, vernachlässigt aber die Komplexität von Lebensentscheidungen, wie sie z. B. in Zusammenhang mit Elternschaft stehen. Die (weitestgehend) feministische Kritik hat darauf hingewiesen, dass solche Entscheidungen nicht losgelöst von materiellen Bedingungen, sozialer Herkunft und politischen Umständen betrachtet werden können (Donchin 2009). Die Begründungszusammenhänge für eine autonome Entscheidung werden somit notwendigerweise in einem Geflecht sozialer, politischer und kultureller Einflussfaktoren betrachtet. In Anlehnung an Mackenzie und Stoljar (2000) wird entsprechend ein relationales Modell von Autonomie gefordert.

> While accepting that the principle of respect for autonomy has been essential to the protection of individual liberty, including of course that of women, the mainstream concepts of autonomy […] has little relevance to the lives of marginalized groups for whom the possibilities of self-determination are severely constrained by material, social and political structures. (Donchin und Scully 2015).

Ein Konzept, das Faktoren gesellschaftlicher und struktureller Ungleichheit in das Verständnis von Reproduktion mit in den Blick nimmt und eine dezidiert intersektionale Perspektive vertritt, ist das der Reproduktiven Gerechtigkeit. Es kann ebenfalls als Weiterführung der reproduktiven Autonomie betrachtet werden (Johnston und Zacharias 2017; Ross 2017). Es ist aus der aktivistischen Arbeit US-amerikanischer Schwarzer Feminist*innen und Feminist*innen of Color erwachsen. Das 1997 gegründete Kollektiv SisterSong definiert Reproduktive Gerechtigkeit „as the human right to maintain personal bodily autonomy, have children, not have children, and parent the children in safe and sustainable communities" (SisterSong Women of Color Reproductive Justice Collective 2022). Dass das keine Selbstverständlichkeit für alle Menschen ist, zeigt sich an der Geschichte von Zwangssterilisationen an der schwarzen Bevölkerung in den USA, an der Geschichte von Zwangsabtreibungen in Südostasien, Korea, China und gegenwärtig mitunter an Formulierungen rassistischer Zuordnungen von Kinderwünschen (d.i. etwa die Rede davon, dass Akademiker*innen zu wenige, Migrant*innen zu viele Kinder kriegen würden) (Netzwerk Reproduktive Gerechtigkeit 2019; Schultz 2021). Das Anliegen von SisterSong entwickelte sich aus einer Kritik an einer „*weiße[n]* Perspektivverengung" (Schrupp 2022, S. 50) des Mainstream Feminismus, der sich maßgeblich auf den legalen Zugang zu Abtreibungen konzentrierte und Kämpfe für das Recht auf das Kinderkriegen außer Acht ließ. In diesem Zusammenhang erhält die Institution Familie einen Repräsentationsraum, der neben patriarchaler Unterdrückung auch Schutzraum bedeuten kann, wenn andere gesellschaftliche Organisationsformen diesen verwehren. Es geht bei reproduktiver Gerechtigkeit eher am Rande um die Nutzung von reproduktiven Technologien, sondern maßgeblich um die Verteilung von Ressourcen, die Zugänge zu reproduktiver Gesundheit und das Recht, Kinder frei von institutioneller und interpersoneller Gewalt großzuziehen. Daraus folgt aber auch, dass Optionen der technisierten Unterstützung von Reproduktion nicht in gleicher Weise von allen genutzt oder in Betracht gezogen werden können, da gesundheitliche Versorgung durch soziale und ökonomische Faktoren ungleich verstellt ist (Hecht 2022; Köppen et al. 2021).

Aktuell wird das Konzept auch im deutschen Kontext verstärkt diskutiert und adaptiert (Netzwerk Reproduktive Gerechtigkeit 2019; Schrupp 2022; Schultz 2021). Es ermöglicht die Sichtbarmachung verschiedener sozial segregierender Praktiken im Bereich Familie, Elternschaft und Care-Arbeit. Armut, Diskriminierung und Migrations- und Asylrechtspolitik gestalten das Kinderkriegen und das Leben mit Kindern für verschiedene gesellschaftliche Gruppen und Klassen auch im bundesdeutschen Kontext qualitativ sehr unterschiedlich. Politische Interventionen um Reproduktion haben erheblichen Einfluss darauf, wie Lebensprozesse reguliert werden und sind entsprechend Instrumente biopolitischer Machtausübung. Biopolitik ist im weitesten Sinne die politische Regulierung von Leben, wobei das Leben als eine ökonomische Ressource betrachtet wird. Bevölkerungspolitische Strategien sind Maßnahmen, um die Größe und Konstitution einer Bevölkerung zu beeinflussen oder zu kontrollieren. Die analytische Perspektive der Bio- und Bevölkerungspolitik ist daher ein wichtiger Bestandteil der Forderungen nach reproduktiver Gerechtigkeit, sowohl für ihre theoretische Entwicklung als auch für ihre realpolitischen Zielsetzungen.

Im Kontext globaler Entwicklungen zeichnen sich bevölkerungspolitische Strategien durch eine postkoloniale Praxis der Durchsetzung demographischer Ziele des Globalen Nordens über den Globalen Süden aus (Murphy 2022). Die kommerzielle Distribution von Verhütungsimplantaten im Globalen Süden etwa wird mittels einer Rhetorik der reproduktiven Gesundheit zum Zweck der Reduzierung des Bevölkerungswachstums praktiziert, während im Globalen Norden der Fokus auf technologischer Unterstützung zur Förderung der Reproduktion und zur Bekämpfung der Infertilität liegt (kitchen politics 2021; Schultz 2022). Diese politische Programmatik zielt entsprechend auf „die Kontrolle der Fruchtbarkeit armer Bevölkerungsgruppen, deren Zugang zu Ressourcen beschränkt ist" (Bendix und Schultz 2015, S. 448, Fußnote 2) ab. Demgemäß findet eine Verlagerung von Problemlösungsstrategien wirtschaftlich konstituierter Schieflagen auf die Verantwortung der Individuen statt, deren Austragungsort dabei maßgeblich der Körper von Frauen und Menschen mit Uterus ist. Unhinterfragt bleiben somit die eigentlich ursächlichen Probleme der kapitalistischen Produktions- und Reproduktionsverhältnisse.

Theoretiker*innen und Aktivist*innen haben darauf aufmerksam gemacht, dass auch kritische, feministische Reproduktionspolitik oftmals versäumt, „die rassistischen und ökonomisierten infrastrukturellen Wertzuweisungen zu thematisieren, die die Möglichkeiten zur Erhaltung des Lebens [im Sinne der reproduktionstechnologischen Möglichkeiten; Anm.d.Verf.] im Allgemeinen auf ungleiche Weise mindern und fördern" (Murphy 2022, S. 167). Bei der Diskussion von Potenzialen der Reproduktionstechnologien sollte entsprechend auch debattiert werden, für wen solche Technologien einen Zugewinn an reproduktiver Freiheit bedeuten und für welche sozialen Gruppen dadurch rassistische, antinatalistische Politiken verstärkt werden können (Schultz 2022). Technische Möglichkeiten der Reproduktion bedeuten immer auch eine Verwaltung des Körpers, welche abhängig vom Gesellschafts- und Rechtssystem nicht nur als Zeichen sexueller Befreiung, sondern auch als (pro- oder antinatalistische) bevölkerungspolitische Maßnahme zu befragen sind.

Eine explizite Anwendung der biopolitischen Perspektive reproduktiver Gerechtigkeit auf die Ektogestation ist bislang nicht erfolgt. Eine Ausnahme bildet die Einführung zu einem Symposiumsbericht von Camporesi (2017), der verschiedene Artikel zum Thema der Externalisierung von Reproduktion im Zusammenhang mit Bioethik und Biopolitik rahmt.

3 Chancen und Risiken der AAPT und Ektogestation

Gegenwärtige Entwicklungen legen eine aktuelle Brisanz des Themas und Prognosen der weiteren technischen Ausdifferenzierung nahe. Zu den aktuellen Entwicklungen gehören unter anderem tierexperimentelle Fortschritte seit 2017 (Partridge et al. 2017; Usuda, Watanabe et al. 2019), Fortschritte in der Embryologie[2] sowie eine Forschungsförderung im Rahmen des UN HORIZON Programms über 2,9 Mio. für ein Forscher*innenteam unter der Leitung der Technischen Universität Eindhoven (Eindhoven University of Technology MedTech Innovation Center et al. 2022), die die Machbarkeit einer Prototypentwicklung für einen künstlichen Uterus für Menschen bis 2025 prüft. Das Ziel ist es, mit der Technologie Frühgeborene versorgen zu können, die in der herkömmlichen klinischen Versorgung in einem Inkubator (auch als Brutkasten bekannt) beatmet würden. Da die Lungen noch nicht ausgebildet sind, kann es zu einer Schädigung der Lungenbläschen kommen, die zu weiteren, teilweise lebenslangen gesundheitlichen Problemen führen kann. Mit der AAPT befände sich das Frühgeborene in einem mit künstlichem Fruchtwasser gefüllten Behältnis und würde über eine künstliche Nabelschnur durch die Verbindung mit einer Lungenmaschine mit Sauerstoff versorgt. Entsprechend wäre es auch möglich, über einen weiteren Zugang Medikamente zu injizieren, z. B. Antibiotika bei Infektionen. So könne sich das Kind vier Wochen oder ggf. länger weiterentwickeln (Partridge et al. 2017).

Es gibt eine breite Debatte darüber, ob und wie diese Entwicklungen dazu führen könnten, zukünftig die komplette Schwangerschaft beim Menschen mit der AAPT ersetzen zu können. Als wesentlich wahrscheinlicher wird momentan die Weiterentwicklung partieller Ektogestation angesehen, also die Möglichkeit, einen Teil der Schwangerschaft auszulagern. Dies bedürfte einer fötalen Extraktion durch einen Kaiserschnitt, etwa ab der 20. Schwangerschaftswoche

[2] Bereits 1988 berichten Forscher*innen der Universität Bologna von einer In-vitro-Kultur eines menschlichen Embryos, die sich für 52 h in einem menschlichen Uterus – der Patient*innen bei einerindizierten Hysterektomie entnommen wurde – außerhalb des Körpers entwickeln konnte (Bulletti et al. 1988). Im Jahr 2016 gelang es Forscher*innen der Universität Cambridge, menschliche Embryonen 13 Tage lang außerhalb des Körpers am Leben zu erhalten, mehrere Tage länger als bisher möglich (Shahbazi et al. 2016). Das Ende dieses Experiments wurde durch die sogenannte 14-Tage-Regel bestimmt, ein Gesetz, das in vielen Ländern die Forschung nach dem 14. Tag der Embryonalentwicklung verbietet. Derzeit gibt es jedoch Forderungen, diese Regel zu lockern (Appleby und Bredenoord 2018; M'hamdi und de Wert 2024).

(Usuda, Saito et al. 2019). Je nach Interessenlage und Forschungsfeld fallen die Prognosen der Machbarkeit partieller wie auch vollständiger Ektogestation mal mehr und mal weniger optimistisch aus (Kendal 2015; Limon 2016; Romanis und Horn 2020; Segers 2021). Eine kritische Besprechung der bioethischen Debatten sollte die Komplexität der embryonalen und fötalen Entwicklung nicht unterschätzen und die technologischen Möglichkeiten nicht überschätzen. Aufschlussreich ist die Analyse der Debatte ungeachtet ihrer technologischen Realisierung, da auch spekulative Besprechungen ihren Einflusspunkt letztlich in der Gegenwart haben und Aufschluss über gegenwärtige anthropologische, ethische und politische Annahmen, Bedürfnisse und Praktiken geben.

3.1 Chancen und Möglichkeiten

Indem Reproduktion in der Idee der Ektogestation vom weiblich konnotierten Körper abgekoppelt wird, könnten reproduktive Autonomie und Rechte gestärkt und alternative Konzepte der Familienbildung gefördert werden. Entsprechend wird die Ektogestation als Möglichkeit der biologischen Elternschaft für Personen ohne (schwangerschaftsfähigen) Uterus, für trans*Frauen, partner*innenlose Männer und homosexuelle Paare besprochen (Kendal 2015; Segers 2021, S. 5). Kimberly et al. (2020, S. 339) deklarieren die Forderung nach Gewährleistung eines gleichberechtigten Zugangs zur Ektogestation im Falle einer breiten Verfügbarkeit als moralischen Imperativ. Mit dem Aufkommen der technischen Möglichkeit der Ektogestation ist daher die Hoffnung verbunden, dass sich die Geschichte des limitierten Zugangs für Personen, die eine Elternschaft anstreben und deren sexuelle und geschlechtliche Identifikation einem heteronormativen Familienmodell widerspricht, nicht verstetigt. Die Chancengleichheit auf ein Kind zwischen fertilen, infertilen, lesbischen, trans, inter und non-binären Personen könnte dadurch theoretisch ermöglicht werden. Horn (2022) hält ein Umdenken der geschlechtsspezifischen Elternschaft nur dann für möglich, sofern entsprechende rechtliche Setzungen angepasst würden, die bereits die Nutzung gegenwärtig möglicher Reproduktionstechnologien einschränken. Für die aktuelle, deutsche Rechtslage könnte die Möglichkeit der vollständigen Ektogestation ein Weg sein, um das Abstammungsrecht für alle zu realisieren. Elternschaft könnte ab ‚Geburt' für die vorab bestimmten Elternteile gelten und müsste für Regenbogenfamilien nicht auf das Verfahren der Stiefkindadoption zurückgreifen (Nodoption 2022). Dies könnte unter Umständen dazu führen, dass eine gerechte

Förderung reproduktionsmedizinischer Behandlungen generell nicht mehr an bestimmte Voraussetzungen wie die abstammungsrechtliche Anerkennung geknüpft werden müsste.

Cavaliere (2020) greift die Ektogestation unter Aspekten der Gleichheits- und Freiheitserweiterung als politische Perspektive auf, die die Ungleichheit zwischen den Geschlechtern auf die Ebene der Kritik sozialer Ungleichheiten zwischen den Geschlechtern bringen könnte. Konkret sieht Kendal (2015) in der öffentlichen Finanzierung der Technologie einen unabdingbaren Schritt zur Gleichstellung der Geschlechter. Es ließe sich somit argumentieren, dass schwangere Personen mit dem Aufkommen der Ektogestation mehr Einflussmöglichkeiten auf ihre Schwangerschaft hätten. Die Schwangerschaft könnte mittels vollständiger Ektogestation vermieden bzw. ausgelagert werden oder durch partiale Ektogestation eine Beendigung der Schwangerschaft gewählt werden. Für den Fall, dass eine schwangere Person rechtlich nicht mehr in der Lage ist, einen ‚herkömmlichen' Schwangerschaftsabbruch vornehmen zu lassen, die Schwangerschaft aber dennoch nicht fortsetzen und den Fötus lieber zur Adoption in eine AAPT geben möchte, könnte die Extraktion in einen solchen Apparat als Möglichkeit betrachtet werden, diese Rechte zu erweitern.

Weitere positive Auswirkungen einer Ex-utero-Schwangerschaft wären beispielsweise der Wegfall von Gesundheitsrisiken während der Schwangerschaft, der Geburt und danach, der Abbau von Nachteilen bei den Berufs- und Rentenaussichten (geschlechtsspezifisches Lohn- und Rentengefälle, sog. Gender Pay Gap und Gender Pension Gap), der Wegfall von Arztbesuchen, körperlicher Beobachtung und Überwachung im Zusammenhang mit der Schwangerschaft sowie die Vermeidung von paternalistischen Anweisungen in Bezug auf den schwangeren Körper.

Innerhalb der Science-Fiction-Belletristik werden, neben der Verhandlung ethischer und sozialer Problemstellungen durch die Technologie, ebenfalls positive Effekte imaginiert. In The Growing Season von Helen Sedgwick (2017) werden Beziehungskonstellationen, insbesondere die Übernahme reproduktiver Verantwortung, durch den technischen Fortschritt der körperlosen Reproduktion als veränderbar dargestellt. Der Fötus kann sich in einem Beutel entwickeln, der wie ein Rucksack getragen und so verschiedenen Fürsorgepersonen übergeben werden kann. In Baby X von Rebecca Ann Smith (2016) wird die Entwicklung der Ektogestation maßgeblich zugunsten infertiler Paare und der Reduktion der Risiken ‚natürlicher' Schwangerschaften dargestellt.

3.2 Risiken

Autor*innen wie Campo-Engelstein (2020) weisen auf die beschränkte Reichweite hin, die reproduktive Technologien im Allgemeinen auf die Veränderung sozialer Problemlagen haben. Die körperlose Produktion von Leben beseitigt schließlich nicht die strukturellen und institutionellen Barrieren, die den Zugang zu gerechter reproduktiver Gesundheitsversorgung und reproduktiven Technologien bestimmen. Durch "hierarchies of class, race, ethnicity, gender, place in a global economy, and migration status" (Colen et al. 1995, S. 78) ist dieser Zugang ungleich verstellt und determiniert die ungleich verteilte Übernahme von Sorgearbeit, die mit dem Kinderkriegen und der Erziehung zusammenhängt. Die technosolutionistische Spekulation, die AAPT könne Geschlechtergerechtigkeit herbeiführen, verorte zudem die Ursache der Ungleichheit in Körpern mit Uterus, anstatt sie mit institutionalisierten sozialen Praktiken zu identifizieren (Limon 2016, S. 213). Damit läuft die Debatte Gefahr, Probleme der Gesundheitsversorgung für Schwangere und staatliche Unterstützung für Eltern in den Hintergrund zu rücken und den Kern der antizipierten Problemlösung zu verfehlen. Auch im Fall einer staatlichen Subventionierung der Ektogenese wäre mit Priorisierungsmechanismen zu rechnen, die aus globalen, nationalen und regionalen Ungleichheiten des Zugangs zu gesundheitlicher Versorgung in der Schwangerschaft, der Geburt und der postpartalen Phase resultieren (Cavaliere 2020, S. 77 f.; Romanis und Horn 2020, S. 187).

Weitere relevante Aspekte in der Debatte um reproduktive Autonomie und Rechte zeigen sich in den möglichen Auswirkungen der Forschung zu fötalen Behandlungsoptionen durch die AAPT (Segers et al. 2020). Die potenzielle klinische Anwendung der AAPT konzentriert sich gegenwärtig auf die Erweiterung der derzeitigen Standards in der Neonatologie zugunsten einer geringeren Sterblichkeit und Mortalität von Frühgeborenen. Die technologischen Entwicklungen begünstigen ein erweitertes Spektrum der Überwachung des gesamten Organismus des Fötus, was eine Optimierung der Ernährung, der Sauerstoffzufuhr oder der Temperatur zur Folge hätte (Segers 2021). Dies kann zu Handlungsempfehlungen von Kliniker*innen führen, die den Gesundheitszustand des Fötus über die körperliche Integrität der schwangeren Person stellen. Empfehlung zur Extraktion des Fötus können Druck auf die schwangere Person ausüben und sie in Situationen führen, die moralisch schwierig zu bewerten sind (Cohen 2020; Räsänen 2017; Segers et al. 2020). Die AAPT-Forscher*innen halten Fötusextraktionen vor der 20. Schwangerschaftswoche für unwahrscheinlich, da diese letztlich das Herz des Fötus durch eine Katheterisierung der Nabelgefäße schädigen könnten

(Usuda, Saito et al. 2019). Dies entkräftet teilweise die Befürchtung, bereits in einem frühen Stadium der Schwangerschaft mit der Empfehlung konfrontiert zu werden, den Fötus in einen künstlichen Uterus zu verlegen. Perspektivisch könnte sich diese Grenze jedoch mit dem technischen Fortschritt verschieben (Sahoo und Gulla 2019). Nelson (2022) schlägt in diesem Zusammenhang vor, die partiale Ektogenese als einen zweigeteilten Prozess zu begreifen, der einerseits die fötale Extraktion und andererseits die physiologische Entwicklung ex utero umfasst. Dieser Ansatz ermöglicht es, die gebärende Person in den Mittelpunkt zu stellen und läuft nicht Gefahr, die Autonomie und die Wahlmöglichkeiten der schwangeren Person weiter einzuschränken. Vor dem Hintergrund einer gegenwärtigen moralischen und gesellschaftlichen Zensur des Verhaltens von schwangeren und potentiell schwangeren Personen – wie sie etwa in dem WHO Entwurf Global *alcohol action plan* 2022–2030 zu beobachten ist, in dem Frauen im reproduktiven Alter (offensichtlich unabhängig von einem Kinderwunsch) empfohlen wird, keinen Alkohol zu trinken, um ihre reproduktiven Fähigkeiten zu erhalten (WHO 2021) – ist zu befürchten, dass die partiale Ektogestation diese Tendenz verstärken könnte (Kendal 2017; Romanis 2020). Der Zugewinn an Erkenntnissen über die fötale Entwicklung könnte insbesondere auch ‚natürliche' Schwangerschaften stärker an Handlungsanweisungen zur kontrollierten Überwachung binden (Eichinger 2025 in diesem Band).

Im Zusammenhang mit der Option der Fötusextraktion bzw. der Fokussierung auf den Fötus und der Vernachlässigung der Integrität der schwangeren Person gibt es zudem eine bioethische Debatte zum Thema Schwangerschaftsabbruch. Ausgangspunkt der Debatte ist die Annahme, dass das Kriterium der Überlebensfähigkeit des Fötus (*viability criterion*), an dem mehrere Länder ihre Abtreibungsgesetze ausrichten, durch die Verfahren der AAPT verschoben oder im Zuge der vollständigen Ektogestation gänzlich aufgehoben würde, da der Fötus unabhängig von einem menschlichen Körper überlebensfähig wäre (Cohen 2017). Die Extraktion des Fötus aus dem Körper in einen künstlichen Uterus, so eine populäre Behauptung von Singer und Wells (Singer et al. 2006), könnte dabei zu einer Harmonisierung von Pro Choice und Pro Life Positionen führen, da die Beendigung der Schwangerschaft im Körper der schwangeren Person nicht mehr zwangsläufig mit der Tötung des Fötus einhergehen müsste. Er könnte schließlich in eine AAPT transferiert und zur Adoption freigeben werden. Diese Konzeption lässt offensichtlich außer Acht, dass damit Persönlichkeitsrechte, u. a. die Entscheidung gegen eine Elternschaft, verletzt würden (Weigold 2024). In diesem Zusammenhang entspinnt sich eine philosophische Debatte um die Anerkennung auf ‚das Recht auf den Tod des Fötus' (Mathison und Davis 2017; Räsänen 2017). Wichtig erscheint mit Bezug auf die Perspektive der reproduktiven Autonomie und Rechte zu betonen, dass die Annahme der Verfügbarkeit artifizieller Uteri keine Grundlage für die Einschränkungen der Entscheidung von schwangeren Personen bilden darf. Romanis und Horn (2020, S. 181) haben darauf aufmerksam gemacht, dass die Abtreibungs-Debatte zur Ektogestation einen falschen Fokus setze, sofern sie darin investiere die Argumente auszuführen, „that has continually been used to undermine abortion rights". Damit sind maßgeblich Diskussionen über den Patient*innen- und/oder Personenstatus des Fötus gemeint, welcher vermutlich durch die AAPT erweitert würde (Segers et al. 2020). Der Fötus wird als eigenständiges (Rechts-)Subjekt erklärt und damit ein Widerspruch zu den Rechten der schwangeren Person geschaffen. Die AAPT als Methode der Abtreibung zu begreifen wäre zumindest nach dem gegenwärtigen Verständnis irritierend und aus mehreren Gründen ethisch nicht vertretbar. Nach den derzeit voraussehbaren technischen Möglichkeiten wäre eine Fötusextraktion, wie bereits erwähnt, nicht vor der 20. Schwangerschaftswoche möglich (Usuda, Saito et al. 2019). Demnach müsste die Person die ungewollte Schwangerschaft bis zur 20. Woche fortführen, um sie dann beenden zu können. Zum anderen muss höchstwahrscheinlich von einem Kaiserschnitt ausgegangen werden, um eine Fötusextraktion zu bewerkstelligen (Segers et al. 2020, S. 367), was einen weitaus invasiveren Eingriff in den Körper der schwangeren Person und eine größere Beeinträchtigung ihrer körperlichen Integrität bedeuten würde, als gegenwärtige medizinische Methoden des (insbesondere frühen) Abbruchs.

Die komplette Schwangerschaft oder einen Teil davon auszulagern, kann zudem Abhängigkeiten und Unsicherheiten schaffen (Eichinger und Eichinger 2020, S. 389). Zum einen können Schwangerschaft und Geburt zu einem sterilen, medizinischen Gegenstand werden, über den Erkenntnisse nicht mehr durch körperliche Regung, Intuition oder unmittelbaren Empfindungen der Subjekte gebildet werden können. Zum anderen wird fötale Gesundheit optimierbarer denn je, und somit auch eine Wissensproduktion über das entstehende Kind angeregt und auferlegt, die eine gewisse Kontingenz von Leben zugunsten eines Selektionsdrucks suspendiert.

Was letztlich als optimaler Gesundheitszustand des Fötus oder des Embryos definiert wird, sprich, was in ein dafür vorgesehenes medizinisches Indikationsspektrum fällt, kann stark variieren und orientiert sich maßgeblich am medizinisch-technischen Entwicklungsstand. Exemplarisch kann hier eine „Expansions- und Transformationstendenz" (Rüppel und Lemke 2018, S. 39) von Anwendungsbereichen der Präimplantationsdiagnostik angeführt werden, die seit deren Verfügbarkeit in den 1990ern zu konstatieren ist. Diese Tendenz hängt stark mit dem gesellschaftlichen Druck zusammen, der vor dem Hintergrund ökonomischer Kosten-Nutzen-Rechnungen auf die Individuen übertragen wird. Die

Entwicklung ektogestativer Technologie könnte die Erwartungen an werdende Eltern noch verstärken, Entscheidungen zu treffen, die maßgeblich an der Kosteneffektivität für das Gesundheitssystem orientiert sind. In Anbetracht der Tatsache, dass immer noch eine geschlechtsspezifische Arbeitsteilung im Bereich der Pflege- und Sorgearbeit vorherrscht, lastet jener Erwartungsdruck verstärkt auf Frauen und würde somit keineswegs eine einseitige reproduktive Verantwortungsübernahme ablösen.

3.3 Der Beitrag der Reproduktiven Gerechtigkeit und des biopolitischen Ansatzes

Reproduktive Gerechtigkeit als Analyserahmen auf die Entwicklung reproduktiver Technologien anzuwenden, so die Annahme dieses Artikels, weist vor allem darauf hin, dass Reproduktion nicht als Wert an sich diskutiert werden sollte oder etwa separiert von politischen und ökonomischen Verhältnissen. Murphy (2022, S. 171) betont im Rekurs auf Reproduktive Gerechtigkeit, dass Reproduktion als Prozess zu verstehen sei, der zur Förderung einiger ‚Dinge' beiträgt und zu manchen nicht. Das klingt zunächst trivial oder zu abstrakt, denn das Prozesshafte an der Reproduktion ist schließlich, dass nur reproduziert werden kann, was vorerst produziert worden ist. Reproduktion kann als Prozess verstanden werden, innerhalb dessen sich das Leben mit und in Gesellschaft reproduziert. Damit ist also nicht nur Reproduktion als Fortpflanzung zu verstehen, sondern alle Arbeiten, die vonnöten sind, um Arbeitskraft herzustellen, die wiederum eine Gesellschaft am Leben halten.[3] Murphys Reproduktionsverständnis bezieht sich also auf die Bedingungen, Kinder zu haben oder nicht zu haben, aber viel grundlegender noch auf die „kollektiven Bedingungen für die Erhaltung des Lebens und sein Fortbestehen inmitten lebensfeindlicher struktureller Kämpfe" (Murphy 2022, S. 170). Die Frage, die sich nun hieran aufdrängt, ist die, inwiefern die Ektogestation kollektive Bedingungen schaffen könnte, die diese Kämpfe unterstützen oder sogar obsolet machen könnten. Die Erkenntnis, dass die Technologie in eine umfassende und radikale Agenda zur (feministischen) Revolution eingebettet sein müsste, die zur Abschaffung der (auch gender-segregierenden) Klassen führt, haben bereits andere Autor*innen konstatiert (Cavaliere 2020, S. 80; Limon 2016,

---

[3] Ausführlicher hierzu: Bhattacharya und Tithi (2017). *Social Reproduction Theory: Remapping Class, Recentering Oppression.* London: Pluto Press.

S. 216). Da zudem von einer äußerst kostspieligen, ressourcenintensiven Technologie ausgegangen werden muss, welche nur in wenigen Metropolkliniken dieser Welt überhaupt angeboten werden könnte (Segers und Romanis 2022, S. 2211), ist zudem von einem ausschließlichen Nutzen für ‚die Wenigen' auszugehen. Entsprechend wäre nicht anzunehmen, dass die AAPT kollektive Bedingungen schafft, sondern deren Nutzung vielmehr einer Logik der Individualisierung der Medizin und der Gesundheitspolitik folgt (Camporesi 2017, S. 177; Kollek und Lemke 2008, S. 33–36). Bezüglich des reproduktiven Verhaltens der Individuen wird an ihre Eigenverantwortung und -initiative appelliert und damit der Blick auf gesellschaftliche Verhältnisse verschleiert, die diese Entscheidungen formen. Die fortschreitende Auslagerung menschlicher Reproduktion, die in der Idee der Ektogestation förmlich ihren Höhepunkt erreicht, ist als Entwicklung innerhalb bestimmter ökonomischer Verhältnisse von Produktion und Konsumption zu kontextualisieren. Die Auslagerung körpereigener Prozesse muss verwaltet oder 'gemanaged' werden. Diese Verwaltung ist wiederum gekoppelt an die spezifischen Techniken, welche nicht in den Händen der Nutzer*innen liegen, sondern privatwirtschaftlicher Kommerzialisierung unterliegen – und wie bereits erwähnt, je nach bevölkerungspolitischer Zielsetzung, pro- oder antinatalistisch organisiert werden können. Eine vollständige Medikalisierung der Schwangerschaft, wie sie bei der Ektogestation der Fall sein würde, könnte auch eine vollständige Kommerzialisierung ihrer mit sich bringen.

Mit Blick auf die AAPT bedürfte es einer öffentlichen, breiten Debatte, um Investitionen in die Technologie mit dem tatsächlichen gesellschaftlichen und sozialen Nutzen abzugleichen. Auch wenn davon ausgegangen würde, dass die Technologie alternative Konzepte von Familienbildung unterstützen oder gesundheitliche Risiken während der Schwangerschaft, der Geburt und danach obsolet machen könne, wäre zu fragen, ob Forschungsgelder für die Entwicklung ektogestativer Verfahren nicht besser in sichere Gesundheitsversorgung armer, diskriminierter oder sozial benachteiligter Familien investiert wären. Zumal für alternative Familienbildungskonzepte die Gefahr besteht, dass gerade nicht-technisierte Verfahren der alternativen Familienbildung wie die Adoption weiter erschwert und stigmatisiert werden, anstatt plausible und mögliche Alternativen zu entwickeln (Segers 2021, S. 5).

Die breite Verfügbarmachung von vollständiger Ektogestation könnte reproduktive Arbeit nur noch als freie Wahl deklarieren, sodass ein Rechtfertigungsdruck auf Frauen und Menschen mit Uterus projiziert werden könnte, eine ‚natürliche' Schwangerschaft wählen zu wollen (Donchin 2009). Die solidarische Übernahme von Krankengeld während der Schwangerschaft oder ähnliche Leistungen könnten damit sinken. Dies würde zudem verstärkt auf Kosten von

Personen gehen, die struktureller Diskriminierung ausgesetzt sind und einen beschränkten Zugang zu (reproduktiver) Gesundheitsversorgung haben. Eine Verschärfung familienpolitischer Maßnahmen, welche eine gezielte Unterstützung bei der Familienplanung ohnehin verstärkt für Leistungsträger*innen der Gesellschaft suggerieren, könnte die Folge sein. Zugunsten bevölkerungspolitischer Zielsetzungen, die eine „Erhöhung der Geburtenrate und die Förderung der Humankapitalproduktion" (Hajek 2019, S. 185) intendieren, wäre ein incentivierter gesellschaftlicher Druck, die technologisierte Option der Ex-utero-Schwangerschaft zu wählen, denkbar.

Im Kontext der Diskussion um die Nutzung des Verfahrens der AAPT für infertilen Personen, wird Infertilität häufig als reproduktionsmedizinisch zu kurierende Krankheit begriffen und läuft damit Gefahr, gesellschaftliche, ökonomische und ökologische Faktoren aus dem Blick zu verlieren, die vorangehende Gründe für Infertilität offenlegen und problematisieren könnten. Russell (2022, S. 30) macht in diesem Zusammenhang auf „inadequate health care, results of working conditions, like workplace and environmental toxins" aufmerksam, die als Gründe von Unfruchtbarkeit insbesondere für arme und geringverdienende Personen gelten. Zugleich ist für jene die Wahrscheinlichkeit eine reproduktionsmedizinische Behandlung zu beanspruchen geringer (Russell 2022, S. 29).

Bezüglich des Themas Abtreibung und ektogestativer Technologie ist zu konstatieren, wie bereits angeführt wurde, dass ein bestimmt gesetzter Fokus in der Debatte die Argumentationen von Abtreibungsgegner*innen begünstigt. An dieser Stelle ist zu ergänzen, dass ein weiteres Problem auch darin besteht, dass Abtreibung oft nur als moralisches Problem behandelt wird und nicht auch als biopolitisches, bei dem es um die Kontrolle oder Einschränkung der Entscheidungsfreiheit von Frauen geht. Die extrakorporale Gestation bietet „a new locus of control for biopower" (Camporesi 2017, S. 180), womit Regulierungen dieses ‚Machtortes' aus feministischer und antirassistischer Perspektive in Zusammenhang mit gesundheitliche Risiken, aber auch mit „Umweltgerechtigkeit, Antirassismus und Antikolonialismus" (Murphy 2022, S. 170) gedacht werden müssen. Dies wirft auch Fragen der Nachhaltigkeit und den ökologischen Folgen der Inbetriebnahme von AAPT-Systemen auf, etwa für die Gewährleistung der Auslagerung einer kompletten Schwangerschaft. Des Weiteren sind Überlegungen anzustellen, wie stratifizierte Zugängen zur Ektogestation anhand verschiedener sozialer Kategorien und Positionierungen, wie sie aktuell auch im Bereich der assistierten Reproduktion wirksam sind (Hecht 2022), unterlaufen werden können. Die bestehenden Hierarchien durch Klassen, Rassismus, Ableismus und Heteronormativität lassen an der Realisierung eines gerechten Zugangs zweifeln, würden aber allenfalls eine herrschaftskritische antikoloniale Analyse notwendig machen, um die Regulierung und Kontrolle der Reproduktion zu Lasten marginalisierter Gruppen zu verhindern (Netzwerk Reproduktive Gerechtigkeit 2022).

Darüber hinaus schließen sich forschungsethische Fragen der Translation für die ersten experimentellen Studien an menschlichen Föten an (Segers und Romanis 2022, S. 2212 f.), die auch aus einer Perspektive der reproduktiven Gerechtigkeit beleuchtet werden müssen. Es ist noch nicht absehbar, wann solche Studien realisierbar werden und welche Konsequenzen für die Forschungspopulation impliziert sind. Ein besonderer Fokus müsste auf der Vulnerabilität der hierfür ausgewählten Gruppen liegen und die Auswahl kritisch geprüft werden. Hierfür wären nicht nur sorgfältig Risiken und erwartbare Nutzen für die schwangeren Personen und die Föten abzuwägen. Ebenfalls müsste einer Durchführung an ökonomisch benachteiligten Gruppen vorgebeugt werden, aber auch dem Ausschluss und somit der Einschränkung der Reichweite einer potenziellen Nutzung für bestimmte Gruppen. Eine intersektionale Perspektive im Forschungsdesign ist daher unabdingbar.

4 Schlussbetrachtung

Vielen Menschen wird das deklarierte Menschenrecht frei und selbstverantwortlich über ihren Körper, ihre Sexualität und ihre Fortpflanzung zu entscheiden verwehrt. Daher ist das Festhalten an der Konzeption, allen Menschen reproduktive Selbstbestimmung zu gewähren, eine wichtige politische und ethische Forderung. In der Anwendung auf reproduktionsmedizinische Maßnahmen ergeben sich dennoch oftmals Perspektivverengungen, die eine kontinuierliche Aushandlung ihrer Konzeptionen und Erweiterungen im Kontext kultureller, ökonomischer und individueller Differenzen reproduktiver Entscheidungen notwendig machen. Ziel des Artikels war es, eine solche konzeptionelle Verhandlung anhand der Betrachtung von Chancen und Risiken der Ektogestation anzustoßen. In Anbetracht der Möglichkeit der Etablierung dieser Reproduktionstechnologie wurden Erweiterungen und Einschränkungen reproduktiver Autonomie und Rechte beleuchtet. Zusätzlich wurden die potenziellen Effekte der Ektogestation anhand des Konzepts der Reproduktiven Gerechtigkeit und dessen biopolitischen Implikationen erörtert. Die Darstellung der Chancen aus liberaler Perspektive hat gezeigt, dass die Ektogestation auf individueller Betrachtungsebene durchaus Potenziale hervorbringen könnte, reproduktive Autonomie und Rechte zu erweitern. Auf gesellschaftspolitischer Ebene hingegen gibt es eine Vielzahl an Bedenken und Diskussionsbedarf.

Gemäß dieser Feststellung schlägt dieser Artikel vor, das Konzept der Reproduktiven Gerechtigkeit als Analyserahmen zu nutzen, um Forderungen nach reproduktiven Rechten mit Forderungen nach sozialer Gerechtigkeit zu verbinden. Da sich das Konzept nicht in erster Linie mit Technologien beschäftigt, aber den Blick auf die stratifizierten Zugänge zu Reproduktion lenkt, werden weitere relevante ökonomische und soziale Aspekte von Reproduktionstechnologien sichtbar. Schließlich sind Reproduktionstechnologien nicht isoliert als Technologie an sich zu betrachten und ebenfalls nicht als neutral oder objektiv in ihrer Anwendung zu stilisieren.

Das Freiheits- und Gleichheitsversprechen der geschlechterliberalisierenden Debatten um die Ektogestation ist von der Annahme geprägt, dass die mit dem Kinderkriegen zusammenhängenden Erfordernisse der Sorgearbeit, gesundheitliche Risiken während der Schwangerschaft, der Geburt und danach, die Benachteiligung in der Karriere- und Rentenförderung etc. obsolet werden könnten. Durch die Entkopplung der Reproduktion vom weiblich konnotierten Körper könnten reproduktive Autonomie und Rechte gestärkt und alternative Konzepte von Familienbildung durch die Entbindung von der reproduktiven Differenz gefördert werden. Den positiven Zuschreibungen steht entgegen, dass damit komplexe gesellschaftliche Veränderungen einhergehen müssten. Zudem werden mit diesem technologischen Solutionismus die Körper mit Uterus, also letztlich die reproduktive Differenz, als Ursache von Ungleichheit und Ungerechtigkeit angenommen, anstatt die institutionell verankerte soziale Rollen-Zuschreibung als Ausgangspunkt der Kritik zu begreifen. Dementsprechend können auch Reproduktionstechnologien wie die AAPT die vergeschlechtlichte reproduktive Verantwortungsübernahme nicht auflösen, solange sich die vergeschlechtliche Arbeitsteilung nicht ändert und damit die Mehrbelastung an Pflege- und Sorgearbeit verstärkt Frauen auferlegt wird. Gerade für aktuelle Forderungen, Sorgearbeit als bezahlte Arbeit zu begreifen und damit die reproduktive Autonomie und Rechte von vielen Personen zu stärken, kann die Favorisierung einer Reproduktionstechnologie als Lösung gesellschaftlicher Probleme kaum dienlich sein.

Die Effekte und Limitationen der Ektogestation und der AAPT hinsichtlich ihrer Potenziale und Beschränkungen von reproduktiver Autonomie bewegen sich innerhalb eines spekulativen Rahmens. Aufgrund der noch nicht abzusehenden weiteren sozialen, technologischen und rechtlichen Implikationen des Konzepts sind frühzeitige Diskussionen ethischer und politischer Konsequenzen allerdings durchaus geboten. Eine weiterführende Diskussion aus der Perspektive der Reproduktiven Gerechtigkeit und eines biopolitischen Ansatzes wäre zudem förderlich, um ein Streben nach gerechten Rahmenbedingungen für Schwangerschaft, Geburt und Familie nicht als individualistisches Bedürfnis und individuellen Kampf, sondern als lebbares Ideal für unterschiedliche Lebensentwürfe zu deklarieren.

Bislang hat die Ektogestation hauptsächlich im biomedizinischen und -ethischen Umfeld Bekanntheit erlangt. Deren Besprechung als Teil des gesellschaftlichen Diskurses würde der eingangs gestellten Frage Murphys, *is pregnancy necessary*, sicherlich noch vielschichtigere Antworten geben und ist mit fortschreitender Entwicklung der Technologie eine notwendige Grundlage für ihre Anwendungsregulierung.

Literatur

Appleby J. B., und A. L. Bredenoord. 2018. Should the 14-day rule for embryo research become the 28-day rule? *EMBO Molecular Medicine* 10:e9437. https://doi.org/10.15252/emmm.201809437.

Barry, C. 2022. Mehr als Selbstbestimmung! Kämpfe für reproduktive Gerechtigkeit. Hrsg. Kitchen Politics. *Feministische Studien* 40(1):190–192.

Bendix, D., und S. Schultz. 2015. Bevölkerungspolitik reloaded: Zwischen BMZ und Bayer. *Peripherie* 3:447–68.

BMZ: Bundesministerium für wirtschaftliche Zusammenarbeit und Entwicklung. 2022. Sexuelle und reproduktive Gesundheit und Rechte. https://www.bmz.de/de/themen/sexuelle-reproduktive-gesundheit-rechte. Accessed 01.01.2023.

Bulletti, C., V. M. Jasonni, S. Tabanelli, L. Gianaroli, P. M. Ciotti, A. P. Ferraretti, und C. Flamigni. 1988. Early human pregnancy in vitro utilizing an artificially perfused uterus. *Fertil Steril* 49:991–6.

Campo-Engelstein, L. 2020. Reproductive technologies are not the cure for social problems. *Journal of Medical Ethics* 46:85–86.

Camporesi, S. 2017. Bioethics and Biopolitics: Presents and Futures of Reproduction. *Journal of Bioethical Inquiry* 14:177–181.

Cavaliere, G. 2020. Gestation, equality and freedom: ectogenesis as a political perspective. *J Med Ethics* 46:76–82.

Cohen, I. G. 2020. Commentary on ‚Gestation, Equality and Freedom: Ectogenesis as a Political Perspective‘. *Journal of Medical Ethics* 46:87–88.

Cohen, I. G. 2017. Artificial Wombs and Abortion Rights. *Hastings Cent Rep* 47:inside back cover.

Colen, S., D. G. Faye, und R. Rapp. 1995. *Conceiving the new world order: The global politics of reproduction.* Berkeley: University of California Press.

Donchin, A. 2009. Toward a Gender-Sensitive Assisted Reproduction Policy. *Bioethics* 23:28-38.

Donchin, A., und J. Scully. 2015. Feminist Bioethics. In: *The Stanford Encyclopedia of Philosophy*, Hrsg. E. N. Zalta. Stanford, CA: The Metaphysics Research Lab.

Eichinger, J., und T. Eichinger. 2020. Procreation machines: Ectogenesis as reproductive enhancement, proper medicine or a step towards posthumanism? *Bioethics* 34:385–91.

Eindhoven University of Technology MedTech Innovation Center, Uniklinik RWTH Aachen RWTH Aachen University, LifeTec Group, Politecnico di Milano, und Nemo

Healthcare. 2022. Perinatal life support system: Artificial womb. https://www.tue.nl/en/research/research-groups/cardiovascular-biomechanics/artificial-womb/.

Hajek, K. 2019. Der biopolitische Charme der Familie – Die „nachhaltige Familienpolitik" und die quantitative und qualitative Regulierung der Bevölkerung in Deutschland. In *Biopolitiken – Regierungen des Lebens Heute,* Hrsg. H. Gerhards, und K. Braun. Springer Fachmedien: Wiesbaden.

Hecht, M. 2022. Doing Queer Reproduction. Praktiken und Erfahrungen von Frauenpaaren mit Kinderwunsch in Niedersachsen. In *Politiken der Reproduktion. Umkämpfte Forschungsperspektiven und Praxisfelder*, Hrsg. M. Fröhlich, R. Schütz, und K. Wolf. transcript: Bielefeld.

Horn, C. 2022. Artificial Wombs, Frozen Embryos, and Parenthood: Will Ectogenesis Redistribute Gendered Responsibility for Gestation? *Feminist Legal Studies* 30:51–72.

Johnston, J., und R. L. Zacharias. 2017. The Future of Reproductive Autonomy. *Hastings Cent Rep* 47(3):6–11.

Kendal, E. 2017. The Perfect Womb: Promoting Equality of (Fetal) Opportunity. *J Bioeth Inq* 14:185–94.

Kendal, E. 2015. *Equal Opportunity and the Case for State Sponsored Ectogenesis*. London: Palgrave Pivot London.

Kimberly, L. L., M. E. Sutter, und G. P. Quinn. 2020. Equitable access to ectogenesis for sexual and gender minorities. *Bioethics* 34:338–45.

Kingma, E., und S. Finn. 2020. Neonatal incubator or artificial womb? Distinguishing ectogestation and ectogenesis using the metaphysics of pregnancy. *Bioethics* 34:354–63.

kitchen politics. 2021. Mehr als Selbstbestimmung! Kämpfe für reproduktive Gerechtigkeit. Münster: edition assemblage.

Kollek, R., und T. Lemke. 2008. *Der medizinische Blick in die Zukunft. Gesellschaftliche Implikationen prädiktiver Gentests*. Frankfurt: Campus.

Köppen, K., H. Trappe, und C. Schmitt. 2021. Who can take advantage of medically assisted reproduction in Germany? *Reproductive Biomedicine & Society Online* 13:51–61.

Limon, C. 2016. From Surrogacy to Ectogenesis: Reproductive Justice and Equal Opportunity in Neoliberal Times. *Australian Feminist Studies* 31:203–19.

M'hamdi H. I., und G. de Wert. 2024. Reconsidering the 14-day rule in human embryo research: Advice from the Dutch Health Council. *CellStem Cell* 31(11):1560–1562. https://doi.org/10.1016/j.stem.2024.09.019.

Mackenzie, C., und N. Stoljar. 2000. *Relational autonomy. Feminist perspectives on autonomy, agency, and the social self*. New York: Oxford University Press.

Mathison, E., und J. Davis. 2017. Is There a Right to the Death of the Foetus? *Bioethics* 31:313–320.

Murphy, J. S. 1989. Is Pregnancy Necessary? Feminist Concerns About Ectogenesis. *Hypatia* 4:66–84.

Murphy, M. 2022. Investierbares Leben. In *Biokapital. Beiträge Zur Kritik Der Politischen Ökonomie Des Lebens*, Hrsg. J. Barla, V. Kluzik, und T. Lemke. Frankfurt, New York: Campus Verlag.

Nelson, A. 2022. Should Delivery by Partial Ectogenesis Be Available on Request of the Pregnant Person? *IJFAB: International Journal of Feminist Approaches to Bioethics* 15:1–26.

Netzwerk Reproduktive Gerechtigkeit. 2019. Netzwerk Reproduktive Gerechtigkeit. https://repro-gerechtigkeit.de/de/. Accessed 15.08.2022.

Netzwerk Reproduktive Gerechtigkeit. 2022. Warum wir von Reproduktiver Gerechtigkeit sprechen. Ein Manifest. In *Politiken der Reproduktion. Umkämpfte Forschungsperspektiven und Praxisfelder*, Hrsg. M. Fröhlich, R. Schütz, und K. Wolf. Bielefeld: transcript.

Nodoption. 2022. Nodoption – Elternschaft anerkennen. https://www.nodoption.de/. Accessed 04.01.2023.

Partridge, E. A., M. G. Davey, M. A. Hornick, P. E. McGovern, A. Y. Mejaddam, J. D. Vrecenak, C. Mesas-Burgos, A. Olive, R. C. Caskey, T. R. Weiland, J. Han, A. J. Schupper, J. T. Connelly, K. C. Dysart, J. Rychik, H. L. Hedrick, W. H. Peranteau, und A. W. Flake. 2017. An extra-uterine system to physiologically support the extreme premature lamb. *Nature Communications* 8:15112.

Piesche, P. 2018. Einführung: Reproduktive Rechte – Definition und Debatten, Dossier ‚Feminismus und Gender' der Heinrich Böll Stiftung.

Räsänen, J. 2017. Ectogenesis, abortion and a right to the death of the fetus. *Bioethics* 31:697–702.

Romanis, E. C. 2020. Partial ectogenesis: freedom, equality and political perspective. *J Med Ethics* 46:89–90.

Romanis, E. C., und C. Horn. 2020. Artificial Wombs and the Ectogenesis Conversation: A Misplaced Focus? Technology, Abortion, and Reproductive Freedom. *IJFAB: International Journal of Feminist Approaches to Bioethics* 13:174–94.

Ross, L. 2017. Reproductive Justice as Intersectional Feminist Activism *Souls* 19:286–314.

Rüppel, J., und T. Lemke. 2018. Reproduktion und Selektion. *Gen-ethischer Informationsdienst (GID)* 244:39–41.

Russell, C. 2022. Which lives matter in reproductive biomedicine? *Reproductive Biomedicine & Society Online* 14:28–31.

Sahoo, T., und K. M. Gulla. 2019. Artificial placenta: Miles to go before I sleep…. *American Journal of Obstetrics & Gynecology* 221(4):368–369.

Schrupp, A. 2022. *Reproduktive Freiheit. Eine Feministische Ethik der Fortpflanzung*. Münster: UNRAST Verlag.

Schultz, S. 2021. Reproduktive Gerechtigkeit. In *Handbuch Feministische Perspektiven auf Elternschaft*, Hrsg. L. Yashoshara Haller, und A. Schlender. Opladen: Barbara Budrich.

Schultz, S. 2022. *Zur Politik des Kinderkriegens*. Bielefeld: Transcript.

Sedgwick, H. 2017. *The Growing Season*. London: Harvill Secker.

Segers, S., und E. C. Romanis. 2022. Ethical, Translational, and Legal Issues Surrounding the Novel Adoption of Ectogestative Technologies. *Risk Manag Healthc Policy* 15:2207–2220.

Segers, S. 2021. The path toward ectogenesis: looking beyond the technical challenges. *BMC Medical Ethics* 22:59.

Segers, S., G. Pennings, und H. Mertes. 2020. The ethics of ectogenesis-aided foetal treatment. *Bioethics* 34:364–370.

Shahbazi, M. N., A. Jedrusik, S. Vuoristo, G. Recher, A. Hupalowska, V. Bolton, N. M. E. Fogarty, A. Campbell, L. G. Devito, D Ilic, Y. Khalaf, K. K. Niakan, S. Fishel, und M. Zernicka-Goetz. 2016. Self-organization of the human embryo in the absence of maternal tissues. *Nature Cell Biology* 18:700–708.

Singer, P., D. Wells, S. Gelfand, und J. R. Shook. 2006. *Ectogenesis: Artificial Womb Technology and the Future of Human Reproduction*. Amsterdam, New York: Editions Rodopi.

SisterSong Women of Color Reproductive Justice Collective. 2022. Reproductive Justice. https://www.sistersong.net/reproductive-justice/.

Smith, R. A. 2016. *Baby X*. Nottingham: Mother's Milk Books.

Usuda, H., M. Saito, S. Watanabe, und M. W. Kemp. 2019. Reply. *American Journal of Obstetrics & Gynecology* 221:369–370.

Usuda, H., S. Watanabe, M. Saito, S. Sato, G. C. Musk, E. Fee, S. Carter, Y. Kumagai, T. Takahashi, S. Kawamura, T. Hanita, S. Kure, N. Yaegashi, J. P. Newnham, und M. W. Kemp. 2019. Successful use of an artificial placenta to support extremely preterm ovine fetuses at the border of viability. *American Journal of Obstetrics & Gynecology* 221:69.e1–69.e17.

Weigold, Stefanie. (2024). ‚Ektogestation und ‚Artifizielle Amnion- und Placenta-Technologie' – Rechte von schwangeren Personen im Zuge der Weiterentwicklung extrakorporaler Reproduktionstechnologie'. *Gender,* 16(1), 70–84.

WHO. 2021. Global alcohol action plan 2022–2030. https://www.who.int/publications/m/item/global-alcohol-action-plan-second-draft-unedited.

Späte (Mutter-)Elternschaft – Medizinethische Perspektiven

Vasilija Rolfes

1 Einführung

Methoden der Reproduktionsmedizin haben sich seit den späten 1970er Jahren erheblich erweitert. Die Verfahren reichen von der In-Vitro-Fertilisation, erstmals erfolgreich durchgeführt von Steptoe und Edwards 1978 über das Leihgebären bis hin zur, seit neuestem diskutierten Verfahren, der In-vitro-Gametogenese (siehe überblicksweise Cohen et al. 2017). Auch lässt sich der Zeitpunkt einer Schwangerschaft, wie durch das Einfrieren von Eizellen („social freezing"), in die Zukunft verlegen, wenn Frauen ihren Kinderwunsch in einem fortgeschrittenen reproduktivem Alter erfüllen wollen (Bittner 2011). Die zunehmende Erfolge in der Reproduktionsmedizin in Kombination mit der Anti-Ageing Medizin (Bittner und Eichinger 2010), hat dazu geführt, dass das Alter, in dem Frauen Kinder gebären können, immer weiter gestiegen ist (Dorbritz und Diabaté 2017). So wird der Kinderwunsch zum Beispiel aufgeschoben, weil Frauen denken, gerade in jungen Jahren besonders wirtschaftlich produktiv sein zu können bzw. zu müssen. Gleichzeitig wird ihre wirtschaftliche und berufliche produktive Rolle als später dann vergleichsweise alte Mutter in einigen Stellungnahmen infrage gestellt (Bundesärztekammer 2018; Bernstein und Wiesemann 2014).

V. Rolfes (✉)
Heinrich-Heine-Universität Düsseldorf, Düsseldorf, Germany
E-Mail: vasilija.rolfes@uni-duesseldorf.de

V. Rolfes et al. (Hrsg.), *Reproduktionszukünfte,* Technikzukünfte, Wissenschaft und Gesellschaft / Futures of Technology, Science and Society, https://doi.org/10.1007/978-3-658-46300-7_9

Ziel des Beitrages ist es, die ethische Debatte um späte (Mutter-)Elternschaft und Inanspruchnahme verschiedener implementierter und experimenteller Reproduktionstechnologien, insbesondere der In-vitro-Gametogenese (IVG) zu analysieren. Vor dem Hintergrund des gesellschaftlichen Wandels, wie der Liberalisierung der Familienbilder und der tertiären Bildung der Frauen und der hypothetischen Realisierung von experimentellen Reproduktionsmethoden ist die Annahme hierbei, dass die thematische ethische Argumentationsvielfalt in drei Argumentationsstränge zusammgefügtwerden kann, die den internationalen medizinethischen Diskurs dominieren: (1) medizinethisch-pragmatisch, (2) gesellschaftspolitisch und (3) fundamentalethisch (Bayertz 1991). Diese drei Stränge wurden zunächst im Kontext mit der ersten bioethischen Debatte in den 1980er und 1990er Jahren um Genomanalysen und die hypothetische Annahme sowohl von somatischer Gentherapie als auch der Keimbahn-Gentherapie von dem Philosophen Kurt Bayertz rekonstruiert, und lassen sich in ähnlicher Form auf andere aufkommende medizinische Technologien übertragen (Bayertz 1991). Unter den ersten Strang fallen ethische Argumente im Bezug auf die reproduktive Autonomie, die gesundheitlichen Risiken für die Frau und den Fötus und die Frage nach dem Wohl des zukünftigen Kindes. Dabei stehen, wie bei bereits etablierten und klinisch implementierten Verfahren in der assistierten Reproduktionsmedizin, anwendungsorientierte ethische Aspekte im Vordergrund und lassen sich um die Prinzipien von Tom L. Beauchamp und James F. Childress (2004) wie Respekt vor der Autonomie der Patient*innen, Wohl der Patient*innen und Nicht-Schaden einordnen.

Im Rahmen des zweiten Stranges werden die Gleichstellung der Geschlechter und Gerechtigkeitserwägungen verhandelt. Ebenso wird diskutiert, inwiefern Frauen in „männliche“ Karrierestrukturen hineingezwungen werden. Da die altersbedingte Abnahme und Verlust der Fruchtbarkeit ein natürlicher Prozess sind, wird die Kostenerstattung der assistierten Reproduktion infrage gestellt, während Chancengleichheit in Bezug auf Mutterschaft mit einem gleichberechtigten Zugang zu Reproduktionstechnologien verbunden ist (Lemoine und Ravitsky 2015).

Hier schließt sich der dritte Argumentationsstrang an. Grundsätzlich wird die (späte) Elternschaft in Hinblick auf das Verhältnis von Natur und Kultur diskutiert. Dabei geht es um das Infragestellen der Anwendung und Inanspruchnahme der assistierten Reproduktionsmedizin. Vielfach werden Natürlichkeitsargumente wie die Beibehaltung der gegeben ‚natürlich-biologischen‘ Konstitution bemüht. An diese Perspektive schließt sich auch die Debatte an, ob Unfruchtbarkeit beim Menschen eine Krankheit ist oder einfach eine natürliche Variation ist (Maung 2019).

2 Kurze Einführung in die reproduktionstechnischen Verfahren, die eine späte (Mutter-)Elternschaft ermöglichen

Die durchschnittliche Lebenserwartung hat sich in den letzten Jahrhunderten deutlich erhöht, wobei die Fruchtbarkeit insbesondere bei Frauen stark altersabhängig bleibt, und im Verhältnis verkürzt sich das biologische Zeitfenster der reproduktiven Phase (Wölfler 2021). Zudem zeichnet sich in den letzten Jahrzehnten ein deutlicher Trend der Verschiebung der Familienplanung in die späte reproduktive Lebensphase ab in den westlichen Industrieländern. Damit geht für Frauen einher, dass eine Spontankonzeption (stark) reduziert ist und das Risiko für Komplikationen im Schwangerschaftsverlauf steigen (Wölfler 2021). Die Fruchtbarkeit bei Frauen hängt zum einen von der ovariellen Reserve und zum anderen vom Befruchtungs- und Entwicklungspotenzial der Eizellen ab. Die Abnahme der ovariellen Reserve beginnt bereits vor der Geburt. Bis zum Beginn der Menarche bleiben von den in den zweiten Trinomen vorhandenen 5–7 Mio. Primordialfollikel nur noch 500.000 Follikel, von denen ungefähr 400–500 zur Ovulation gelangen (Donnez und Dolmans 2017; Dolmans et al. 2020). Die Fruchtbarkeit der Frau nimmt ab dem 30. Lebensjahr deutlich ab. Die Eizellqualität verringert sich insofern, dass die Wahrscheinlichkeit von Aneuploidien steigt, es zu einem Funktionsverlust der Mitochondrien kommt und die Stabilität der oozytären mRNA abnimmt. Zudem sind mit steigendem maternalen Alter strukturelle Anomalien von Zellorganellen und des Spindelapparats und epigenetische Veränderungen assoziiert (Jones 2008; Ritzinger 2013).

Der Trend die Familienplanung in eine spätere Lebensphase zu verschieben wird u. a. mit der Verbreitung von hormonellen Verhütungsmitteln seit den späten 1960er Jahren, der Zunahme der tertiären Bildung von Frauen und der weiblichen Erwerbstätigkeit erklärt. Die Bedeutung der Zunahme der weiblichen Tätigkeit veranschaulicht das folgende Zitat:

„Die Auswirkungen weiblicher Erwerbstätigkeit im Kontext von Familie sind vielfältig: Einerseits verbessert sich dadurch das Einkommen von Familien, andererseits beschränkt sich dadurch das Zeitbudget, das Frauen für die Versorgung und Betreuung von Kindern zur Verfügung steht und das Selbstverständnis von Frauen verändert sich.“ (Passet-Wittig 2017).

Zudem werden ein Wertewandel in Bezug auf die Formen des Zusammenlebens wie Eheschließungen, eine steigende Zahl von Scheidungen, Veränderungen in den traditionellen Familienmodellen, eine Toleranz gegenüber freiwilliger Kinderlosigkeit und wirtschaftliche Entscheidungen als Erklärungsmodelle mit herangezogen (Nave-Herz 2019).

Seit einigen Jahren ist, mit Blick auf diese Entwicklung zunehmend diskutiert worden, inwieweit neue Reproduktionstechniken eingesetzt werden können und sollen, um Frauen in fortgeschrittenem reproduktiven Altem (Frau > 35 Jahre) oder einem sehr fortgeschrittenen Alter (> 45 Jahre) den Wunsch nach einem genetisch verwandten Kind zu erfüllen. Insbesondere die Kryokonservierung von Eizellen und Eizelltransfer sind hier Therapieansätze, die altersbedingter Infertilität entgegengesetzt werden. Zudem kommen neue sich noch im experimentellen Stadium befindliche Methoden hinzu. In Zukunft könnten die Reproduktionsmethoden durch die IVG ergänzt werden. Obwohl sich die IVG noch in einem sehr frühen Entwicklungsstadium befindet, haben mehrere Forschergruppen bereits gezeigt, dass künstliche Gameten nicht nur aus Stammzellen gewonnen, sondern auch für die Fortpflanzung in einem Mausmodell verwendet werden können (Zhou et al. 2016; Hikabe et al. 2016).

Mir der potenziellen klinischen Implementierung der IVG gehen weitreichende Konsequenzen einher, insbesondere im Feld der Reproduktionsmedizin. So dürfte sich die Zusammensetzung der Patientenklientel in der reproduktionsmedizinischen Praxis erheblich verändern, da homosexuelle Paare, postmenopausale Frauen, Mädchen im Stadium der Prämenarche, Einzelpersonen sowie Personengruppen erstmals die Option erhielten, mithilfe der IVG-basierten Reproduktion genetisch verwandte Kinder zu zeugen (Suter 2015; Rolfes et al. 2020). Biologisch infertile heterosexuelle Paare, bei welchen die bereits klinisch implementierten Methoden nicht zu der Erfüllung des Kinderwunsches geführt haben, bekämen mittels IVG ebenfalls die Chance zur genetischen Reproduktion.

Späte Elternschaft und die reproduktionstechnischen Maßnahmen, die eine späte Elternschaft ermöglichen, sind jedoch seit der Möglichkeit assistierte Reproduktion anzuwenden ethisch umstritten. Viele Regulierungen und Empfehlungen haben das Alter als einen gemeinsamen Faktor für oder gegen die Finanzierung und Durchführung von Maßnahmen. Maximales Alter für Frauen liegt zwischen 38 und 49 Jahren, für Männer gibt es kaum Begrenzungen (Fertility Europe/ESHRE 2017). Besonders kritisch wird der Kinderwunsch bei Frauen im postreproduktiven Alter diskutiert in Bezug auf die gesundheitlichen Risiken für die Frau, den Fötus und das zukünftige Kind (D'Onofrio et al. 2014).

Im Folgenden wird die ethische Debatte rekonstruiert und anhand der drei vorgestellten Argumentationsstränge strukturiert.

3 Medizinethische Debatte um assistierte Reproduktion

Das Ziel der experimenteller reproduktionstechnischer Verfahren ist es, Personen, die mithilfe konventioneller medizinischer Reproduktionsmaßnahmen kein (genetisch verwandtes) Kind bekommen können, eben dies zu ermöglichen. Jedoch bedarf es offenbar bezüglich der assistierten Reproduktion einer (ethischen) Legitimierung. Kinder, so manche kritischen Stimmen, sollen nicht, als etwas Machbares und Herstellbares konstruiert werden, Teil eines Lifestyles, oder als etwas Bestellbares gesehen werden und die Reproduktionsmedizin soll nicht sowas wie „bloße Life-Style-Medizin" (Schmidhuber 2016) sein. Der Jurist und Bioethiker John A. Robertson begründet den hohen Stellenwert der menschlichen Reproduktion damit, dass sie die Befriedigung des grundlegenden biologischen, sozialen und psychologischen Triebs des Menschen, eine genetisch verwandte Familie zu haben, darstellt. Daraus folgert er, dass alles unternommen werden sollte, um den Menschen zu ermöglichen, eigene Kinder zu bekommen (Robertson 1994). Damit scheint er eine Norm zu implizieren. Wenn diese nicht erfüllt ist, sollen alle Möglichkeiten, in diesem Falle, die der assistierten Reproduktionsmedizin, ausgeschöpft werden, um das Ziel ein eigenes Kind zu bekommen, zu erreichen.

Die ungewollte Kinderlosigkeit kann auch aus der subjektiven Perspektive betrachtet werden. Für manche Menschen kann die ungewollte Kinderlosigkeit eine Lebenskrise hervorrufen, die mit einer schlechteren Lebensqualität einhergeht (Sexty et al. 2018). So kann mittels erfolgreich durchgeführter assistierter Reproduktion ein Lebensstandard erreicht werden, der den Betroffenen Wohl und Gesundheit ermöglicht.

Die ethischen Debatte über eine klinische Implementierung des IVG-Verfahrens dreht sich um die oben genannten Gruppen, die das Verfahren in Anspruch nehmen würden wollen (Suter 2015; Smajdor et al. 2018; Mertens 2014). In der Fachliteratur finden sich sowohl Pro- als auch Kontra-Argumente, wobei die Argumentationslinien unter den Gruppen, die das Verfahren in Anspruch nehmen würden, variieren. Positiv wird eine mögliche Anwendung von IVG für homosexuelle Paare und teilweise für postmenopausale Frauen im Hinblick auf deren reproduktive Autonomie angenommen (Mertes et al. 2021; Cutas und Smajdor 2015); hingegen findet sich eine tendenziell kritische Bewertung der Anwendung von IVG bei prämenarchen Mädchen, Einzelpersonen und Personengruppen, die sich gemeinsam reproduzieren möchten (Suter 2015). Bei prämenarchen Mädchen mit Kinderwunsch steht die Sorge im Raum, dass diese aufgrund ihres Alters weder die physische noch die psychische Reife besitzen, um sowohl die Schwangerschaft als auch ihre Rolle als Elternteil hinreichend gut zu erfüllen zu können (Suter 2015). Einzelpersonen, die sich mithilfe der IVG nur mit sich selbst reproduzieren möchten, liegt der Fokus auf möglichen gesundheitlichen Risiken, die so eine bis dato noch nicht bekannte Art der Reproduktion, für den Fetus bzw. das zukünftige Kind mit sich bringen könnte (Suter 2015). Im Falle einer Gruppen-Reproduktion mithilfe der IVG können insbesondere mögliche Schwierigkeiten in der Herausbildung einer eindeutigen und stabilen Eltern-Kind-Beziehung entstehen, da weder für das Kind noch für die Erzeuger offensichtlich sein dürfte, wer in einem solchen Fall die primären Bezugspersonen für das Kind sein sollten (Suter 2015; Rolfes et al. 2020).

4 Medizinethisch-pragmatischer Argumentationen der Anwendung der IVG bei später (Mutter-) Elternschaft

Für die potentielle klinische Nutzung der IVG bei Frauen im fortgeschrittenen oder sehr fortgeschrittenen reproduktiven Alter, muss die Beachtung der Patientenautonomie gegeben sein, indem eine adäquate und suffiziente Aufklärung seitens des medizinischen Personals geleistet wird, sodass die Betroffenen eine informierte Zustimmung oder Ablehnung zu der Maßnahme geben können. Eine wie von Robertson (1994) verstandene reproduktive Autonomie könnte mit anderen in der Medizin ethisch relevanten Prinzipien konfligieren:

„Neue Konfliktsituationen werden evoziert, wenn Entscheidungen ärztlicherseits getroffen werden sollen, bei denen zwischen dem Prinzip der Wahrung der reproduktiven Autonomie einerseits und der Wahrung des Wohls des Patienten andererseits abgewogen werden muss: Oft diskutiert ist etwa das Szenario hochaltriger postmenopausaler Frau, die mittels ART ihren Kinderwunsch realisieren wollen. Ihre reproduktive Autonomie ist mit den gesundheitlichen Risiken beim Austragen einer Schwangerschaft sowohl für den Fetus als auch für die Frau abzuwägen. Zudem wird in diesem Kontext die Frage gestellt, ob es dem Kindeswohl dient, wenn eine hochaltrige Frau absehbar in jungen Lebensjahren des Kindes sterben wird (dieselbe Frage lässt sich gleichfalls bei hochaltrigen Männern stellen, wird hier aber weniger häufig vorgebracht). Das Setzen von Altersgrenzen wiederum kann sowohl individualethisch als auch sozialethisch problematisch werden. Ähnlich wie beim social egg freezing (SEF) oder der IVF stellt sich nämlich die Frage, wie eine festgelegte Altershöchstgrenze begründet wird.“ (Rolfes et al. 2020)

Des Weiteren ist es vorstellbar, dass zum einen aufgrund der vielen erforderlichen Schritte bis von Generierung einer Keimzelle bis hin zu Befruchtung, die Patientinnen die Komplexität des Verfahrens nicht gänzlich verstehen können, und somit eine informierte Entscheidung nicht möglich ist, die reproduktive Autonomie nicht vollends entfaltet werden kann. Zum anderen könnte auf kinderlose ältere Frauen aufgrund der bloßen Möglichkeit, die die IVG schafft, noch Kinder zu bekommen, ein sozialer Druck ausgeübt werden (Harrison et al. 2017; Landau 2004).

Ein weiteres Themenkomplex um späte Elternschaft sind die Chancen und Risiken des IVG-Verfahrens und drehen sich um die Prinzipien des Wohltuns und Nichtschadens. Wie bereits Kurt Bayertz dies1991 im Hinblick auf die Möglichkeit einer Gentherapie formuliert hat, gilt im Wesentlichen auch für den potentiellen Einsatz von IVG:

„Es muß [sic!] also gewährleistet sein, daß [sic!] die biologisch-medizinischen Risiken des Eingriffs kontrollierbar sind. Für die Gentherapie gilt daher, was für jede Therapie gilt: Das Risiko muß [sic!] möglichst klein, zumindest kleiner sein als das Risiko der Nichtbehandlung; der mögliche Schaden, den der Patient durch den Eingriff erleidet, muß [sic!] durch den damit verbundenen Nutzen aufgewogen werden.“ (Bayertz 1991)

Im Kontext der assistierten Reproduktion für Frauen im fortgeschrittenen und sehr fortgeschrittenen Alter geht es nicht nur um gesundheitliche Risiken für die Frau, sondern auch für den Fötus und das zukünftige Kind: Mit dem steigenden Alter der schwangeren Frau steigt auch das Riko für einen erhöhten Bluthochdruck, Diabetes, vorzeitigen Wehen und Präeklampsie in der Schwangerschaft. Zudem ist die Wahrscheinlichkeit von Herzfehlern und Wachstumsrestriktionen beim Fetus höher (Wu et al. 2019; Verma et al. 2016; ECftASfR 2004).

Neben den gesundheitlichen Fragen werden auch sozioökonomische Gründe herangeführt, die für oder gegen eine späte Elternschaft sprechen, wie Tab. 1 zeigt.

In der Fachliteratur fokussieren sich die Autor*innen auf die Frage, ob Elternschaft eine Einschränkung für die Erwerbstätigkeit bedeutet (Wallace und Young 2008; Budig und England 2001; Holloway und Pimlott-Wilson 2016). Bei einer späten Elternschaft, insbesondere bei einer späten Mutterschaft, hingegen geht es in der medizinischen Fachliteratur schwerpunktmäßig um die physischen und psychischen Risiken für das Kind und die schwangere Frau (Harrison et al. 2017; Suter 2015). Nichtsdestotrotz werden auch positive Aspekte einer späten Elternschaft artikuliert, wie beispielsweise, dass ältere Eltern über eine größere „Bewusstheit“ für Elternschaft verfügten und dass sie mehr finanzielle Ressourcen besäßen, ein Kind großzuziehen (Jiménez 2015).

Tab. 1 **Sozioökonomische Gründe für und gegen späte Elternschaft** (ECftASfR 2004, Cutas und Smajdor 2015; Rocca et al. 1991; Gale 2010; Hemminki und Kyyrönen 1999; Myrskylä et al. 2017; Myrskylä und Fenelon 2012)

Gründe gegen eine späte Elternschaft	Gründe für eine späte Elternschaft
Mutterschaft/Vaterschaft emotional und körperlich belastender, als in jüngeren Jahren	Frauen über 35 zeigen laut Studien ein besseres Gesundheitsverhalten in der Schwangerschaft
Keine lange elterliche Beziehung aufgrund des höheren Alten ggf. möglich	Frauen/Eltern höheren Alters sind besser sozioökonomisch gestellt
Mütter/Väter im Großelternalter führen ggf. zum sozialen Stigma bei Kind und Eltern	Frauen in einem höheren Altern zeigen sich nach der Geburt des Kindes zufriedener
Höheres Risiko für Alzheimer, Bluthochdruck, Krebs, Diabetes, Adipositas bei Kindern von Eltern mit einem höheren Reproduktionsalter	Kinder älterer Eltern zeigen bessere Gesundheits- und Bildungsergebnisse

Für eine späte Mutterschaft würde die klinische Implementierung von IVG fünf Vorteile, auch gegenüber anderen Methoden wie sowohl Eizellspende als auch „social egg freezing“ bringen (Rolfes et al. 2022):

1. Bei der IVG müssen sich weder Frauen, die Eizellen kryokonservieren für eine auf einen späteren Zeitpunkt verschobene Schwangerschaft, noch Frauen, die Eizellen zum Transfer zu Verfügung stellen, sich der Stimulation der Eierstöcke unterziehen, die für die Eizellentnahme erforderlich ist. So kann das ovarielle Hyperstimulationssyndrom, eine mögliche Komplikation, die lebensbedrohlich sein kann (Zivi et al. 2010) vermieden werden.

2. Die klinische Implementierung der IVG würde bedeutet, dass Frauen sich nicht unbedingt in jüngerem Alter Gedanken machen müssten, zu welchem Zeitpunkt sie in ihrem Lebensverlauf Kinder haben wollen und ob sie sicherstellen müssen, dass ihre Fruchtbarkeit erhalten werden müsste. Im Falle der IVG ist jedoch noch nicht klar, ob das Alter der somatischen Zellen (die in pluripotente Stammzellen reprogrammiert und dann in Gameten differenziert werden) die Qualität der Gameten beeinflusst, da induzierte pluripotente Zellen das restliche epigenetische Gedächtnis der somatischen Zellen, aus denen sie hervorgegangen sind, beibehalten und außerdem genomische und mitochondriale DNA-Mutationen enthalten (Bhartiya et al. 2017).

3. Die gesundheitlichen und möglichen emotionalen Belastungen für die Frau, welche ihre Eizellen zum Transfer bereitstellt (Kool et al. 2018) können durch die IVG umgangen werden. Es ist jedoch eine Situation vorstellbar, die eine besondere

emotionale Belastung für die Frau, welche die Eizellen für den Transfer zu Verfügung stellt, darstellen könnte, nämlich dann, wenn diese als kinderlose Frau gespendet hat und zu einem späteren Zeitpunkt ihren eigenen Kinderwunsch nicht erfüllen kann (Kool et al. 2018). Der Vorteil für Frauen in fortgeschrittenem und sehr fortgeschrittenem Alter, die IVG verwenden, besteht wahrscheinlich darin, dass sie diese Aspekte nicht kritisch prüfen müssen.

4. Einige Bedenken im Hinblick auf die Stimulation können durch die Anwendung der IVG umgangen werden. Die Anzahl der entnommenen und für die Befruchtung zur Verfügung stehenden Eizellen ist begrenzt, und manchmal, insbesondere bei fortgeschrittenem Alter oder eingeschränkter Eierstockfunktion, sind mehr Stimulationszyklen erforderlich, sodass die Zeit bis zur Erreichung einer Schwangerschaft mit einem Stimulationsverfahren länger sein kann (Ubaldi et al. 2019). Im Gegensatz dazu könnte mit der IVG eine wohl unbegrenzte Anzahl von Eizellen erzeugt werden, insbesondere aus induzierten pluripotenten Zellen (Suter 2015). Daraus könnten sich zwei Aspekte ergeben: Eine Schwangerschaft könnte schneller erreicht werden, da die Frauen mit größerer Wahrscheinlichkeit über lebensfähige Eizellen verfügen würden, und es könnten mehr genetische Tests und eine Embryonenselektion mittels Präimplantatinsdiagnostik im Blastozystenstadium durchgeführt werden, um die am besten geeigneten Blastozysten zu finden (Munné et al. 2019).

5. Eine größere Anzahl von Eizellen kann zu einer größeren Entscheidungsfähigkeit der Frauen führen. Da die Frauen nicht an die Anzahl der Eizellen gebunden sind, die im Rahmen der Kryokonservierung von Eizellen oder der Eizellenspende entnommen werden, können sie selbst entscheiden, wie viele Eizellen erzeugt werden sollen und wie oft versucht werden soll, eine Schwangerschaft zu erreichen (Rolfes et al. 2022).

5 Gesellschaftspolitische Argumentation der potentiellen Anwendung der IVG

Bei der pragmatischen Argumentation liegt der Fokus ausschließlich auf den medizinischen Aspekten und deren Nutzen und Risiken der potentiellen Anwendung in Bezug auf die Möglichkeiten die betroffenen Personen oder Gruppen therapeutisch zu versorgen. Das Charakteristikum der gesellschaftspolitischen Argumentationslinien besteht darin, dass der soziale Kontext hinzukommt. Aus diesem Grunde ist einer der wesentlichen gesellschafts- und politischen Ausgangspunkte der Debatte, dass das biologische Zeitfenster für Frauen zur Familiengründung und Fortpflanzung im Vergleich zu Männern, die sich theoretisch bis zu ihrem

Lebensende reproduzieren könnten, begrenzt ist. Aufgrund von veränderten Familienstrukturen (siehe Scorna in diesem Band), der zunehmenden tertiären Bildung und Berufstätigkeit der Frauen kommt es zu einer Verschiebung der Mutterschaft auf ein späteres Alter, sodass die gleichen Chancen auf Bildung, Karriereplanung und Wettbewerbsfähigkeit im Beruf im Vergleich zu Männern herrschen. Verschiedene Reproduktionsmaßnahmen, die eine späte Elternschaft ermöglichen, können auf diese Weise zur Gleichstellung der Geschlechter beitragen. In einem Spiegelinterview sieht z. B. die Medizinethikerin Claudia Wiesemann die parallele Entwicklung der „social egg freezing"-Technologie und der gesellschaftlichen Entwicklung darin begründet „[...] dass Frauen ihre Ausbildung, ihre Berufstätigkeit ernst nehmen und sich damit tatsächlich ein Stück Unabhängigkeit verschafft haben. Damit reagieren sie auf den Umstand, dass sich Karriereaufbau und Mutterschaft oft nicht gleichzeitig verfolgen lassen. Also verwirklichen sie ihre Bedürfnisse nacheinander" (Spiegel Online 2014).

Bei einer zukünftigen klinischen Implementierung der IVG besteht ein Link zwischen drei verschiedenen Prinzipien. Wie schon oben erwähnt, müsste eine Frau die Erfüllung ihres Kinderwunsches oder die Familiengründung für einen späteren Zeitpunkt verlegt, nicht auf die Methoden zurückgreifen, die psychisch und physisch belastender sind. Das entspricht sowohl dem Prinzip des Patient*innenwohls als auch der Entfaltung der reproduktiven Autonomie, als das die Anwendung der IVG den Frauen die Möglichkeit bietet, ihre reproduktive Autonomie in einem weiterem Maße zu entfalten, als durch die Inanspruchnahme anderer Methoden. Des Weiteren ist das Prinzip der Gerechtigkeit hier angesprochen. Zwar kann IVG zu einer Erhöhung der Geschlechtergerechtigkeit führen, aber die Frage nach dem fairen Zugang bleibt in der Fachliteratur bis dato weitgehend unberührt. Vorstellbar ist aber, wie auch bei anderen Methoden, dass nur Frauen mit ausreichenden finanziellen Mitteln IVG in Anspruch nehmen werden können.

6 Fundamentalethische Aspekte der potentiellen Anwendung der IVG

Eine weitere Perspektive der ethischen Argumentationsstränge beinhaltet nicht die praktischen Folgen eines Einsatzes der IVG oder anderer Methoden, die eine späte Mutterschaft ermöglichen würden, sondern hinterfragt die Anwendung dieser Technik im Allgemeinen. Wobei hier sich fast ein Paradigmenwechsel vollzieht. In der Regel werden fundamentalethische Fragestellungen eher verwendet, die ablehnenden Haltungen in den Vordergrund zu rücken. Die in Frage stehenden

Argumentationen kreisen um die moralischen Folgen eines Eingriffs in die menschliche Natur, die Bedingungen der Autonomie im Allgemeinen und die Würde von Personen. Ein großes Gewicht wird der Möglichkeit der IVG, der genetische Abstammung und genetische Verwandtschaft herzustellen zugeschrieben (Murphy 2014; Mertens 2014). Aufgrund des Wunschs nach genetisch eigenen Kindern bei Frauen, die keine ausreichende oder gar keine Eizellreserve aufgrund des Alters mehr haben, wäre die Nutzung der IVG prima facie moralisch legitimiert, da der Wunsch nach einer genetischen Verwandtschaft mit dem Kind als etwas Natürliches gilt (Segers et al. 2017) (gilt im gleichen Maße für biologisch infertile Männer). Dabei wird allerdings konstatiert, dass die genetische Verwandtschaft mit dem Kind nicht zwingend als eine notwendige oder hinreichende Bedingung für „gute" Elternschaft, wie auch immer diese definiert wird, betrachtet werden kann. Dies scheint insofern hier eine Besonderheit zu sein, wie bereits angedeutet, dass die künstliche Reproduktion, in diesem Falle die IVG, nicht als eine neue Methode kritisch betrachtet wird, sondern den positiven Effekt hat, da die es möglich macht, dass das Ergebnis, also eine genetische Verwandtschaft zwischen Kind und den Eltern ermöglicht, also einer spontanen Befruchtung in einem weiblichen Körper, im Ergebnis sehr Ähnlich ist. Nichtsdestotrotz lassen sich bestimmte Aspekte der IVG auch in diesem Argumentationsstrang kritisch hinterfragen:

„Warum ist die eigene genetische Abstammung der Kinder, die man als Elternteil großziehen möchte, so wichtig? Es stellt sich die Frage, ob nicht durch die so erfolgende starke Aufwertung der genetischen Verwandtschaft soziale Elternschaften wie etwa bei Pflegeeltern, Adoptiveltern oder Patchwork-Familien eine mehr oder weniger unterschwellige Abwertung und Diskriminierung in der Gesellschaft erfahren würden." (Rolfes et al. 2020)

Aus ethischer Sicht sind Ansätze, die eine genetische Verwandtschaft zwischen dem Kind und den Eltern als „normal" kategorisieren nicht unproblematisch. „Normal" wird hier in einem ersten Schritt mit „natürlich" oder dem „Natürlichem nah kommend" gleichgesetzt und in einem zweiten Schritt mit einer positiven Wertung versehen. Die Verbindung der genetischen Verwandtschaft zwischen dem Kind und den Eltern und der Ableitung einer positiven Bewertung entspricht einem naturalistischen Fehlschluss (Smajdor et al. 2018).

7 Abschließende Bemerkungen und Ausblick

Die Argumentationslinien in den einzelnen Beiträgen in der Fachliteratur sind zwar sehr heterogen und lassen unterschiedliche Schlussfolgerungen zu. Jedoch sind zwei gewisse Tendenzen feststellbar bei der möglich klinischen Implementierung der IVG: zum einen die ethische Debatte, die durch die medizinethisch-pragmatische und die sozialpolitische Argumentationen dominiert wird; zum anderen werden bei Frauen in einem fortgeschrittenen und sehr fortgeschrittenen reproduktiven Alter die gesundheitlichen Risiken im Besonderen hervorgehoben, im Gegensatz zu der möglichen Anwendung bei beispielsweise von homosexuellen Paaren mit Kinderwunsch.

Zu erwarten ist jedoch, dass auf lange Sicht hin, sich die Lebensumstände der Frauen mit Kinderwunsch, nicht grundsätzlich ändern wird, eine lange ethische Debatte um die IVG für Frauen im fortgeschrittenen und sehr fortgeschrittenen Alter, geführt wird, da sich die Forschung um IVG höchstwahrscheinlich weiterentwickeln wird. Letztlich aber stellt sich somit die Frage, die einer breiten politischen und gesellschaftliche Debatte bedarf: Bedeutet die potentielle klinische Anwendung der IVG eine Stärkung der reproduktiven Autonomie der Frau oder ist es eine technische Lösung um ethische und gesellschaftliche Herausforderungen zu kompensieren und umgehen?

Literatur

Bayertz, K. 1991. Drei Typen ethischer Argumentation. In *Genomanalyse und Gentherapie. Ethische Herausforderungen in der Humanmedizin*, Hg. Hans-Martin Sass, 291–316. Berlin: Springer

Beauchamp T. L., und J. F. Childress. 2004. *Principles of Biomedical Ethics*. New York: Oxford University Press

Bernstein S., und C. Wiesemann. 2014. Should Postponing Motherhood via „Social Freezing“ Be Legally Banned? An Ethical Analysis. *Laws* 3:282-300. https://doi.org/10.3390/laws3020282

Bhartiya, D., S. Anand, H. Patel, und S. Parte. 2017. Making gametes from alternate sources of stem cells: past, present and future. *Reproductive Biology and Endocrinology* 15:89. https://doi.org/10.1186/s12958-017-0308-8

Bittner, U. 2011. Das Anlegen und Nutzen von unbefruchteten Fertilitätsreserven bei gesunden Frauen – eine ethische Bewertung des „social egg freezing“. *Journal für Reproduktionsmedizin und Endokrinologie* 8:330-331

Bittner, U., und T. Eichinger. 2010. An ethical assessment of postmenopausal motherhood against the backdrop of successful anti-aging medicine. *Rejuvenation Research* 13:741-747. https://doi.org/10.1089/rej.2009.1012

Budig, M. J., und P. England. 2001. The wage penalty for motherhood. *American Sociological Review* 66:204-25. https://doi.org/10.2307/2657415

Bundesärztekammer. 2018. Richtlinie zur Entnahme und Übertragung von menschlichen Keimzellen im Rahmen der assistierten Reproduktion. https://www.bundesaerztekammer.de/fileadmin/user_upload/_old-files/downloads/pdf-Ordner/RL/Ass-Reproduktion_Richtlinie.pdf. Zugegriffen: 01 Apr. 2024.

Cohen I.G., G.Q. Daley, und E.Y. Adashi. 2017. Disruptive reproductive technologies. *Science translational medicine* 9:eaag2959. https://doi.org/10.1126/scitranslmed.aag2959

Cutas, D., und A. Smajdor. 2015. Postmenopausal Motherhood. Reloaded: Advanced Age and In Vitro Derived Gametes. *Hypatia* 30:386-402. https://doi.org/10.1111/hypa.12151

Dolmans, M.M., J. Donnez, und L. Cacciottola. 2020. Fertility preservation: the challenge of freezing and transplanting ovarian tissue. *Trends in molecular medicine* 27:777–791. https://doi.org/10.1016/j.molmed.2020.11.003

Donnez, J., und M.M. Dolmans. 2017. Fertility preservation in women. *New England Journal of Medicine* 377:1657-1665. https://doi.org/10.1056/NEJMra1614676

Dorbritz J., und S. Diabaté. 2017. Fertilität in der Altersgruppe 40+: Fakten, Trends und Leitbilder für den deutschsprachigen Raum. *Der Gynäkologe* 50:752-760. https://doi.org/10.1007/s00129-017-4130-3

Ethics Committee of the American Society for Reproductive Medicine. 2004. Oocyte donation to postmenopausal women. *Fertility and Sterility* 82:254–255. https://doi.org/10.1016/j.fertnstert.2004.05.027

Fertility Europe/ESHRE. 2017. A policy audit on fertility. Analysis of 9 EU countries. http://www.fertilityeurope.eu/wp-content/uploads/2018/03/EPAF_FINAL.pdf. Zugegriffen: 01 Apr. 2024.

Gale, E. A.M. 2010. Maternal age and diabetes in childhood. *BMJ (Clinical research ed.)* 340:c623. https://doi.org/10.1136/bmj.c623

Harrison, B. J., T. N. Hilton, R. N. Riviere, Z. M. Ferraro, R. Deonandan, und M. C. Walker. 2017. Advanced maternal age: ethical and medical considerations for assisted reproductive technology. *International Journal of Women's Health* 9:561–570. https://doi.org/10.2147/IJWH.S139578

Hikabe, O., N. Hamazaki, G. Nagamatsu, Y. Obata, Y. Hirao, N. Hamada, S. Shimamoto, T. Imamura, K. Nakashima, M. Saitou, und K. Hayashi. 2016. Reconstitution in vitro of the entire cycle of the mouse female germ line. *Nature* 539:299-303. https://doi.org/10.1038/nature20104

Hemminki, K., und P. Kyyrönen. 1999. Parental age and risk of sporadic and familial cancer in offspring: Implications for germ cell mutagenesis. *Epidemiology* 10:747–751

Holloway, S. L., und H. Pimlott-Wilson. 2016. New economy, neoliberal state and professionalised parenting: mothers' labour market engagement and state support for social reproduction in class-differentiated Britain. *Transactions of the Institute of British Geographers* 41:376-88. https://doi.org/10.1111/tran.12130

Jiménez, F. 2015. Wann sind Eltern zu alt für ein Kind? *Die Welt*, April 20.

Jones, K.T. 2008. Meiosis in oocytes: predisposition to aneuploidy and its increased incidence with age. *Human Reproduction Update* 14:143–158. https://doi.org/10.1093/humupd/dmm043

Kool E.M., A.M.E. Bos, R. van der Graaf, B. Fauser, und A.L. Bredenoord. 2018. Ethics of oocyte banking for third-party assisted reproduction: a systematic review. *Human Reproduction Update* 24:615-35. https://doi.org/10.1093/humupd/dmy016

Landau, R. 2004. The promise of post-menopausal pregnancy (PMP) *Social Work in Health Care* 40:53–69. https://doi.org/10.1300/J010v40n01_04

Lemoine, M. E. and Ravitsky, V. 2015. Sleepwalking Into Infertility: The Need for a Public Health Approach Toward Advanced Maternal Age. *The American Journal of Bioethics* 15: 37–48. https://doi.org/10.1080/15265161.2015.1088973

Maung H. H. 2019. Is infertility a disease and does it matter? Bioethics 33, 43–53. https://doi.org/10.1111/bioe.12495

Mertens, H. 2014. Gamete derivation from stem cells: revisiting the concept of genetic parenthood. *Journal of Medical Ethics* 40:744–747. https://doi.org/10.1136/medethics-2013-101830

Mertes, H., T. Goethals, S. Segers, M. Huysentruyt, G. Pennings, und V. Provoost. 2021. Enthusiasm, concern and ambivalence in the Belgian public's attitude towards in-vitro gametogenesis. *Reproductive Biomedicine & Society Online* 14:156–168. https://doi.org/10.1016/j.rbms.2021.10.005

Munné, S, B. Kaplan, J.L. Frattarelli, T. Child, G. Nakhuda, F.N. Shamma,…, S. Willmann. 2019. Preimplantation genetic testing for aneuploidy versus morphology as selection criteria for single frozen-thawed embryo transfer in good-prognosis patients: a multicenter randomized clinical trial. *Fertility and Sterility* 112:1071-9.e7.https://doi.org/10.1016/j.fertnstert.2019.07.1346

Murphy, T.F. 2014. Genetic generations: artificial gametes and the embryos produced with them. *Journal of Medical Ethics* 40:739-40. https://doi.org/10.1136/medethics-2013-101646

Myrskylä, M. und A. Fenelon. 2012. Maternal age and offspring adult health: Evidence from the Health and Retirement Study. *Demography* 49:1231–1257. https://doi.org/10.1007/s13524-012-0132-x

Myrskylä, M, K. Barclay, und A. Goisis. 2017. Advantages of later motherhood. *Der Gynäkologe*. 50:767-72. https://doi.org/10.1007/s00129-017-4124-1

Nave-Herz, R. 2019. *Familie heute – Wandel der Familienstrukturen und Folgen für die Erziehung*. 7. Aufl. Darmstadt: WBG

D'Onofrio B. M., M. E. Rickert, und E. Frans et al. 2014. Paternal Age at Childbearing and Offspring Psychiatric and Academic Morbidity. *JAMA Psychiatry* 71(4):432–438. https://doi.org/10.1001/jamapsychiatry.2013.4525

Passet-Wittig, J. 2017. *Unerfüllte Kinderwünsche und Reproduktionsmedizin: eine sozialwissenschaftliche Analyse von Paaren in Kinderwunschbehandlung*. (Beiträge zur Bevölkerungswissenschaft, 49).Opladen, Berlin, Toronto: Verlag Barbara Budrich. https://doi.org/10.3224/84742080

Ritzinger, P. 2013. Mutterschaft mit 40– ovarielle Reserve und Risiken. *Der Gynäkologe* 46:29–36. https://doi.org/10.1007/s00129-012-3040-7

Robertson, J. A. 1994. *Children of Choice. Freedom and the New Reproductive Technologies*. Princeton NJ: Princeton University Press

Rolfes V., U. Bittner, U. M. Gassner, J. Opper, und H. Fangerau. 2020. Auswirkungen der jüngsten Ergebnisse aus der Forschung mit induzierten pluripotenten Stammzellen auf Elternschaft und Reproduktion: Ein Überblick. In *Chancen und Risiken der Stammzellforschung*, Hrsg. J. Opper, V. Rolfes, und P. H. Roth, 66–85. Berlin: Berliner Wissenschafts-Verlag. https://doi.org/10.35998/9783830541530

Rolfes, V., U. Bittner, J.S. Kruessel, T. Fehm, H. Fangerau. 2022. In vitro gametogenesis: A benefit for women at advanced and very advanced age? An ethical perspective. *European Journal of Obstetrics, Gynecology, and Reproductive Biology* 272:247–250. https://doi.org/10.1016/j.ejogrb.2022.03.038

Rocca, W. A., C. M. van Duijn, D. Clayton, V. Chandra, L. Fratiglioni, A. B. Graves, A. Heyman, A. F. Jorm, E. Kokmen, und K. Kondo. 1991. Maternal age and Alzheimer's disease: a collaborative re-analysis of case-control studies. EURODEM Risk Factors Research Group. *International Journal of Epidemiology* 20:21–27. https://doi.org/10.1093/ije/20.supplement_2.s21

Schmidhuber, M. 2016. Ambivalenzen der Medikalisierung: Ein Plädoyer für das Ernstnehmen der subjektiven Perspektive im Umgang mit Gesundheit und Krankheit. In *Das Menschenrecht auf Gesundheit: Normative Grundlagen und aktuelle Diskurse*, Hrsg. A. Frewer, und H. Bielefeldt, 195–214. Bilefeld: transcript. https://doi.org/10.1515/9783839434710-007

Segers, S., H. Mertes, G. de Wert, W. Dondorp, und G. Pennings. 2017. Balancing Ethical Pros and Cons of Stem Cell Derived Gametes. *Annals of Biomedical Engineering* 45:1620-1632. https://doi.org/10.1007/s10439-017-1793-9

Sexty, R. E., G. Griesinger, J. Kayser, M. Lallinger, S.,Rösner, T. Strowitzki, B., Toth, und T. Wischmann. 2018. Psychometric characteristics of the FertiQoL questionnaire in a German sample of infertile individuals and couples. *Health and Quality of Life Outcomes* 16:233. https://doi.org/10.1186/s12955-018-1058-9

Smajdor, A., D. Cutas, und T. Takala. 2018. Artificial gametes, the unnatural and the artefactual. *Bioethics* 44:404-408. https://doi.org/10.1136/medethics-2017-104351

Spiegel Online. 2014. Akt der Emanzipation. *Spiegel Online*, April 19. https://magazin.spiegel.de/EpubDelivery/spiegel/pdf/126590264

Steptoe, P.C., R.G. Edwards. 1978. Birth after the reimplantation of a human embryo. *Lancet* 312:366. https://doi.org/10.1016/s0140-6736(78)92957-4

Suter, S. M. 2015. In vitro gametogenesis: just another way to have a baby? *Journal of Law and the Biosciences* 3:87–119. https://doi.org/10.1093/jlb/lsv057

Ubaldi, F. M., D. Cimadomo, A. Vaiarelli, G. Fabozzi, R. Venturella, R. Maggiulli,..., L. Rienzi. 2019. Advanced Maternal Age in IVF: Still a Challenge? The Present and the Future of Its Treatment. *Frontiers in Endocrinology* 10:94. https://doi.org/10.3389/fendo.2019.00094

Verma, S., K. Agarwal, und G. Gandhi. 2016. Pregnancy at 65, risks and complications. *Journal of Human Reproductive Sciences* 9:119-20. https://doi.org/10.4103/0974-1208.183507

Wallace, J. E., und M. C. Young. 2008. Parenthood and productivity: A study of demands, resources and family-friendly firms. *Journal of Vocational Behavior* 72:110-22. https://doi.org/10.1016/j.jvb.2007.11.002

Wölfler, M.M. 2021. Fertilität – Mythos und Realität. *Journal für Klinische Endokrinologie und Stoffwechsel* 14:11–19. https://doi.org/10.1007/s41969-021-00127-y

Wu, Y., Y. Chen, M. Shen, Y. Guo,...,D. Zhang. 2019. Adverse maternal and neonatal outcomes among singleton pregnancies in women of very advanced maternal age: a retrospective cohort study. *BMC Pregnancy and Childbirth* 19(1):3.

Zhou Q., M. Wang, Y. Yuan, X. Wang, R. Fu, H. Wan, M. Xie, M. Liu, X. Guo, Y Zheng, G. Feng, Q. Shi, X.Y. Zhao, J. Sha, Q. Zhou. 2016. Complete meiosis from embryonic stem cell-derived germ cells In vitro. *Cell Stem Cell* 18:330-340. https://doi.org/10.1016/j.stem.2016.01.017

Zivi E., A. Simon, N. Laufer. 2010. Ovarian hyperstimulation syndrome: definition, incidence, and classification. *Seminars in Reproductive Medicine* 28(6):441-447.

Über den moralischen Status von humanisierten Tieren

Mensch-Tier-Mischwesen: Wann ist dieses wie viel Mensch?

Sara Röttger

Die In-vitro-Gametogenese eröffnet als Fortpflanzungstechnik die prinzipielle Möglichkeit, aus induzierten pluripotenten Stammzellen, die zuvor aus menschlichen adulten Zellen gewonnen wurden, künstliche Keimzellen abzuleiten. Hierdurch werden Personen, allen voran Paaren mit unerfülltem Kinderwunsch aufgrund von biologischen Barrieren, homosexuellen Paaren, Gruppen und Einzelpersonen, die Möglichkeit eröffnet, genetisch verwandte Kinder zu erhalten. Ebendiese Stammzellen werden jedoch nicht nur mit dem Ziel der Reproduktion von Menschen genutzt, sondern auch zu Heilzwecken in der regenerativen Medizin erforscht. Bespielsweise zwingt der Mangel an Spendeorganen bei einer Organinsuffizienz die moderne Medizin dazu, neue Wege abseits der Allotransplantation (Transplantation von Menschen zu Menschen) zu erforschen. Neue Verfahren wie das Tissue Engineering, die Xenotransplantation oder die Blastozysten-Komplementierung werden derzeit experimentell getestet. Bei der Blastozysten-Komplementierung werden Schweineembryonen mithilfe der humanen induzierten pluripotenten Stammzellen genetisch editiert, sodass sie spezifisch angepasste Organe für die spätere Transplantation in einen Menschen entwickeln. Sie werden damit als Mensch-Tier-Mischwesen, als sog. Chimäre geboren und bis zur Entnahme des spezifischen Organs aufgezogen. Doch ebenso wie bei der In-vitro-Gametogenese stellen sich hierbei Fragen, ob und welche Folgen eine Reproduktion von Entitäten

S. Röttger (✉)
Centre for Ethics and Law in the Life Sciences, Gottfried Wilhelm Leibniz Universität Hannover, Hannover, Deutschland

V. Rolfes et al. (Hrsg.), *Reproduktionszukünfte*, Technikzukünfte, Wissenschaft und Gesellschaft / Futures of Technology, Science and Society, https://doi.org/10.1007/978-3-658-46300-7_10

mit sich bringt, welche nicht auf dem natürlichen Wege und nur mittels der experimentellen Biomedizin hervorgerufen werden kann. Bisher ungeahnte medizinische Wege führen zu ungeklärten rechtlichen und ethischen Fragen.

In den folgenden Ausführungen wird zunächst das medizinische Verfahren der Blastozysten-Komplementierung erläutert und dessen Vor- und Nachteile in Hinblick auf die Medizin, Ethik und Ökonomie vorgestellt. Es stellt sich daraufhin die Frage, inwiefern mit diesen Mensch-Tier-Entitäten im status quo rechtlich umgegangen wird. Da sich diese Forschung noch in den Kinderschuhen befindet, ist davon auszugehen, dass die Gesetzgebung hierzu noch konkreter werden wird und muss. Insbesondere stellt sich die Frage, welche Schutzansprüche diese Mischwesen haben. Sind diese aufgrund biotechnisch herbeigeführte, prozentualer Übereinstimmung vergleichbar mit den eines Menschen? Für eine zukünftige Rechtsbewertung ist ein Blick in die Ethik sinnvoll. Hieraus leitet sich die Frage nach dem moralischen Status des Mischwesens ab: Folgt dieser originär von der Entität, wird er abgeleitet durch die Geneditierung oder durch den Verwendungszweck? Wann ist ein Lebewesen (moralisch) wie viel Mensch?

1 Blastozysten-Komplementierung

Seit jeher besteht in der Medizin ein Mangel an Spendeorganen. So verzeichnet Eurotransplant im Jahr 2021 allein in Deutschland 8458 Patient*innen auf der aktiven Warteliste, während es im selben Jahr nur zu 3260 Organtransplantationen von verstorbenen Spender*innen kam (Stand 01.01.2022, Eurotransplant 2022). Das Angebotsdefizit führt dazu, dass in der Wartezeit viele Betroffene an ihrer Erkrankung versterben. Um diesen Zustand in der Zukunft zu lindern, wird als Behandlungsalternative seit Jahren international an der Xenotransplantation geforscht (In den USA werden schon klinische Studien angestrebt: Kozlov 2022). Unter dem Begriff Xenotransplantation ist „jedes Verfahren zu verstehen, das die Transplantation, Implantation oder Infusion entweder von lebendem Gewebe oder lebenden Organen, die Tieren entnommen werden, oder von menschlichen Körperflüssigkeiten, Zellen, Geweben oder Organen, die ex vivo mit lebenden nicht-menschlichen Zellen, Geweben oder Organen in Kontakt gebracht wurden, umfasst“ (Europäische Kommission 2003: L 159/94). Eine weitere Forschungsrichtung, welche die immunologische Reaktion der Transplantation minimieren soll, ist die Blastozysten-Komplementierung (Wu et al. 2016, S. 19; Zhao et al. 2019, S. 410; Bader et al. 2009, S. 31; zur Unterscheidung und theologisch-ethischen Einschätzung: Sautermeister 2019, S. 28; je nach der Betrachtungsweise, ob das betroffene Gewebe in dem Tier heranwächst oder ob es tierische Genetik trägt, kann es als Unterform zur Xenotransplantation angesehen werden: Loike und Kadish 2018, S. 1–4). Dieses Verfahren wurde 1993 erstmalig in der Medizinforschung angewandt, seit 2007 werden dabei gentechnisch modifizierte Organe von Säugetieren generiert (Wu et al. 2016, S. 19 f.; Oldani et al. 2017, S. 2).

Zur Erzeugung von Transplantation werden sog. „Animals containing human material" (auf Deutsch: Tiere mit menschlichem Material) gezüchtet (Zu dem Vorgang siehe Abb. 1; Wu et al. 2016, S. 19; Wu und Izpisua Belmonte 2016, S. 375–384; De Los Angeles et al. 2018, S. 334). Im Fall der Organtransplantation in einen Menschen wird an Schweinen geforscht, da diese eine im Vergleich zu anderen Säugetieren hohe Kompatibilität mit dem menschlichen Körperbau aufweisen, gute Zuchtvoraussetzungen vorliegen und die geeigneten Spezies gut erforscht sind (Hierzu: Beckmann et al. 2000, S. 99 ff.). Der Person, die ein neues Organ benötigt, werden somatische Körperzellen entnommen, um aus diesen mittels Pluripotenzgenen induzierte pluripotente Stammzellen herzustellen. Pluripotente Zellen zeichnen sich grundsätzlich dadurch aus, dass sie sich in sämtliche Körperzellen umwandeln können, nur nicht mehr in einen eigenständigen Organismus. Da im Stadium zuvor die Zellen totipotent sind, können sie sich in einen eigenständigen Organismus und damit zu einem eigenen Lebewesen entwickeln Daher ist deren Verwendung ethisch kritisch zu bewerten. (Zu den ethischen Problemen von embryonalen pluripotenten Stammzellen und ob die iPS-Zellen diese umgehen: Beck 2009, S. 15 ff.; Watt und Kobayashi 2010, S. 18–24). Aus diesen iPS-Zellen lassen sich nunmehr die Gene für das betroffene Organ gewinnen. Parallel hierzu wird die embryonale Organquelle in vitro im Zustand vor der Organogenese mit einem Gen-Knock-Out editiert, sodass ihr das entsprechende Organ fehlt. Es entsteht eine genetische Nische, in welche das entsprechende menschliche Gen, gewonnen aus den induzierten pluripotenten Stammzellen, eingefügt wird. Als Produkt der Geneditierung entsteht eine embryonale interspezifische Chimäre (über die Schwierigkeit der Definition von Chimären und Hybriden und der daraus folgenden Kategorisierung: Greely 2003, S. 17–20; Bader 2009, S. 5; Hug 2009, S. 182). Die entstehende Chimäre ist ein Mischwesen mit einem genetischen Ursprung in zwei verschiedenen Spezies (Kaiser, Kapitel A Rn. 159; Hug 2009, S. 182).

Der medizinische Vorteil an diesem Verfahren ist, dass die betroffenen Organempfänger*innen durch genetisch an sie angepasste Organe ihre „personalized medicine" (Wu et al. 2016, S. 18) erhalten, sodass das Risiko von Abstoßungsreaktionen abgemildert werden können, was auch zur Absenkung der benötigten Immunsuppressiva ermöglichen kann (De Los Angeles et al. 2018, S. 333–342; Shaw et al. 2015, S. 971 mit einer Gegenüberstellung der Vor- und Nachteile). Aber auch aus ökonomischer Perspektive kann damit gerechnet werden, dass der Erhalt eines humanisierten Organes in Hinblick auf die Herstellung als auch in der Medikation vor und nach Erhalt des Organes langfristig kostengünstiger sein könnte als die derzeitigen Standardbehandlungen (Oldani et al. 2017, S. 4 f.).

Die Blastozysten-Komplementierung verzeichnete seine ersten Erfolge bei der Forschung mit Nagetieren: hier konnten Pankreata von Ratten in Mäusen erfolgreich gezüchtet werden (Yamaguchi et al. 2017, S. 191–196; Kobayashi et al. 2010, S. 787–799). Auch bei großen Säugetieren konnte ein erster Teilerfolg erzielt werden: So wurde eine allogene Pankreas in ein einem apankreatischen Schwein gezüchtet (Matsunari et al. 2013, S. 4557–4562). Inwiefern dieses Verfahren auch auf humanisierte Schweine anschlägt, ist noch nicht absehbar. Den Vorteilen stehen jedoch auch medizinische Risiken entgegen: Es sind durch den Mix unterschiedlicher Gene – vor allem durch die Vaskularisierung (Matsunari et al. 2020, S. 21–33: in dem dort beschriebenen Versuch gelang es erstmals ein menschliches Herz ohne porcine Blutgefäße zu züchten.) – Abstoßungsreaktionen zu befürchten (Oldani et al. 2017, S. 3; Founta und Papanayotou 2021, S. 115). So besteht zwischen Mensch und Schwein eine größere Xenobarriere als zwischen Ratte und Maus, sodass eine höhere Diskrepanz der Entwicklungsnischen besteht (Li und Huang 2021, S. 4; De Los Angeles et al. 2018, S. 339; Founta und Papanayotou 2022, S. 117). Eine autologe (vom gleichen Individuum stammende) Transplantation als ist demnach nicht zu erwarten. Besonders in medizinethischer Hinsicht besteht die Befürchtung, dass neuronale Stammzellen, Gametenproduktion oder aussehensspezifische Charakteristika von den menschlichen Genen beeinflusst werden (So Ausführungen in: Bourret et al. 2016, S. 3; Bobrow 2011, S. 448; Wu und Izpisua Belmonte 2016, S. 375–384; Palacios-Gonzales 2015, S. 182; Greely 2011, S. 681 bezeichnet diese drei kritischen Felder als „brain, balls and beauty"). Diese Bereiche sind aus ethischer Perspektive besonders empfindlich, da hier ein starkes Verschwimmen der artspezifischen Grenzen angenommen wird. Dem wird entgegengehalten, dass der Anteil des Chimärismus von nicht betroffenen Organen bei den vorangegangenen Experimenten mit Mäusen-Ratten bei 20 % lag, weshalb bei einer steigenden interspezifischen Barriere – wie die von Schwein-Mensch – von einem geringeren Anteil auszugehen ist (Hyun 2016, S. 2). Weiterhin könne Hyun zufolge selbst dieser geringe Anteil an Durchmischung durch zielgerichtete Genmodifikation vermieden werden. Durch eine vorsichtige Beobachtung, dem sog. Monitoring, könnten die Untersuchungen abgebrochen werden, sollte es trotz allen Sicherheitsvorkehrungen zu ungewünschten Entwicklungen kommen (Hyun 2016, S. 3). Im Folgenden soll dieses Risiko daher ausgeklammert werden. Die ersten Fragen in der Medizinforschung, allen voran der Geneditierung, richten sich auf den Schutz der Patient*innen und deren Umfeld. Zentral sind die Fragen: Sind nach der Transplantation Abstoßungsreaktionen zu erwarten? Wie hoch ist das Risiko von Xenozoonosen, d. h. von Krankheiten und Infektionen, die durch die Xenotransplantation von der Organquelle auf den Menschen übertragen werden? Wären diese auch auf das Umfeld übertragbar?

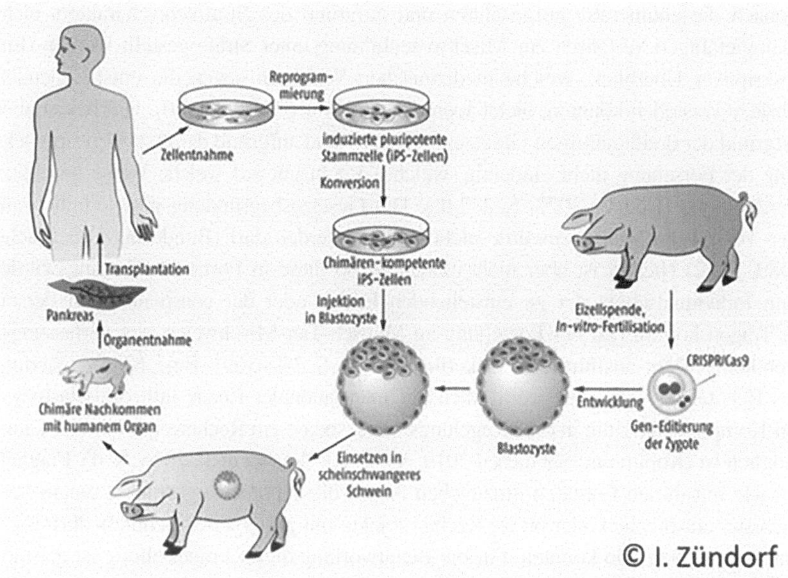

Abb. 1 Nutzung einer Mensch/Schwein-Chimäre als Organlieferant 2019. (Nach Zündorf und Fürst 2019, S. 52)

Gleichzeitig stellen sich hinsichtlich der humanisierten Schweine als Organquellen die Frage, welche Sicherheitsmaßnahmen rechtlich für diese gelten und wie diese zu schützen sind. Sind die Chimäre einfach nur Organlieferanten im kommerziellen Sinne oder unterscheiden sie sich aufgrund ihrer Geneditierung zu Schweinen? Steht ihnen ein „Mehr" an Schutz allein aufgrund des biotechnologischen Hinzufügens menschlicher Gene?

2 Rechtliche Rahmenbedingung

Einem Menschen stehen eine Vielzahl gesetzlicher Rechte zu, während einer Chimäre, entstandenaus einer Blastozysten-Komplementierung, grundsätzlich nur Rechte aus dem Tierschutz zustehen können (Zu den einfachgesetzlichen Rechtsnormen, die auf nationaler Ebene eine Rolle spielen: Lackermair 2017, S. 404 ff.). Jedoch stellt sich zuvor die Frage, ob die Entstehung eines Chimäres laut dem Gesetzgeber gewünscht ist. Hierzu stellt § 7 ESchG ein Hybrid- und Chimärenbildungsverbot auf, wonach die enumerativ aufgezählten und aufgrund des Strafrechtscharakters nicht analogiefähigen Verfahren zur Mischwesenbildung unter Strafe gestellt werden (Ein deskriptiver Überblick, welche medizinischen Verfahren gegen die entsprechenden Absätze verstoßen könnten, bietet Joerden und Winter 2007, S. 110). Hierbei ist aber aufgrund der dreißigjährigen Gesetzesgeschichte und aufgrund der massiven Entwicklung der Forschung nicht eindeutig, welches Rechtsgut auf welche Weise geschützt werden solle (Röttger 2022, S. 277 ff.). Die Gesetzesbegründung gibt lediglich an, dass zentral die Menschenwürde nicht tangiert werden darf (Bundestag-Drucksache 1989, S. 12) Hierbei ist aber nicht eindeutig, ob diese in Form der Gattungswürde, zum Individualschutz der zu entstehenden Entität oder der genspendenden Person zu Tragen kommt (Zu der Forschung an Mensch-Tier-Mischwesen aus verfassungsrechtlicher Sicht ausführlich: Lackermair 2017, S. 249–369). Eine Konkretisierung des Rechtes ist wünschenswert. Auch auf internationaler Ebene fällt die Blastozysten-Komplementierung in eine Regelungslücke, sodass ein Rechtsvergleich hier kaum möglich ist (Koplin und Savulescu 2019, S. 37–50; Bourret et al. 2016, S. 4). Fraglich ist, wie mit diesen Entitäten umzugehen ist, ob diese Forschungsobjekte einem Versuchstier entsprechen oder ob sie Rechtssubjekte mit gesteigerten Schutzbedürfnissen und Ansprüchen sein könnten. Für die Beantwortung dieser Fragestellung ist der moralische Status der Chimäre entscheidend, womit eine ethische Einschätzung notwendig ist (Koplin und Savulescu 2019, S. 48; Joerden und Winter 2007, S. 144).

3 Ethische Einschätzung

„Echte" Tierrechte wie jene aus dem Tierschutzgesetz sind zunächst von tierethischen Rechten abzugrenzen (Joerden und Winter 2007, S. 144). Aus der ethischen Bewertung eines Individuums können zwar keine normativen Ansprüche geltend gemacht werden, jedoch lässt sich hieraus ableiten, ob sich Chimären gegenüber Obligationen aus ethischen Gründen begründen lassen. Während das Recht festlegt, ob ein Schutz bestehen muss, geht die Ethik der Überlegung nach, ob dieser bestehen soll. Konkreter ist zu fragen, ob ein vom ursprünglichen Tier aus gesehen gesteigerter moralischer Status der Chimären besteht. Dieses ist ebenso für einen später determinierten Schutzanspruch durch das gesetzliche Recht zweckreich. Es ist von hoher Bedeutung, den richtigen Status festzustellen, um eine ungerechtfertigte Schlechtbehandlung eines Lebewesens zu vermeiden. So ist beispielsweise bei 2019 2009 Menschen mit Demenzerkrankungen, die fortschreitend die Persönlichkeit und kognitive Leistungen einschränken, keine Abstufung in Bezug auf ihren moralischen Eigenwert vorgenommen (Koplin und Wilkinson 2019, S. 445; Huther 2009, S. 94). Besteht insofern eine Analogie, dass der moralische Status unabhängig biotechnologischer Veränderung gleichbleibend ist oder wäre es entgegengesetzt möglich, ein „Mehr" an moralischer Relevanz zu erlangen? Um eine überthematische Frage zu bilden: Wie beeinflusst das Genom oder nur Genabschnitte den moralischen Statusder davon betroffenen Lebewesen?

Hierbei geht es im Folgenden nicht darum, ob der der hierfür erforderliche Prozess der Chimärenbildung an sich ethisch vertretbar ist (Deutscher Ethikrat 2011, S. 105; einen systematischen, quantitativen Überblick der Argumente liefert Kwisda et al. 2020, S. 1–14). Stattdessen wird angenommen, dass dieser Vorgang ohne ethische und rechtliche Einwände durchgeführt wurde und nun als Ergebnis ein Schwein mit einem humanisierten Organ entstand.

3.1 Was ist ein moralischer Status?

Den moralischen Status treffend zu definieren, ohne hierbei in einem Zirkelschluss zu geraten, ist seither ein schwieriges Unterfangen (Koplin und Wilkinson 2019, S. 441; Grimm et al. 2018, S. 185; Stucki 2016, S. 35). DeGrazia definiert den moralischen Status wie folgt: „Der moralische Status ist der relative Grad von moralischem Widerstand dagegen, dass die eigenen Interessen, und besonders die wichtigsten eigenen Interessen vereitelt werden" (1993, S. 27; Übersetzung in: Schmitz 2018, S. 150). Dieser Status entscheidet, welche Rücksicht ein Lebewesen erhält (Schmitz 2018, S. 182; zu dem Konzept: DeGrazia 2008, S. 183). Der Grad der Rücksichtnahme ist jedoch nicht starr mit der Stufe des Status determiniert, sondern entscheidet sich nach dem Prinzip der gleichen Berücksichtigung je nach Einzelfall (DeGrazia 1993, S. 28). Entsprechend kann der moralische Eigenwert Rechte für das Wesen begründen (Schmitz 2018, S. 184).

Ob ein Lebewesen ein moralischer Status zugesprochen wird, wird in manchen ethischen Theorien davon abhängig gemacht, ob dieses selbst zu einem moralischen Handeln fähig ist. Demnach könnte zwischen moralischen Akteur*innen („moral agents") und moralischen Objekten („moral patients") eine Unterscheidung vorgenommen werden. Moralische Akteure sind solche, die aufgrund ihrer Vernunft eigenständige Moralentscheidungen zwischen Gut und Böse vornehmen können. Moralische Objekte sind in der Negativabgrenzung solche, die keine Akteur*innen sind. Insofern wird die Frage aufgeworfen, ob zu einer moralischen Gemeinschaft nur solche zählen können, die als Akteur*innen bewusst und reflektiert handeln können (Ausführlich hierzu: Regan 2004, S. 151 ff.; dieser spricht sich dafür aus, dass auch moralische Objekte Schutzansprüche stellen können; dem entgegen: Cohen 2001, S. 27 ff.). Es gibt kein simples Schwarz-Weiß in Bezug auf eine Einordnung, sondern es sind feinere Abstufungen vorzunehmen (Koplin und Savulescu 2019, S. 45;

DeGrazia 2008, S. 181–198; Deutscher Ethikrat 2011, S. 57; diesen Meinungen entgegen und stattdessen der Ansicht und dass kein Tier aufgrund mangelnder Rationalität und sozialen Stabilität einen moralischen Status haben kann: Carruthers 2012, S. 274–284). Bildlich gesprochen besteht eine sog. moralische Treppe („moral staircase"), wonach bei einer höheren Stufe auch ein höheres Schutzbedürfnis des Lebewesens besteht (Counihan 2020, S. 198 ff.; Über höheren und tieferen moralischen Status: DeGrazia 2007, S. 315). Es werden hierarchische Positionen eingenommen (Nussbaum 2010, S. 442 ff.; Stucki 2016, S. 63).

Schon in Bezug auf die Terminologie lässt sich feststellen, wie die Beziehung zu dem entsprechenden Lebewesen aussieht. Humanisierte Schweine werden in diesem Kontext entweder als Spendertiere, Organlieferanten oder Organquellen benannt. Der Begriff des Spendertieres ist im Hinblick auf die Wortbedeutung abzulehnen. Eine Spende seitens des Lebewesens setzt einen Akt der Freiwilligkeit voraus, welcher hier bei einer zwangsweisen Tötung zur Gewinnung des Organes entschieden abzulehnen ist (Nuffield Council on Bioethics 1996, S. 11; Hüsing et al. 2001, S. 1; weitere terminologische Schwierigkeiten in: Hug 2009, S. 182). Bei Organlieferanten steht der Aspekt der Kommerzialisierung im Vordergrund: Das Lebewesen wird als Mittel zum Zweck, im Grunde als Inkubator für das Organ genutzt. Der Mensch nutzt die Chimäre einzig für einen Zweck, welcher der eigenen Spezies dient. Als vergleichsweiser wertneutraler Begriff erscheint der Begriff der Organquelle.

Der moralische Status ist je nach der kulturellen und epochalen Prägung verschieden definiert, sodass eine endgültige Determination nicht möglich ist (DeGrazia 2007, S. 315). Es besteht die Vermutung, dass durch den mythologischen Hintergrund von Mischwesen als übernatürliche Wesen die aktuellen Diskussionen über Chimäre negativ behaftet ist, dass Chimäre von der Gesellschaft intuitiv mit Skepsis werden (Kuře 2009, S. 9; Schmidt 2013, S. 37 ff.). So stammt der Ausdruck „Chimäre" ursprünglich aus der griechischen Mythologie und stellt beispielhaft ein Wesen mit einem Löwenkopf, Ziegenkörper und Schlangenhinterteil dar, dass in seinem Auftreten als eine böse Kreatur dar (Riga et al. 2004, S. 331). Selbst der Begriff „Mischwesen" stellt sich in der Diskussion über genetische Chimäre als problematisch heraus, da nicht trennscharfe Grenzen bestehen, wie viel Anteil artfremder Gene ein Mischwesen begründen (Ingensiep 2000, S. 150). Im Zuge dessen stellt sich sogar die Frage, aus welchen Gründen es in dem philosophischen Feld einer biologischen Kategorisierung in einer Spezies oder Art bedarf (Koplin und Savulescu 2019, S. 43). Die heutigen biotechnologischen Entwicklungen erfordern einen gedanklichen Neuanfang in Bezug auf neu entwickelte Lebewesen, fernab von bisherigen Eindrücken der Mythologie oder Unterhaltungsmedien. Was noch vor weniger als 100 Jahren als Unmöglichkeit galt, wenn es überhaupt vorstellbar war, erscheint mit der heutigen Biotechnologieforschung immer realistischer. Die tradierten Tabu-Argumente, die häufig aus Emotionen und Intuitionen stammen, sind auf ihre Gültigkeit zu prüfen (Riga et al. 2004, S. 333). Die Herstellung von Mischwesen kategorisch abzulehnen, da sie einem gottgleichen Spiel nahekomme (Zur christlichen Perspektive: Wettlaufer 2018, S. 298) oder eine Unnatürlichkeit darstelle, ist zu hinterfragen (Koplin und Savulescu 2019, S. 43; Schmidt 2013, S. 55; Mann et al. 2019, S. 180; zu diesem Argument ausführlich: Karpowicz et al. 2005, S. 113; Deutscher Ethikrat 2011, S. 70; häufig wird im englischsprachigem Raum dieses als „Yuk"-Argument angeführt, hierzu: Robert und Baylis 2003, S. 7).

3.2 Kategorisierung von Organquellen

Im Folgenden sollen die Organquellen in moralischer Hinsicht kategorisiert werden, wofür zum besseren Verständnis zunächst ein Fallbeispiel folgt. Daraufhin werden die bekanntesten Bioethiktheorien vorgestellt. Am Beispiel des Deutschen Ethikrates folgt eine mögliche Einordnung von Mensch-Tier-Chimären als Ergebnis von Geneditierungen. Eine weitere Herangehensweise an die Formulierung möglicher Schutzobligationen wird anhand des abgeleiteten moralischen Status erläutert. Zuletzt werden mögliche Problempunkte angeführt, welche die Forschung an einer wertneutralen Kategorisierung hindern könnten.

Fallbeispiel

Im Ausgangsfall A hat der Forscher Fritz mittels der Blastozysten-Komplementierung ein Schwein geneditiert, sodass diesem ein Herz wächst, welches genetisch zu einem bestimmten Grad dem Herzen von Fritz entspricht. Weiteres Gewebe ist nicht betroffen. Seine Kollegin Katrin hegt ihm gegenüber eine Feindschaft und ersticht kurzerhand Fritz. In einer Abwandlung B tötet Katrin nicht Fritz, sondern das Schwein. In einer weiteren Abwandlung C ersticht Katrin das Schwein, jedoch ist Fritz stark am Herzen erkrankt und benötigt das Herz dringend als Spenderorgan. Da die Wartezeit für eine Allotransplantation in seinem Fall zu lang ist, stellt das humanisierte Schweineherz die letzte Überlebensmöglichkeit dar.

In dem Ausgangsfall ist es einleuchtend, dass die Tötung von Fritz aufgrund seiner Menschlichkeit moralisch verwerflich war. Hier bestätigt sich die

Grundannahme, dass Menschen einen vollen moralischen Status haben (Koplin 2019, S. 24). Bei dem Fall B ist für die Einordnung einzig der Wert der Chimäre als ein lebendiges Wesen entscheidend. In der Abwandlung C besteht der Konfliktpunkt in der Tötung der Chimäre nicht nur in Hinblick auf ihre Schutzansprüche als Tier. Es ist unklar, ob ihm allein aufgrund der menschlich-genetischen Veranlagung – zumindest zu einem kleinen Teil – ebenso ein Schutzanspruch wie Fritz zukommt. Im Vergleich zu der Abwandlung B besteht der Unterschied darin, dass die Chimäre nicht nur genetisch mit dem Forscher verbunden ist, sondern sie auch aufgrund ihres Verwendungszweckes eine Verbindung hat. Der Chimäre könnte durch diese ideelle und genetische Verbindung ein gesteigerter Eigenwert zukommen. Anhand dieser unterschiedlichen Konstellationen wird im Folgenden eine mögliche Kategorisierung des moralischen Status vorgenommen. Es fließen wichtige Faktoren ein wie die biologische Verortung, mentale Fähigkeiten und die soziale Beziehung zu den Menschen. Die Thematik ist geprägt von kontroversen Meinungen und Herangehensweisen. Es ist nicht nur fraglich, ob es einen moralischen Status gibt oder wie dieser definiert wird, sondern wie er in der Anwendung erfolgt (Hierzu: Nussbaum 2010, S. 442 ff.: so wird teilweise der moralische Status aufgrund einer nicht möglichen Kategorisierbarkeit in seiner Gänze abgelehnt; nach dem tugendethischen Modell seien nicht biologisch gegebene Eigenschaften oder Fähigkeiten eines Lebewesens entscheidend, sondern die konkreten Charakterzüge eines jeden Individuums). Zum Schutze der Lebewesen sei es obligatorisch ihnen den höchsten moralischen Status anzuerkennen, welcher mit der zu erwartenden Natur vereinbar sei (Savulescu 2011, S. 663). Je nach dem Ergebnis der Bewertung könne die Forschung an Chimären eingeschränkt oder aufgrund eines zu starken Grad der Humanisierung sogar eingestellt werden. Im Folgenden werden diverse bioethische Grundpositionen erläutert, die unterschiedlich an das Verhältnis zwischen Mensch und Tier herangehen. Durch die Betrachtung mittels unterschiedlicher Ansätze lässt sich möglicherweise eine Tendenz erkennen, inwiefern eine Änderung des biologischen Materials ein Lebewesen in seinem moralischen Status stärken oder schwächen könnte.

Moralischer Status seiner selbst willen: Bioethische Positionen

Die Idee, dass Lebewesen aufgrund ihrer mentalen Fähigkeiten unterschiedlich zu kategorisieren seien und entsprechend einen anderen Wert hätten, findet sich schon in der Antike in Ausführungen Platons, wonach Tiere je nach ihrer Klasse „degenerierte Menschenseelen“ seien (Horn 2018, S. 4). In eine ähnliche Richtung geht auch die Seelenordnung von Aristoteles (Hierzu ausführlich:

Ingensiep 2000, S. 141–168; Horn 2018, S. 4). Ihm zufolge bestehe ein Stufenverhältnis zwischen den Lebewesen. Zusammengefasst gibt er an, je „vollkommener die Seele, desto höher der ontische Rang der Produkte" (Ingensiep 2000, S. 153). Dieser Überzeugung nach sind nur Wesen mit einer „anima rationalis" – mit einem vernünftigen Geist – Träger eines moralischen Status (Ingensiep 1998, S. 109). Dieser Rang sei nur den Menschen vorbehalten. Tiere hingegen besäßen lediglich eine für Sinneseindrücke empfindliche Seele, wörtlich „anima sensitiva". Als geringste Form der Seele werde demnach die Pflanze kategorisiert („anima vegetativa" aufgrund des Vermögens zum Wachstum, Ernährung, Fortpflanzung). All diese Seelen stünden in einem Unter-/Überordnungsverhältnis zueinander und strebten zum Göttlichen.

In der Bioethik werden nunmehr in Bezug auf den moralischen Status von Entitäten vier Grundpositionen vertreten, welche folgend kurz in ihren Kernaussagen vorgestellt werden. Namentlich sind diese der Anthropozentrismus und der Gegenbegriff Physiozentrismus, allen voran in seiner Ausprägung als Pathozentrismus/Sentientismus, Biozentrismus und Holismus. Ein bedeutender Ansatz stellt die Selbstzweckformel von Immanuel Kant, als bekannter Vertreter des Anthropozentrismus, dar. Nur der Mensch sei als vernünftige Natur ein „Zweck an sich" (Kant 1786, BA 66 f./IV 429). Auf der Gegenseite zu einer Person, wären Tiere nur als „Sachen" anzusehen (Kant 1786, BA 65/IV 428). Zwingende Voraussetzung für einen moralischen Status sei die Fähigkeit seiner selbst bewusst zu sein sowie rationales Denken (Ingensiep 1998, S. 113; ausführlich hierzu: Camenzind 2020, S. 51 ff.). Das Potenzial zur Rationalität allein hierzu reiche nicht (Pluhar 1988, S. 61; Counihan 2020, S. 196). Zwar werden den Tieren und folglich auch Organquellen nach Kant somit kein moralischer Status zugesprochen, jedoch wendet Kant sich mit dem Verrohungsargument an den Menschen, wonach ein Mensch durch grausame Taten gegenüber ein Tier moralisch verrohe und sich dieses Verhalten auch in Bezug auf die Mitmenschen abfärbe (Ausführungen hierzu in: Baranzke 2018, S. 219). Hierdurch ergebe sich indirekt eine Pflicht an den Menschen, respektvoll mit diesen Lebewesen umzugehen (Basaglia 2018, S. 89). Einen anderen Ansatz bietet der Pathozentrismus, konkreter in seiner Form als Präferenz-Utilitarismus. Demnach ist der moralische Status weit zu fassen, sodass sämtlichen fühlenden Lebewesen ein moralischer Status zukommt (Wettlaufer 2018, S. 307; Fiester und Düwell 2009, S. 63; Wichtiger Vertreter: Singer 2010). Somit würde es auch grundsätzlich zu einer Gleichstellung von Mensch und Tier, aber auch Chimären, kommen können. Der Körper als biologisches Material, konkreter ein menschenähnliches Nervensystem, ist lediglich ein Aspekt von mehreren bei der Auslegung der Empfindungsfähigkeit (Stucki 2016, S. 60). Die Zugehörigkeit zu einer Spezies ist nicht automatisch ein Indikator für einen gewissen Status, sondern die Fähigkeiten, die eine Entität ausüben könne. Weitergehend als diese Ansicht, soll laut dem Biozentrismus ein umfassender moralischer Status gewährt werden. Demnach seien alle Lebewesen, auch Pflanzen und Tiere und damit zwangsläufig auch Chimäre, auf der gleichen moralischen Stufe zu stellen wie Menschen. Im Vergleich zu den vorangegangenen Lehren stellt der Holismus schließlich die weiteste Form dar. Demnach sei alles Seiende moralisch wertvoll (Gorke 2000, S. 93).

In den letzten drei Ansichten ist der „menschlich"-genetische Hintergrund nicht konstitutiv für einen moralischen Eigenwert. Lediglich bei dem anthropozentrischen Ansatz könnte die Frage im Raum stehen, ob ein Mensch mittels seines biologischen Materials als ein solcher eingeordnet wird oder erst durch den Gebrauch seines rationalen Verstandes (Insofern weist diese Theorie Lücken auf: Personen mit geistigen Einschränkungen, Embryonen oder Kleinstkinder sind nicht in der Lage mittels der Vernunft zu leben. Konsequenterweise müsste ihnen damit der moralische Status abgesprochen werden und sie mit Tieren gleichsetzen). Die verschiedenen Ansichten kommen allesamt zu dem Ergebnis, dass durch das Hinzufügen menschlicher Gene der moralische Wert der Entität weder gesteigert, geschweige denn abgeschwächt werde. Die Fähigkeiten, die sich aus der Genetik heraus entwickeln können, sind für die Beantwortung der Frage nach dem moralischen Status genauer zu untersuchen.

Derzeitige Kategorisierung des moralischen Status

Neben den oben erläuterten in der Literatur vertretenen Positionen bestehen auch Stellungnahmen seitens Institutionen wie z. B. der Deutsche Ethikrat (Deutscher Ethikrat 2011) oder der Academy of Medical Sciences im Vereinigten Königreich (The Academy of Medical Sciences 2016) zum Thema des moralischen Status. Der Deutsche Ethikrat stellt nach dem Gesetz zur Einrichtung des Deutschen Ethikrats einen unabhängigen Rat von Sachverständigen dar, der sowohl die Öffentlichkeit in ethischen, gesellschaftlichen, naturwissenschaftlichen, medizinischen und rechtlichen Fragen informiert, zur Diskussion anregt, Stellungnahmen und Empfehlungen für politisches und gesetzgeberisches Handeln abgibt und mit weiteren nationalen Ethikräten zusammenarbeitet. In einer Stellungnahme von 2011 stellte der Ethikrat Grundlagen und Kriterien der ethischen Beurteilung auf und erläuterte welche Fähigkeiten es zum Erreichen des moralischen Status bedarf (Deutscher Ethikrat, Mensch-Tier-Mischwesen in der Forschung 2011, S. 66). Diese werden im Folgenden erläutert und auf humanisierte Tiere in der Funktion als Organquellen angewandt.

Als Ausgangspunkt soll mit der Ontologie begonnen werden (Deutscher Ethikrat 2011, S. 72). Zur Einordnung in eine Taxonomie sind auf Körpermerkmale einzugehen. Im Zweifel wäre auch durch eine DNA-Markersequenz des ganzen

Organismus festzustellen, welcher Art das Wesen entspricht. Weiter lässt sich bei der Geneditierung prüfen, welche quantitativen und qualitativen Folgen diese für das Lebewesen mit sich bringt. Auf der einen Seite wäre daher zu untersuchen, welche Anzahl an fremden Genen im Verhältnis zu der arturspünglichen DNA vorliegen, aber auch welche Regionen im Körper hiervon betroffen seien (Deutscher Ethikrat 2011, S. 79). In Bezug auf die kognitiven Anforderungen stellt der Ethikrat einen Vergleich zu der Art Homo sapiens an (Deutscher Ethikrat 2011, S. 81). Hierdurch wird deutlich, dass sich eine Entität an den Menschen und dessen Fähigkeiten zu messen hat, während der Mensch durch seine Art allein einen moralisch erheblichen Status hat. Als Kriterien werden eine Sprachfähigkeit mit hoher Komplexität gefordert, ebenso wie ein reflektiertes Selbstbewusstsein, eine Kulturfähigkeit als Beherrschung der Natur und eine eigene Moralfähigkeit als intellektueller Reflexionsprozess (Deutscher Ethikrat 2011, S. 82–90). Ebenso wie der Deutsche Ethikrat misst die Academy of Medical Sciences die statusrelevanten Fähigkeiten anhand des Menschen, aber auch des Menschenaffen (The Academy of Medical Sciences 2016, S. 48; gegen eine Bewertung anhand einzelner, kontextlosen Eigenschaften: Rachels 2005, S. 166 ff.). Ein autobiografisches Erinnerungsvermögen, Planung zukünftiger Bedürfnisse, Numerosität, eine komplexe Sprache, Einschätzungsfähigkeit des mentalen Befindens seiner selbst und anderer und soziale Fähigkeiten, als Beispiel Fairness: Bildung einer Kultur, moralische Einschätzung werden hier als relevante Aspekte angefügt.

All diese kognitiven Kriterien würde eine Chimäre nicht erfüllen, wenn wie im obigen Fallbeispiel keine Genveränderung der kritischen Bereiche des Körpers (allen voran der Gehirnaktivitäten) betroffen sind. Eine Geneditierung des betroffenen Organs tangiert idealerweise nur den Bereich des Organes. Eine Steigerung kognitiver Fähigkeiten wäre allein aufgrund der Humanisierung von Organen wie der Niere oder dem Herzen nicht zu erwarten sein. Somit bliebe eine Organquelle auf der gleichen moralischen Stufe wie die des ursprünglichen Tieres, hier des Schweines. Die Genmanipulation sei weniger als reproduktiver Akt zu sehen, sondern nur eine der Organogenese vorgelagerte Organtransplantation (Piotrowska 2014, S. 7). Ähnlich der Xenotransplantation einer Schweineherzklappe in einen Menschen ist keine Veränderung in der ethischen Behandlungsweise zu erkennen. Nach derzeitigem Stand wäre ein moralischer Status eines genetisch veränderten, organbringenden Lebewesens dem eines unbehandelten Tieres gleichzusetzen. Eine Zwischenstufe zwischen Mensch und Tier für Organquellen allein aufgrund des biologischen Materials wäre demnach abzulehnen (Piotrowska 2014, S. 10).

Abgeleiteter moralischer Status

Die vorangegangenen Ansätze zur Prüfung des moralischen Wertes basierten vorwiegend auf den Fähigkeiten der betrachteten Entität. Doch selbst, wenn nach diesen Theorien keine Änderung des Status durch eine Geneditierung zu erkennen ist, wäre zu überlegen, ob im Zuge der Argumentation bezüglich der Mensch-Tier-Mischwesen-Thematik sich zumindest teilweise auf den menschlichen Ursprung berufen könne. Möglicherweise gibt es gar keine weitere Stufe auf der Treppe des moralischen Status, sondern eine außerordentliche Verknüpfung zwischen zwei Stufen. Selbst wenn ein moralischer Status aus seiner selbst willen abgelehnt werden sollte, ist im Weiteren die Frage zu stellen, ob das alleinige Tragen menschlicher Gene den Status der Chimäre tangiert oder ob das biologische Material des spendenden Menschen als Material in der Medizin anzusehen ist. So ist zu berücksichtigen, dass durch die Genspende des Menschen diese Gene dauerhaft in der Chimäre verweilen und somit auch sämtliche genetischen Informationen über diese zumindest bis zum Lebensende der Chimäre erhalten bleiben (Deutscher Ethikrat 2011, S. 76). In dem Fallbeispiel stellt sich allen voran bei der Abwandlung C die Frage, ob das Schwein vielleicht nicht unbedingt aus Gründen seiner porcinen Natur getötet werden dürfe. Möglicherweise könnte durch die Herkunft seiner Gene und/oder für seinen Verwendungszweck als Organquelle zumindest ein vom Menschen abgeleiteten moralischen Status bestehen. Der derivative moralische Status eines Lebewesens könnte sich aufgrund bestimmter Relationen zu einem Lebewesen mit einem (höheren) moralischen Status oder anderer moralisch relevanter Aspekte ergeben (Grimm et al. 2018: S. 185; Stucki 2016, S. 185; dass der moralische Status nicht durch ein Entweder-Oder von Relation und Fähigkeit des Gegenübers bestimmt wird, stellt May 2014, S. 155–168 dar). Der moralische Relationismus stünde im Gegensatz zu einer Spezieszugehörigkeit. Zu einem gewissen Grad steht dieser Ansatz auch dem moralischen Individualismus entgegen, wonach der moralische Status an dem Individuum selbst gemessen werde (Monsó et al. 2021, S. 60; Palmer 2010, S. 51 ff.; demnach seien bekannte Utilitaristen wie Singer und Regan Vertreter des moralischen Individualismus, zur Unterscheidung genauer: May 2014, S. 155). So könnte eine tatsächliche, durch den Menschen geschaffene Abhängigkeit des Tieres zum Menschen eine solche Bindung begründen (May 2014, S. 157; Palmer 2010, S. 93), eine emotionale Verbundenheit oder der Grad der Domestizierung (Anderson 2005, S. 285). Im gegebenen Fallbeispiel würde die Organquelle in einer spezifischen pathogenfreien Umgebung leben, wodurch ihr Überleben von Fritz abhängig wäre. Durch die Züchtung wird die einzige Überlebenschance für Fritz geschaffen. Ein gesteigerter moralischer Wert der Chimäre erscheint damit nach dem moralischen Relationismus nicht abwegig. Dieser beziehungsbezogene Ansatz unterscheidet sich von den vorher genannten Grundpositionen darin, dass das Lebewesen in den Kontext seiner Umwelt gesetzt wird, sodass die Prüfung stets einzelfallbezogen zu verlaufen hat. Eine kategorische Einordnung eines Tieres oder einer Chimäre allein mit Hinblick auf die Genetik oder Fähigkeiten wäre demnach nicht möglich. Gegen einen solchen abgeleiteten moralischen Status wird angeführt, dass die Intuition diese Chimäre zu schützen nicht aus Gründen der Ethik, sondern politischer und vernünftiger Natur entspringe würde (Greely 2014, S. 13). Für Ausnahmefälle eine neue Form der Kategorisierung einzuführen, sei durch die anderen Schutzmöglichkeiten gar nicht notwendig.

Warum missfällt es uns, einen höheren moralischen Status zu geben?

Wieso fällt es der Fachwelt allgemein in dieser Thematik schwer, zuweilen auch anderen fühlenden Lebewesen, sog. „nonpersons" einen höheren, gegebenenfalls sogar einen vollen moralischen Status zuzusprechen (Hierzu schon: DeGrazia 2008, S. 181–198, 189)? Was macht ein Mischwesen zu einer „Horrorvision" (Hähnel 2019)? Neben dem Unbehagen, welches sich aus der mythologischen Geschichte ergibt, könnte auch ein Schutzbestreben der Art des Homo sapiens als besonders starke Variante des Anthropozentrismus vorliegen (Hierzu: Ingensiep 2000, S. 149). In diesem Kontext wird häufig das Dammbruchargument angeführt, wonach ein Verschwimmen von Artgrenzen, vor allem in Bezug auf den Menschen, zu vermeiden sei (Badura-Lotter und Düwell 2007, S. 89; Savulescu 2011, S. 663; Hyun et al. 2007, S. 159). Demnach drohe eine unaufhaltsame moralische Verwirrung bei einer Vermischung, weshalb das Attribut der Menschlichkeit eine zwingende Voraussetzung für einen vollen moralischen Status sei (Robert und Baylis 2003, S. 9; darauf bezugnehmend und dagegen argumentiert DeGrazia 2007, S. 311). In biologischer Hinsicht bestehe durch ein stetiges Ersetzen porcine Gene durch humaner Gene die Furcht, dass „die Chimäre nach und nach ‚vermenschlicht' und die Zellen von denen des Menschen zunehmend ununterscheidbar werden" (Kollek 1998, S. 40). Doch hier stellt sich konkret die Frage: „Wieviel menschliche Gene müssen über Vektoren in ein Schweinegenom inseriert worden sein, damit das Schwein Anspruch auf ein menschenwürdiges Leben erhält, wenn – dies sei vorausgesetzt – das menschliche Genom qua genetische Identität ausschlaggebend für die Zuschreibung eines moralischen Status sein soll?" (Ingensiep 2000, S. 151). Das Kriterium ist allein schwierig zu vertreten, gerade in Hinblick auf die genetische Übereinstimmung von 98 % mit Menschenaffen (Ingensiep 2000, S. 151).

Doch wird schnell der Vorwurf des Speziesmus, als Analogie zu Rassismus, Sexismus etc. laut (großer Kritiker des Speziesmus ist Singer 2015, S. 219 ff.; inwiefern die „marginal cases“ das Argument des Speziesmus tangieren: Anderson 2005, S. 279). Demnach sei ein gesteigertes Schutzbedürfnis des Menschen und ein exklusiver Rechtekatalog mangels besonderer Eigenschaften der Art nicht tragbar. Befürworter*innen dieser Ansicht müssen sich die Frage stellen, wie „die Natur“ statisch aussehe und insbesondere was den Homo sapiens von anderen Lebewesen so stark unterscheide, als dass ein gesteigerter Wert bestünde (Karpowicz et al. 2005, S. 114). Derzeit könne bereits festgestellt werden, dass Tiere wie Delfine (Piotrowska 2014, S. 4–12; DeGrazia 2014a, b, S. 18) oder Menschenaffen (DeGrazia 2007, S. 320) ähnlich ausgeprägte kognitive Fähigkeiten besitzen wie Menschen. Weiterhin erscheint die Argumentationslinie nicht in sich schlüssig. Wenn der Homo sapiens vor allem aufgrund seiner herausstechenden kognitiven Leistungen zu schützen sei, wie verhalte es sich dann mit Grenzfällen, in welchen der Mensch nicht oder noch nie diese Fähigkeiten erreiche, wie z. B. bei starken geistigen Behinderungen, Erkrankungen, Koma nach Unfällen oder im frühen Stadium von Föten (Sog. „marginal cases“; Višak 2018, S. 149; Stucki 2016, S. 48)? Reicht in diesen Fällen das tatsächliche oder das genetische Potenzial aus für einen gesteigerten Schutz, während er bei Tieren auch bei tatsächlichem Vorliegen nicht ausreicht?

Folglich stellt die biologische Ordnung lediglich einen Indikator für einen moralischen Status dar. Eine umfassende und differenzierte Prüfung des moralischen Status ist entsprechend im Einzelfall gefordert (Deutscher Ethikrat 2011, S. 90). Der Mensch als Homo sapiens stelle im biologischen Sinne auch nur eine Ordnungsform dar, die sich an gewisse Kriterien zu messen habe (DeGrazia 2007, S. 312; Savulescu 2011, S. 651. Ein fließender Übergang von unterschiedlichen Spezies sei ein natürlicher Prozess, welcher sich fortwährend in der Evolution ändere, weshalb dieses nie ein Argument für einen moralischen Status sein könnte (Riga et al. 2004, S. 333; Karpowicz et al. 2005, S. 116; DeGrazia 2007, S. 314). Die Linien einer Spezies werden zu einem Zeitpunkt nur empirisch von Biolog*innen festgestellt und beschrieben. Sie sind nicht von der Natur festgelegt (Karpowicz et al. 2005, S. 116). Daher gebe es keine Integrität einer Spezies (Robert und Baylis 2003, S. 2; Karpowicz et al. 2005, S. 115).

Weiterhin könnte eine diffuse Angst vor dem Verlust der Kontrollierbarkeit, der eigenen und einzigartigen Menschenwürde in der derzeitigen Form bestehen (Hyun et al. 2007, S. 160; ausführlich hierzu: Streiffer 2005, S. 347 ff.). Diese Furcht erstreckt sich nicht nur allein auf den höheren moralischen Status und der Menschenwürde, sondern auch auf die Gewissheit wie der Status einzelner Stakeholder*innen determiniert sind (Hug 2009, S. 188). So bestehe die Schwierigkeit an der Frage, dass nicht mit an Sicherheit grenzender Wahrscheinlichkeit festgelegt werden kann, welche Anlagen für einen moralischen Status notwendig sind, während es nicht bekannt ist, welche Anlagen eine Chimäre hätte (Koplin und Wilkinson 2019, S. 442). Selbst wenn es zu einer erfolgreichen Geneditierung komme, würde es zu Schwierigkeiten in der sicheren Feststellung der Fähigkeiten kommen. Aufgrund von Kommunikationsschwierigkeiten zwischen Mischwesen und Menschen werde die Feststellung obendrein erschwert (Koplin und Wilkinson 2019, S. 442). Doch selbst der Versuch der Geneditierung werde vielerseits abgelehnt, da nicht vorherzusehen sei, welches – möglicherweise ungewünschte – Resultat daraus entstehen könnte. Somit gelte für viele Stimmen das sog. „precautionary principle" (Vorsorgeprinzip). Diesem Prinzip nach wird bei hochschädlichen Konsequenzen der Technik, die nicht zweifelsfrei wissenschaftlich prognostiziert werden können vorsichtshalber auf die vorsorgliche Abwendung gesetzt, um eine potenzielle Realisierung eines Risikos zu verhindern (Deutscher Ethikrat 2011, S. 93; ausführlich: Rippe 2006; kritisch: Hermerén 2015, S. 5; Koplin und Wilkinson 2019, S. 443; kritisch: Savulescu 2011, S. 664). Demnach bestünde die Situation, dass zu einer Klärung des Status experimentell solche Chimären erzeugt werden müssen, jedoch aus Furcht vor einem desaströsen Ergebnis dieses wieder abzulehnen wäre. Aus den Unsicherheiten vor möglichen Folgen und einer Bewahrheitung von befürchteten Risiken, wird somit ein Stillstand der Wissenschaft eingeleitet (Koplin und Wilkinson 2019, S, 444). Dieser aus der Ethik hergeleitete Stillstand führt zu einer – möglicherweise – unberechtigten Lähmung der (medizinischen) Forschung, da potenzielle Risiken sich tatsächlich nicht erfüllen würden. Neue Forschungsansätze wie die der regenerativen Medizin könnten nicht weiterverfolgt werden, was im Fall der an Organinsuffizienz Erkrankten dazu führen kann, dass die Genesungschancen weiterhin niedriger bleiben. Eine Kategorisierung der Umstände und vor allen der Entitäten „ins Blaue hinein" ist folglich nicht vielversprechend. Aus diesen Gründen wird ein ethisches Rahmenwerk gefordert (Farahany et al. 2018, Nature 556, S. 432; für Gehirn-Organoide: Hoppe et al. 2022, S. 205–219; Koplin und Savulescu 2019, S. 760–767).

4 Conclusion

In dieser Abhandlung wurde das Produkt einer Blastozysten-Komplementierung – eine Chimäre mit einem vorwiegend porcinen Genom und einem Teil humaner Gene – in den Mittelpunkt gestellt. Hier stellt sich die Forschungsfrage, wie die Entitäten nach dem status quo geschützt werden. Die rechtlichen Rahmenbedingungen sind nach derzeitigem Stand entweder nicht auf diese Entitäten vorbereitet oder kategorisieren sie als Tiere. Der Schwerpunkt bildete die ethische Frage, ob ein humanisiertes Tier einen moralischen Status hat oder nicht. Dies ist insofern von Bedeutung, als dass sie Aufschluss dafür gibt, inwiefern Organquellen geschützt werden sollten. Hierbei ist in dieser Fallstudie zu beachten, dass nur Gene eines Menschen eingesetzt werden, die ausschließlich der Bildung des humanen Organes dienen. Die Befürchtungen einer starken Humanisierung aufgrund eines phänotypisch ähnlichen Aussehens, einer Produktion menschlicher Gameten oder menschlicher Gehirnzellen sind in gerade nicht erfüllt und stellen entsprechend kein weiteres ethisches Problem dar. Allein durch das Hinzufügen humaner Gene in nicht persönlichkeitsbildenden oder fortpflanzungstechnischen Organen werden voraussichtlich keine weiteren, ethisch relevanten Fähigkeiten erworben. Die Quantität der menschlichen Gene ist subsidiär zu der Qualität zu betrachten. Die moralische Identität müsste in dieser quantitativen Behandlung erst infrage gestellt werden, wenn eine Zuordnung zu einer Spezies nunmehr schwerlich gelingen würde. Nach den bisherigen historischen und qualitativen Kriterien zur Einstufung eines moralischen Status wäre ein originärer moralischer Status von Organquellen abzulehnen. Bislang wenig beachtet blieb aber die Frage, ob sich der moralische Status und die Obliegenheiten gegenüber der genspendenden Person auf die Chimäre, die zumindest Anteilen die gleichen humanen Gene aufweisen, ausweitet. Entsprechende Verpflichtungen könnten in der Form auftreten, dass eine Chimäreeinen gesteigerten Schutzanspruch haben könnte. Durch einen abgeleiteten moralischen Status könnte sich eine neue Ebene der Kategorisierung bilden, sodass zusätzlich zu den bisherigen Kriterien eine kontextuale Einordnung erforderlich sein könnte. Es bleibt weiterhin ungeklärt, ob und welchen Schutzanspruch den Chimären zuteil wird. Um auf die zu Beginn gestellte Frage „Mensch-Tier-Mischwesen: Wann ist dieses wie viel Mensch?" eine Antwort zu finden: Es ist nicht primär entscheidend, welchen Grad der Humanisierung ein Lebewesen erfährt, d. h. wie ähnlich die Chimäre dem Menschen in biologischer Hinsicht werde. Viel entscheidender ist, welche Fähigkeiten eine Chimäre durch die Geneditierung erhalte. Diese werden dann in Zusammenschau mit den typisch menschlichen Eigenschaften gesehen. Die Qualität der menschlichen Gene ist von Bedeutung, nicht die Quantität.

Literatur

Anderson, E. 2005. Animal Rights and the Values of Nonhuman Life. In *Animal Rights: Current Debates and New Directions*, Hrsg. C. R. Sunstein, und M. C. Nussbaum, 277–296. Oxford: Oxford University Press. https://doi.org/10.1093/acprof:oso/9780195305104.003.0014

Bader, M. 2009. Problems with terminology and definitions. In *Chimbrids*, Hrsg. J. Taupitz, und M. Weschka, 5–6. Berlin, Heidelberg: Springer. https://doi.org/10.1007/978-3-540-93869-9

Bader, M., R. Schreiner, und E. Wolf. 2009. Scientific background. In *Chimbrids*, Hrsg. J. Taupitz, und M. Weschka, 21–34. Berlin, Heidelberg: Springer. https://doi.org/10.1007/978-3-540-93869-9

Badura-Lotter, G., und M. Düwell. 2007. Chimären und Hybride – Ethische Aspekte. In *Jahrbuch Für Recht und Ethik / Annual Review of Law and Ethics 15*, Hrsg. B. S. Byrd, J. Hruschka, und J. C. Joerden, 83–104. Berlin: Duncker & Humblot. http://www.jstor.org/stable/43593932

Baranzke, H. 2018. Verrohungsargument. In *Handbuch Tierethik. Grundlagen – Kontexte – Perspektiven,* Hrsg. J. Ach, und D. Borchers, 219–224. Stuttgart: J.B. Metzger.

Basaglia, F. 2018. Kantische Ansätze. In *Handbuch Tierethik. Grundlagen – Kontexte – Perspektiven*, Hrsg. J. Ach und D. Borchers, 89–94. Stuttgart: J.B. Metzger.

Beck, M. 2009. *Mensch-Tier-Wesen. Zur ethischen Problematik von Hybriden, Chimären, Parthenoten*. Paderborn: Ferdinand Schöningh.

Beckmann, J. P., G. Brem, F. W. Eigler, W. Günzburg, C. Hammer, W. Müller-Ruchholtz, E. M. Neumann-Held, H. L. Schreiber, und D. Uhl (Hrsg.). 2000. *Xenotransplantation von Zellen, Geweben oder Organen: Wissenschaftliche Entwicklungen und ethisch-rechtliche Implikationen.* Berlin, Heidelberg: Springer. https://doi.org/10.1007/978-3-642-59577-6

Bobrow, M. 2011. Regulate research at the animal–human interface. *Nature* 475, 448. https://doi.org/10.1038/475448a

Bourret, R., E. Martinez, F. Vialla, C. Giquel, A. Thonnat-Marin, und J. de Vos. 2016. Human-animal chimeras: ethical issues about farming chimeric animals bearing human organs. *Stem cell research & therapy* 7(1):87,1–7. https://doi.org/10.1186/s13287-016-0345-9

Camenzind, S. 2020. *Instrumentalisierung: Zu einer Grundkategorie der Ethik der Mensch-Tier-Beziehung*. Paderborn: mentis.

Carruthers, P. 2012. Against the Moral Standing of Animals. In *Questions of Life and Death: Readings in Practical Ethics*, Hrsg. C. W. Morris, 274–284. Oxford: Oxford University Press.

Cohen, C. 2001. Why Animals Do Not Have Rights. In *The Animal Rights Debate*, Hrsg. C. Cohen, und T. Regan, S. 27–40. Lanham: Rowman & Littlefield.

Counihan, D. 2020. Neurological Chimeras and the Moral Staircase. In *Chimera Research: Methods and protocols*, Hrsg. I. Hyun und A. De Los Angeles, 195–203. New York: Humana. https://doi.org/10.1007/978-1-4939-9524-0

De Los Angeles, A., N. Pho, und D. E. Redmond Jr. 2018. Generating Human Organs via Interspecies Chimera Formation: Advances and Barriers. *The Yale journal of biology and medicine* 91(3):333–342.

DeGrazia, D. 1993. Equal consideration and unequal moral status. *The Southern Journal DeGrazia of Philosophy* 31(1):17–31. https://doi.org/10.1111/j.2041-6962.1993.tb00667.x

DeGrazia, D. 2007. Human-animal chimeras: human dignity, moral status, and species prejudice. *Metaphilosophy* 38:309–329. https://doi.org/10.1111/j.1467-9973.2007.00476.x

DeGrazia, D. 2008. Moral Status As a Matter of Degree? *The Southern Journal of Philosophy* 46(2):181–198. https://doi.org/10.1111/j.2041-6962.2008.tb00075.x

DeGrazia, D. 2014. Persons, dolphins, and human-nonhuman chimeras. *The American journal of bioethics* 14(2):17–18. https://doi.org/10.1080/15265161.2014.869434

DeGrazia, D. 2014. *Gleiche Berücksichtigung und gleicher moralischer Status*. Trans. A. Burkhard. In *Tierethik. Grundlagentexte*, Hrsg. F. Schmitz, 133–152. Berlin: Suhrkamp.

Deutscher Bundestag. 1989. Drucksache 11/5460 vom 25.10.1989: Entwurf eines Gesetzes zum Schutz von Embryonen (Embryonenschutzgesetz – ESchG).

Deutscher Ethikrat. 2011. Mensch-Tier-Mischwesen in der Forschung. https://www.ethikrat.org/fileadmin/Publikationen/Stellungnahmen/deutsch/stellungnahme-mensch-tier-mischwesen-in-der-forschung.pdf [08.12.2022]

Embryonenschutzgesetz (ESchG) vom 13.12.1990 (BGBl. I S. 2746), das zuletzt durch Artikel 1 des Gesetzes vom 21.11.2011 (BGBl. I S. 2228) geändert worden ist.

Ethikratgesetz (EthRG) vom 16.7.2007 (BGBl. I S. 1385.)

Eurotransplant. 2022. Deutschland Kennzahlen. https://www.eurotransplant.org/region/deutschland/ [03.11.2022]

Europäische Kommission 2003. Richtlinie 2003/63/EG vom 25. Juni 2003 zur Änderung der Richtlinie 2001/83/EG des Europäischen Parlaments und des Rates zur Schaffung eines Gemeinschaftskodexes für Humanarzneimittel.

Farahany, N. A., H. T. Greely, S. Hyman, C. Koch, C. Grady, S.P. Paşca, N. Sestan, P. Arlotta, J. L. Bernat, J. Ting, J. E. Lunshof, E. P. R. Iyer, I. Hyun, B. H. Capestany, G. M. Church, H. Huang, und H. Song. 2018. The ethics of experimenting with human brain tissue. *Nature* 556(7702):429–432. https://doi.org/10.1038/d41586-018-04813-x

Fiester, A. und M. Düwell. 2009. Ethical Issues Raised by Chimeras and Hybrids – An Overview. In *Chimbrids*, Hrsg. J. Taupitz, und M. Weschka, 60–78. Berlin, Heidelberg: Springer. https://doi.org/10.1007/978-3-540-93869-9

Founta, K.M., und C. Papanayotou. 2022. In Vivo Generation of Organs by Blastocyst Complementation: Advances and Challenges. *International journal of stem cells* 15(2):113–121. https://doi.org/10.15283/ijsc21122

Gorke, M. 2000. Was spricht für eine holistische Umweltethik? *Natur und Kultur* 1(2):86–105.

Greely, H. T. 2003. Defining Chimeras...and Chimeric Concerns. *The American Journal of Bioethics* 3(3):17–20. https://doi.org/10.1162/15265160360706444

Greely, H. T. 2011. Human/Nonhuman Chimeras: Assessing the issues. In *Oxford handbooks. The Oxford handbook of animal ethics,* Hrsg. T. L. Beauchamp, und R. G. Frey, 671–698. Oxford: Oxford University Press.

Grimm, H., A. Aigner und P. Kaiser. 2018. Moralischer Status. In *Handbuch Tierethik. Grundlagen–Kontexte–Perspektiven,* Hrsg. J. Ach und D. Borchers, 185–192. Stuttgart: J.B. Metzger.

Greely H. T. 2014. Academic chimeras? *The American journal of bioethics* 14(2):13–14. https://doi.org/10.1080/15265161.2014.871920

Hähnel, M. 2019. Eine Horrorvision wird immer realer! – In Japan wird erstmals das Austragen von Chimären erlaubt. https://www.philosophie.ch/artikel/eine-horrorvision-wird-immer-realer-in-japan-wird-erstmals-das-austragen-von-chimaeren-erlaubt [28.11.2022]

Hermerén, G. 2015. Ethical considerations in chimera research. *Development* (Cambridge, England) 142(1):3–5. https://doi.org/10.1242/dev.119024

Hoppe N., M. Lorenz, und J. Teller. 2022. Transplantation of Human Brain Organoids into Animals: The Legal Issues. In *Brain Organoids in Research and Therapy. Emerging Ethical and Legal Issues,* Hrsg. H.-G. Dederer, und D. Hamburger, 205–219. Cham: Springer International Publishing; Imprint Springer. https://doi.org/10.1007/978-3-030-97641-5

Horn, C. 2018. Antike. In *Handbuch Tierethik. Grundlagen –Kontexte–Perspektiven*, Hrsg. J. Ach, und D. Borchers, 3–8. Stuttgart: J.B. Metzger.

Hug, K. 2009. Research on human-animal entities: ethical and regulatory aspects in Europe. *Stem cell reviews and reports* 5(3):181–194. https://doi.org/10.1007/s12015-009-9079-8

Hüsing, B., E.-M. Engels, S. Gaisser, und R. Zimmer. 2001. Technologiefolgen-Abschätzung Zelluläre Xenotransplantation: Abschlussbericht für den Schweizerischen Wissenschafts- und Technologierat, Zentrum für Technologiefolgen-Abschätzung. https://repository.publisso.de/resource/frl:3676290-1/data [08.12.2022]

Huther, C. 2009. Chimeras: The Ethics of Creating Human-Animal Interspecifics. https://edoc.ub.uni-muenchen.de/10022/1/Huther_Constanze.pdf [08.12.2022]

Hyun, I., P. Taylor, G. Testa, B. Dickens, K. W. Jung, A. McNab, J. Robertson, L Skene, und L. Zoloth. 2007. Ethical standards for human-to-animal chimera experiments in stem cell research. *Cell Stem Cell* 1(2):159–163. https://doi.org/10.1016/j.stem.2007.07.015

Hyun, I. 2016. What's Wrong with Human/Nonhuman Chimera Research? *PLoS biology* 14(8):1–4. https://doi.org/10.1371/journal.pbio.1002535

Ingensiep, H. W. 1998. Organismus, Evolution und die Seelenordnung im Organischen. In *Europa: die Gegenwärtigkeit der antiken Überlieferung*, Hrsg. J. A. Bucher, und D. S. Peters, 107–126. Regensburg: Pustet.

Ingensiep, H. W. 2000. Chimären. Die alte Seelenordnung und neue Grenzprobleme in der Bioethik. In *Europa: die Gegenwärtigkeit der antiken Überlieferung,* Hrsg. J. Cobet, C. F. Gethmann, und D. Lau, 141–169. Aachen: Shaker Verlag.

Joerden, J. C., und C. Winter. 2007. Thesen zur Chimären- und Hybridbildung aus der Perspektive von Recht und Ethik. In *Jahrbuch Für Recht Und Ethik / Annual Review of Law and Ethics 15,* Hrsg. B. S. Bryd, J. Hruschka, und J. C. Joreden, 105–149. Berlin: Duncker & Humblot. http://www.jstor.org/stable/43593933

Kaiser, P. 2014 Naturwissenschaftliche und ärztliche Grundlagen einer neuen Medizin. In *Embryonenschutzgesetz. Juristischer Kommentar mit medizinisch-naturwissenschaftlichen Grundlagen, Kapitel A.*, Hrsg. H.-W. Günther, J. Taupitz, und P. Kaiser, 1–94. Stuttgart: Kohlhammer.

Kant, I. (1786). Grundlegung zur Metaphysik der Sitten.

Riga, J., F. Hartknoch, P. Karpowicz, C.B. Cohen, und D. van der Kooy. 2004. It is ethical to transplant human stem cells into nonhuman embryos. *Nature medicine* 10(4):331–335. https://doi.org/10.1038/nm0404-331

Karpowicz, P., C. B. Cohen, und D. van der Kooy. 2005. Developing human-nonhuman chimeras in human stem cell research: ethical issues and boundaries. *Kennedy Institute of Ethics journal* 15(2):107–134. https://doi.org/10.1353/ken.2005.0015

Kobayashi, T., T. Yamaguchi, S. Hamanaka, M. Kato-Itoh, Y. Yamazaki, M. Ibata, H. Sato, Y. S. Lee, J. Usui, A. S. Knisely, M. Hirabayashi, und H. Nakauchi. 2010. Generation of rat pancreas in mouse by interspecific blastocyst injection of pluripotent stem cells. *Cell* 142(5):787–799. https://doi.org/10.1016/j.cell.2010.07.039

Kollek, R. 1998. Klonen ist Klonen – Oder nicht? Warum der erste Menschenklon nicht die Gestalt ist, an der sich die Urteilsfindung orientieren muß. In *Hello Dolly?: Über das Klonen,* Hrsg. J. S. Ach, G. Brudermüller, und C. Runtenberg, 19–45. Frankfurt am Main: Suhrkamp.

Koplin, J. J. 2019. Human-Animal Chimeras: The Moral Insignificance of Uniquely Human Capacities. *The Hastings Center report* 49(5):23–32. https://doi.org/10.1002/hast.1051

Koplin, J. J., und D. Wilkinson. 2019. Moral uncertainty and the farming of human-pig chimeras. *Journal of Medical Ethics* 45(7):440–446. https://doi.org/10.1136/medethics-2018-105227

Koplin, J. J. und J. Savulescu. 2019. Time to rethink the law on part-human chimeras. *Journal of law and the biosciences* 6(1):37–50. https://doi.org/10.1093/jlb/lsz005

Kozlov, M. 2022. Clinical trials for pig-to-human organ transplants inch closer. *Nature* 607(7918):223–224. https://doi.org/10.1038/d41586-022-01861-2

Kuře, J. 2009. Etymological background and further clarifying remarks concerning chimeras and hybrids. In *Chimbrids*, Hrsg. J. Taupitz, und M. Weschka, 7–20. Berlin, Heidelberg: Springer Berlin Heidelberg. https://doi.org/10.1007/978-3-540-93869-9

Kwisda, K., L. White, und D. Hübner. 2020. Ethical arguments concerning human-animal chimera research: a systematic review. *BMC medical ethics* 21(1) 24:1–14. https://doi.org/10.1186/s12910-020-00465-7

Lackermair, M. 2017. Hybride und Chimären: *Die Forschung an Mensch-Tier-Mischwesen aus verfassungsrechtlicher Sicht*. Tübingen: Mohr Siebeck. https://doi.org/10.1628/978-3-16-155087-4

Li, Y., und K. Huang. 2021. Human-animal interspecies chimerism via blastocyst complementation: advances, challenges and perspectives: a narrative review. *Stem cell investigation* 8:1–7. https://doi.org/10.21037/sci-2020-074

Loike, J. D., und A. Kadish. 2018. Ethical rejections of xenotransplantation? The potential and challenges of using human-pig chimeras to create organs for transplantation. *Embo reports* 19(8):1–4. https://doi.org/10.15252/embr.201846337

Mann S. P., R. Sun, und G. Hermerén. 2019. Ethical Considerations in Crossing the Xenobarrier. In *Chimera Research: Methods and protocols,* Hrsg. I. Hyun, und A. De Los Angeles, 175–193. New York: Humana. https://doi.org/10.1007/978-1-4939-9524-0

Matsunari, H., H. Nagashima, M. Watanabe, K. Umeyama, K. Nakano, M. Nagaya, T. Kobayashi, T. Yamaguchi, R. Sumazaki, L.A. Herzenberg, und H. Nakauchi. 2013. Blastocyst complementation generates exogenic pancreas in vivo in apancreatic cloned pigs. *Proceedings of the National Academy of Sciences of the United States of America* 110(12):4557–4562. https://doi.org/10.1073/pnas.1222902110

Matsunari, H., M. Watanabe, K. Hasegawa, A. Uchikura, K. Nakano, K. Umeyama, H. Masaki, S. Hamanaka, T. Yamaguchi, M. Nagaya, R. Nishinakamura, H. Nakauchi, und H. Nagashima, 2020. Compensation of Disabled Organogeneses in Genetically Modified

Pig Fetuses by Blastocyst Complementation. *Stem cell reports* 14(1):21–33. https://doi.org/10.1016/j.stemcr.2019.11.008

May, T. 2014. Moral Individualism, Moral Relationalism, and Obligations to Non-human Animals. *Journal of Applied Philosophy* 31(2):155–168. https://doi.org/10.1111/japp.12055

Monsó, S., A. Aigner A., und H. Grimm. 2021. Die traditionelle Tierethik und ihre Kritik: der moralische Individualismus und die Grenzen und Vorzüge der Wittgenstein'schen Alternative. In *Mensch–Tier–Gott*, Hrsg. M. M. Lintner, S. 59–84. Baden-Baden: Nomos. https://doi.org/10.5771/9783748907084

Nuffield Council on Bioethics. 1996. *Animal-to-human transplants: The ethics of xenotransplantation*. London: Nuffield Council on Bioethics.

Nussbaum, M. C. 2010. *Die Grenzen der Gerechtigkeit: Behinderung, Nationalität und Spezieszugehörigkeit*. Berlin: Suhrkamp.

Oldani, G., A. Peloso, S. Lacotte, R. Meier, und C. Toso. 2017. Xenogeneic chimera-Generated by blastocyst complementation-As a potential unlimited source of recipient-tailored organs. *Xenotransplantation* 24(4):1–6. https://doi.org/10.1111/xen.12327

Palacios-González, C. 2015. Ethical aspects of creating human-nonhuman chimeras capable of human gamete production and human pregnancy. *Monash bioethics review* 33(2-3):181–202. https://doi.org/10.1007/s40592-015-0031-1

Palmer, C. 2010. *Animal Ethics in Context*. New York: Columbia University Press. http://www.jstor.org/stable/https://doi.org/10.7312/palm12904

Piotrowska M. 2014. Transferring morality to human-nonhuman chimeras. *The American journal of bioethics* 14(2):4–12. https://doi.org/10.1080/15265161.2013.868951

Pluhar, E. 1988. Is there a morally relevant difference between human and animal nonpersons? *Journal of agricultural ethics* 1(1):59–68. https://doi.org/10.1007/BF02014462

Rachels, J. 2005. Drawing Lines. In *Animal Rights: Current Debates and New Directions*, Hrsg. C. R. Sunstein, und M. C. Nussbaum, 162–174. Oxford: Oxford University Press. https://doi.org/10.1093/acprof:oso/9780195305104.003.0008

Regan, T. 2004. *The Case for Animal Rights*, 2. Aufl., Berkeley, Los Angeles: University of California Press.

Rippe, P. 2006. Ein Vorrang der schlechten Prognose? Neue Zürcher Zeitung. https://www.nzz.ch/articleERPXT-ld.390997 [28.11.2022]

Robert, J. S., und F. Baylis. 2003. Crossing species boundaries. *The American journal of bioethics* 3(3):1–13. https://doi.org/10.1162/15265160360706417

Röttger, S. 2022. Transgene Tiere: Chimären- und Hybridbildungsverbot des Embryonenschutzgesetzes im Wandel der Zeit. *Zeitschrift für Lebensrecht* 31:277–292. https://doi.org/10.3790/zfl.31.3.277

Sautermeister, J. 2019. Chimären sind kein Schreckgespenst: Warum wir über die Herstellung von Tier-Mensch-Mischwesen nachdenken müssen. *Herder-Korrespondenz* 73(11): 28¬32.

Savulescu, J. 2011. Genetically Modified Animals: Should There Be Limits to Engineering the Animal Kingdom. In *Oxford handbooks. The Oxford handbook of animal ethics*, Hrsg. T. L. Beauchamp, und R. G. Frey, 641–670. Oxford: Oxford University Press.

Schmidt, K. 2013. *Was sind Gene nicht? Über die Grenzen des biologischen Essentialismus. Science Studies*. Bielefeld: transcript. https://doi.org/10.14361/transcript.9783839425831

Schmitz, F. 2018, Moralische Akteure/moralische Subjekte/moralische Objekte, In *Handbuch Tierethik. Grundlagen – Kontexte – Perspektiven*, Hrsg. J. Ach, und D. Borchers, 179–184. Stuttgart: J.B. Metzger.

Shaw, D., W. Dondorp, N. Geijsen, und G. de Wert. 2015. Creating human organs in chimaera pigs: an ethical source of immunocompatible organs? *Journal of Medical Ethics* 41(12):970–974. https://doi.org/10.1136/medethics-2014-102224

Singer, P. 2010. *Praktische Ethik*, 2. Aufl. Stuttgart: Reclam.

Singer, P. 2015. *Animal Liberation: Die Befreiung der Tiere*, 1. Aufl. Erlangen: Harald Fischer Verlag.

Streiffer, R. 2005. At the edge of humanity: human stem cells, chimeras, and moral status. *Kennedy Institute of Ethics journal* 15(4):347–370. https://doi.org/10.1353/ken.2005.0030

Stucki, S. 2016. *Grundrechte für Tiere: Eine Kritik des geltenden Tierschutzrechts und rechtstheoretische Grundlegung von Tierrechten im Rahmen einer Neupositionierung des Tieres als Rechtssubjekt.* Baden-Baden: Nomos Verlagsgesellschaft mbH. http://www.jstor.org/stable/j.ctv941v1z

The Academy of Medical Sciences. 2016. Animals containing human material. https://acmedsci.ac.uk/file-download/35228-Animalsc.pdf. [08.12.2022]

Višak, T. 2018. Argument der Grenzfälle. In *Handbuch Tierethik. Grundlagen – Kontexte – Perspektiven,* Hrsg. J. Ach, und D. Borchers, 149 –154. Stuttgart: J.B. Metzger.

Watt, J. C., und N. R. Kobayashi. 2010. The Bioethics of Human Pluripotent Stem Cells: Will Induced Pluripotent Stem Cells End the Debate? *The Open Stem Cell Journal* 2:18–24. https://doi.org/10.2174/1876893801002010018

Wettlaufer, L. 2018. *Mensch und Tier in Transzendierung: Eine rechtliche Auseinandersetzung mit der Bildung und Nutzung von Mensch-Tier-Mischwesen unter Einbeziehung biologischer, ethischer und christlich-theologischer Aspekte.* Zürich/St. Gallen; Baden-Baden: Dike; Nomos.

Wu, J., und J. Izpisua Belmonte. 2016. Interspecies chimeric complementation for the generation of functional human tissues and organs in large animal hosts. *Transgenic research* 25(3):375–384. https://doi.org/10.1007/s11248-016-9930-z

Wu, J., A. Platero Luengo, M. Gil, K. Suzuki, C. Cuello, M. Morales Valencia, I. Parrilla, C. Martinez, A. Nohalez, J. Roca, E. Martinez, und J. Izpisua Belmonte. 2016. Generation of human organs in pigs via interspecies blastocyst complementation. *Reproduction in domestic animals = Zuchthygiene* 51(2):18–24. https://doi.org/10.1111/rda.12796

Yamaguchi, T., H. Sato, M. Kato-Itoh, T. Goto, H. Hara, M. Sanbo, N. Mizuno, T. Kobayashi, A. Yanagida, A. Umino, Y. Ota, S. Hamanaka, H. Masaki, S. T. Rashid, M. Hirabayashi, und H. Nakauchi. 2017. Interspecies organogenesis generates autologous functional islets. *Nature* 542(7640):191–196. https://doi.org/10.1038/nature21070

Zhao, J., L. Lai, W. Ji, und Q. Zhou. 2019. Genome editing in large animals: current status and future prospects. *National science review* 6(3):402–420. https://doi.org/10.1093/nsr/nwz013

Zündorf, I, und R. Fürst. 2019. Darf man das? Chimäre Tiere als Organ-Ersatzteillager. *Deutsche Apotheker Zeitung* 37:52. https://www.deutsche-apotheker-zeitung.de/daz-az/2019/daz-37-2019/darf-man-das. Abdruck mit freundlicher Genehmigung des Deutschen Apotheker Verlags Stuttgart.

The manufacturer's authorised representative in the EU is Springer Nature Customer Service Centre GmbH, Europaplatz 3, 69115 Heidelberg, Germany. If you have any concerns regarding our products, please contact ProductSafety@springernature.com

Printed and bound by CPI Group (UK) Ltd, Croydon, CR0 4YY
15/07/2026
02167637-0001